战略性新兴领域"十四五"高等教育系列教材

纳米材料与技术系列教材　　　总主编　张跃

纳米半导体材料与太阳能电池

康　卓　梁焯健　张　跃　徐晨哲　程飞宇　孙浩淳　编

机 械 工 业 出 版 社

当前，我国太阳能电池产业正处于飞速发展的黄金时期，传统晶硅电池产业日趋成熟，同时新型太阳能电池的研发与产业化也在不断推进。在此背景下，本书力图全面深入地介绍太阳能电池的原理、技术与应用，为读者提供一本兼具理论深度和实践指导的权威之作。本书详细阐释了太阳能与太阳能电池的基本物理原理与特性，系统梳理了各类太阳能电池的发展脉络，深入探讨了太阳能电池的测试原理与分析方法，重点介绍了太阳能电池性能提升的前沿技术，进一步阐述了光伏发电系统的设计与应用。

本书可作为高等院校半导体材料与器件、光伏科学与工程等专业的本科生和研究生的教材或参考书目，也可为从事光伏领域研究的其他科研人员提供指导。

图书在版编目（CIP）数据

纳米半导体材料与太阳能电池 / 康卓等编. -- 北京：机械工业出版社，2024.12. --（战略性新兴领域"十四五"高等教育系列教材）（纳米材料与技术系列教材）.
ISBN 978-7-111-77644-4

I. TN304；TM914.4

中国国家版本馆 CIP 数据核字第 20244YL190 号

机械工业出版社（北京市百万庄大街22号　邮政编码100037）
策划编辑：丁昕祯　　　　　　责任编辑：丁昕祯　王　荣
责任校对：李　杉　陈　越　　封面设计：王　旭
责任印制：邓　博
北京盛通数码印刷有限公司印刷
2024年12月第1版第1次印刷
184mm×260mm·15.75印张·385千字
标准书号：ISBN 978-7-111-77644-4
定价：59.00 元

电话服务　　　　　　　　　　网络服务
客服电话：010-88361066　　机　工　官　网：www.cmpbook.com
　　　　　010-88379833　　机　工　官　博：weibo.com/cmp1952
　　　　　010-68326294　　金　书　网：www.golden-book.com
封底无防伪标均为盗版　　机工教育服务网：www.cmpedu.com

编 委 会

序

人才是衡量一个国家综合国力的重要指标。习近平总书记在党的二十大报告中强调："教育、科技、人才是全面建设社会主义现代化国家的基础性、战略性支撑。"在"两个一百年"交汇的关键历史时期，坚持"四个面向"，深入实施新时代人才强国战略，优化高等学校学科设置，创新人才培养模式，提高人才自主培养水平和质量，加快建设世界重要人才中心和创新高地，为2035年基本实现社会主义现代化提供人才支撑，为2050年全面建成社会主义现代化强国打好人才基础是新时期党和国家赋予高等教育的重要使命。

当前，世界百年未有之大变局加速演进，新一轮科技革命和产业变革深入推进，要在激烈的国际竞争中抢占主动权和制高点，实现科技自立自强，关键在于聚焦国际科技前沿、服务国家战略需求，培养"向极宏观拓展、向极微观深入、向极端条件迈进、向极综合交叉发力"的交叉型、复合型、创新型人才。纳米科学与工程学科具有典型的学科交叉属性，与材料科学、物理学、化学、生物学、信息科学、集成电路、能源环境等多个学科深入交叉融合，不断探索各个领域的四"极"认知边界，产生对人类发展具有重大影响的科技创新成果。

经过数十年的建设和发展，我国在纳米科学与工程领域的科学研究和人才培养方面积累了丰富的经验，产出了一批国际领先的科技成果，形成了一支国际知名的高质量人才队伍。为了全面推进我国纳米科学与工程学科的发展，2010年，教育部将"纳米材料与技术"本科专业纳入战略性新兴产业专业；2022年，国务院学位委员会把"纳米科学与工程"作为一级学科列入交叉学科门类；2023年，在教育部战略性新兴领域"十四五"高等教育教材体系建设任务指引下，北京科技大学牵头组织，清华大学、北京大学、浙江大学、北京航空航天大学、国家纳米科学中心等二十余家单位共同参与，编写了我国首套纳米材料与技术系列教材。该系列教材锚定国家重大需求，聚焦世界科技前沿，坚持以战略导向培养学生的体系化思维、以前沿导向鼓励学生探索"无人区"、以市场导向引导学生解决工程应用难题，建立基础研究、应用基础研究、前沿技术融通发展的新体系，为纳米科学与工程领域的人才培养、教育赋能和科技进步提供坚实有力的支撑与保障。

纳米材料与技术系列教材主要包括基础理论课程模块与功能应用课程模块。基础理论课程与功能应用课程循序渐进、紧密关联、环环相扣，培育扎实的专业基础与严谨的科学思维，培养构建多学科交叉的知识体系和解决实际问题的能力。

在基础理论课程模块中，《材料科学基础》深入剖析材料的构成与特性，助力学生掌握材料科学的基本原理；《材料物理性能》聚焦纳米材料物理性能的变化，培养学生对新兴材料物理性质的理解与分析能力；《材料表征基础》与《先进表征方法与技术》详细介绍传统与前沿的材料表征技术，帮助学生掌握材料微观结构与性质的分析方法；《纳米材料制备方法》引入前沿制备技术，让学生了解材料制备的新手段；《纳米材料物理基础》和《纳米材料化学基础》从物理、化学的角度深入探讨纳米材料的前沿问题，启发学生进行深度思考；《材料服役损伤微观机理》结合新兴技术，探究材料在服役过程中的损伤机制。功能应用课程模块涵盖了信息领域的《磁性材料与功能器件》《光电信息功能材料与半导体器件》《纳米功能薄膜》，能源领域的《电化学储能电源及应用》《氢能与燃料电池》《纳米催化材料与电化学应用》《纳米半导体材料与太阳能电池》，生物领域的《生物医用纳米材料》。将前沿科技成果纳入教材内容，学生能够及时接触到学科领域的最前沿知识，激发创新思维与探索欲望，搭建起通往纳米材料与技术领域的知识体系，真正实现学以致用。

希望本系列教材能够助力每一位读者在知识的道路上迈出坚实步伐，为我国纳米科学与工程领域引领国际科技前沿发展、建设创新国家、实现科技强国使命贡献力量。

北京科技大学
中国科学院院士

前　言

随着全球能源需求的不断增加和气候变化对人类社会的重大威胁，寻求高效、可持续的清洁能源成为推动生态文明建设的关键。2020 年，我国基于推动实现可持续发展的内在要求和构建人类命运共同体的责任担当，宣布了碳达峰和碳中和的目标愿景。当前我国正处于实现"双碳"目标、构建"清洁低碳、安全高效"能源体系的关键时期。太阳能作为地球上最丰富、最环保的能源之一，其高效转化与利用无疑是解决这一难题的重要途径。而太阳能电池作为太阳能高效转化为电能的核心技术载体，更是这一领域的璀璨明珠，推动着全球能源结构向更加绿色、清洁及可持续的未来转型。太阳能电池的发展与其性能的提升直接依赖于材料科学的进步，而纳米半导体材料以其超小的尺寸效应、显著的量子限域效应以及独特的表面与界面性质，引领着材料科学、电子学、能源技术等多个领域的深刻变革，也为太阳能电池的革新与发展注入了前所未有的活力与希望。

纳米科技以其交叉性、基础性、引领性和变革性的特征，带动了新功能光电纳米材料体系前沿领域的快速发展，成为推动科学发展的新引擎。其中，纳米科学与光伏发电技术是具有前沿性和多学科特征的高科技新兴学科领域，其理论基础涉及物理学、化学、材料学、机械学、微电子学、光学等不同学科。本书以多学科交叉的视角，详细介绍纳米材料的可控合成、光伏发电的工作原理、先进表征技术的开发及其在太阳能电池中的具体应用、光伏发电系统设计与应用案例，提供从基础理论到实际应用的逐步指导，同时引入全球范围内最新的科研成果、技术突破和未来发展方向，力求为读者提供一本兼具理论深度和实践指导的参考书籍，成为高等院校的教材与光伏领域研究人员的技术手册。

本书编者长期从事低维纳米半导体材料的精准控制生长、界面调控及其在光电能量转换领域的功能化研究，在纳米半导体材料的制备及其在光电器件中的应用前沿领域积累了丰富的经验，特别是在半导体太阳能电池器件的构筑、性能调控与应用方面取得了一些重要的原创性成果。因此，编者能够结合理论研究与实际应用，以独特的视角对半导体技术在太阳能电池能源领域的应用进行深度剖析，力争在太阳能电池的物理理论、工作原理与实际应用方面为读者提供深入且全面的学习材料。编者希望通过本书的出版，进一步普及太阳能电池技术及其应用方面的知识，促进相关产业的发展。

本书内容共分为 9 章，从太阳光性质及利用出发（第 1 章），详细阐释了纳米半导体材料基本的物理性质（第 2、3 章），为读者后续各章的学习提供基础物理知识；深入探讨了太阳能电池的基本工作原理（第 4、5 章），使读者理解光生电流与光生电压产生的基本物理图像；重点解读了纳米半导体材料与太阳能电池的测试原理与表征分析方法（第 6 章），系统梳理了纳米半导体太阳能电池前沿材料的发展脉络（第 7 章），使读者对主流光伏技术的发展现状与未来前景有初步的认识；阐述了太阳能电池性能提升的前沿技术（第8章），着重介绍了有望突破效率极限的各类新概念太阳能电池；特别介绍了光伏发电系统的设计与应用中需要注意的问题（第9章），并结合实际光伏发电系统给出了案例，以便读者在学习过程中更好地将理论知识与实践相结合。本书适用于初步接触太阳能电池研究的本科生、研究生，可作为纳米半导体材料科学和技术相关学科的参考教材。

　　本书的编写基于编者在纳米半导体材料与器件方面教学和科研工作的积累，同时参考了国内外相关领域的权威文献资料，在此向这些文献的作者致以谢意。在本书的编写过程中，我们有幸得到了很多同行的帮助和支持。在此感谢北京科技大学前沿交叉科学技术研究院与新金属材料国家重点实验室的各位老师和学生。

　　编者力求使本书物理图像清晰、理论推导准确、语言简洁精准，但由于纳米光伏技术的研究发展日新月异，加之我们的学识和精力有限，书中难免有疏漏或不足之处。我们诚挚地邀请各位专家学者及其他广大读者提供宝贵意见，您的批评与指正将是推动本书不断趋于完善的强大动力。

编　者

目　录

第 1 章

太阳光性质及利用

■ 本章学习要点

1. 了解光的粒子性和波动性，熟悉光子能量光子通量以及光谱辐照度的概念。

2. 了解太阳构造，熟悉太阳辐射强度，掌握黑体辐射规律。

3. 熟悉太阳常数、大气质量的概念，掌握太阳光谱范围与强度，了解的几种主要太阳能转换方式。

1.1 光 的 性 质

1.1.1 光的波粒二象性

早在 17 世纪，欧洲的学者对于光的本质是粒子还是波展开了激烈的辩论。以牛顿（I. Newton，1642—1727）为代表的光的粒子说的支持者们认为光是由微小的粒子（或称微粒）组成的，这些粒子在空间中沿直线传播，遇到物体时发生反射、折射等物理现象。而以惠更斯（C. Huygens，1629—1695）为代表的学者们则认为光是一种机械波，由发光物体振动引起，依靠一种特殊的名为"以太"的介质来传播。以太作为光的传播媒介，赋予了光波动性的本质，使得光能够展现出干涉、衍射等波动特有的现象，这就是光的波动说。粒子说首先占据上风，因为这一说法很好地解释了光的直进、反射和折射现象，通俗易懂，又能解释常见的一些光学现象，所以很快获得了人们的认可和支持。到了 19 世纪，英国物理学家托马斯·杨（T. Young，1773—1829）通过双缝实验，发现了光的干涉现象；法国物理学家菲涅耳（A. J. Fresnel，1788—1827）设计实验，成功地演示了光的明暗相间的衍射图样。到 19 世纪 60 年代末，光波进一步被视为电磁波谱的一部分。此时波动说又压倒了粒子说。

然而，在 19 世纪晚期，光波理论出现了显著的挑战，基于光的波动方程无法解释加热物体波长光谱的实验结果，德国数学家维恩（W. Wien，1864—1928）发现黑体温度及其辐射能与波长成反比，但是其导出的黑体单色辐射能随波长变化的分布函数公式仅在短波部分与实验结果相吻合，在长波部分有明显的偏离；英国物理学家瑞利（J. W. S. Rayleigh，1842—1919）和金斯（J. H. Jeans，1877—1946）根据经典电磁场理论和经典统计物理学中的能量均分原理导出了另一个黑体单色辐射能随波长变化的规律，但仅在长波部分与实验结果相符合，而在短波区趋于发散，这一情形被当时的物理学界称作"紫外灾难"。这一困境深深困扰着当时的物理学界，成为亟待解决的科学难题。

直到1900年，德国物理学家马克斯·普朗克（M. Planck，1858—1947）提出了具有划时代意义的量子假说。他假设光的总能量并非连续分布，而是由一系列不可分割的能量量子（即量子）所组成。这一假说不仅成功解释了黑体辐射的难题，还为量子力学的诞生奠定了基础。随后，阿尔伯特·爱因斯坦（A. Einstein，1879—1955）通过光电效应实验，进一步证实了这些能量量子的存在，并精确测定了其能量值，展现了光在微观尺度上的粒子性特征。普朗克与爱因斯坦因其在量子领域的杰出贡献，分别于1918年和1921年荣获诺贝尔物理学奖。基于这一工作，光可以被看作由"波包"或能量粒子组成，称为光子。在量子力学描述中，光既有波动性，又有粒子性，即所谓"波粒二象性"。因此，可以将光理解为具有特定频率的"波包"。在波包处于空间局域的情况下，它的作用就像粒子一样。如上所述，想要对光的性质进行完整的物理描述，需要进行严密的量子力学分析。但是本书主要从能量转化的角度探讨光能的转化和利用技术，并不需要很深入的细节描述，因此这里只是简略地介绍光的量子性质。

1.1.2　光子能量

光子即光量子（light quantum）、电磁辐射的量子、传递电磁相互作用的规范粒子，记为γ。光子是一种特殊的基本粒子，它没有静止质量，在真空中以光速 c 运行，$c = 2.998 \times 10^8 \text{m/s}$，光子的能量为普朗克常量和电磁辐射频率的乘积（$E = h\nu$），$h$ 是普朗克常数，$h = 6.626 \times 10^{-34} \text{J} \cdot \text{s}$。其自旋为1，是玻色子。光子的特征既可以用波长 λ 描述，也可以用能量 E 表示。光子能量 E 和光的波长 λ 之间成反比，即

$$E = hc/\lambda \tag{1-1}$$

式中，普朗克常量和光速的乘积 $hc = 1.99 \times 10^{-25} \text{J} \cdot \text{m}$。

上述式（1-1）的反比关系明确揭示了光子能量和波长之间的关系：高能光子所构成的光，如蓝光，其波长相对较短；而由低能光子构成的光，如红光，则展现出较长的波长特性。在处理光子或电子能量数值时，电子伏特（eV）作为单位的使用远比焦耳（J）更为普遍，其物理内涵即一个电子在穿越1V电位差的过程中所获得的能量增量，这样可以更直观地反映微观粒子能量的量级。具体地，1eV等同于 $1.602 \times 10^{-19} \text{J}$，因此，我们可以将上述常数 hc 写成单位为 eV 的形式，以便于在相关计算和分析中更加便捷地应用：

$$hc = (1.99 \times 10^{-25} \text{J} \cdot \text{m}) \times (1 \text{eV}/1.602 \times 10^{-19} \text{J})$$
$$= 1.24 \times 10^{-6} \text{eV/m}$$
$$= 1.24 \text{eV/}\mu\text{m}$$

将式（1-1）中的能量和波长的单位换算为 eV 和 μm，我们就得到了一个常用的关于光子能量和波长的表达式：

$$E \approx 1.24/\lambda \tag{1-2}$$

例如，由式（1-2）可得波长为500nm的绿光，其光子能量约为2.48eV；波长650nm的红光，其光子能量约为1.91eV。

1.1.3　光子通量

光子角通量 β 定义为单位面积、单位光谱能量、单位时间以及单位立体角内通过的光子

数，是一个矢量量度，其单位可表示为 $cm^{-2} \cdot eV^{-1} \cdot s^{-1} \cdot sr^{-1}$。这一物理量精确地刻画了光子在空间中的分布与传播特性。立体角（Ω）作为描述空间中某一区域角度大小的量，通过经度（φ）和纬度（θ）的变化来细分，具体微分形式为 $d\Omega = \sin\theta d\theta d\varphi$。

$$\beta = \frac{d^2 P}{E dE d\Omega} \hat{\beta} \qquad (1-3)$$

光子通量是单位面积、单位光谱能量、单位时间通过的光子数，其单位是 $cm^{-2} \cdot eV^{-1} \cdot s^{-1}$。可以吸收的辐射是光子角通量 β 的垂直分量 $\beta\cos\theta$，光子通量 b 是 $\cos\theta$ 在可以接收辐射的立体角范围 Ω 内的积分：

$$b = \int_{\Omega} \beta\cos\theta d\Omega = \frac{dP}{EdE} \qquad (1-4)$$

式中，P 为辐照度，是单位面积上接收电磁波辐射的功率密度，单位为 W/cm^2；E 为光子能量。

光子角通量 β 描述了在各方向上接收单色光子的强度，而光子通量 b 描述了在垂直方向上接收的单色光子的强度。

当给定光子波长（或能量）和该波长的光子通量时，可以确定光子在该特定波长的功率密度 H。功率密度 H 是通过光子通量乘以单个光子的能量来计算的。光子通量 b 给出了单位时间内撞击单位面积的光子数量，b 乘以此时通过的光子所包含的能量，就得到了单位时间内撞击单位面积的能量，即功率密度 H：

$$H = b \frac{hc}{\lambda} = b \frac{1.24}{\lambda} = bE \qquad (1-5)$$

式中，H 的单位为 $W \cdot m^{-2}$。

式（1-5）的一个含义是，辐射功率密度一定的光，所需的高能（或短波长）光子通量将低于低能（或长波长）光子通量。蓝光和红光入射到表面上的辐射功率密度是相同的，但蓝色光子数更少，因为蓝色光子能量更大。

1.1.4　光谱辐照度

前文所述功率密度只能表示某一个特定波长光子的信息，因此引入功率密度对波长的函数，定义为光谱辐照度，用 F 表示：

$$F(\lambda) = \frac{h(\lambda)}{\Delta\lambda} = bE \frac{1}{\Delta\lambda} \qquad (1-6)$$

式中，$F(\lambda)$ 为光谱辐照度；b 为光子在单位面积上单位时间内的光子通量；E 和 λ 分别是光子的能量和波长，E 是关于 λ 的函数；$\Delta\lambda$ 是波长间距。光谱辐照强度单为 $W \cdot m^{-2} \cdot \mu m^{-1}$，$W \cdot m^{-2}$ 项是波长 λ（单位为 μm）处的功率密度。

辐照度 F，也是在整个光谱范围 E 内，在可以接收辐射的立体角范围 Ω 内，对光子角通量和单色的光子能量 E 乘积的积分。或者是在整个光谱范围 E 内，对光子通量 b 和单色的光子能量 E 乘积的积分。

光源的总功率密度可以通过对所有波长的光谱辐照度 $F(\lambda)$ 积分来计算：

$$H = \int_0^{\infty} F(\lambda) d\lambda \qquad (1-7)$$

然而，光源光谱辐照度的封闭形式方程往往不存在，也就是不存在解析方程。因此，一般通过测量得到某一小范围内波长的光谱辐照度，乘以测量的波长范围，然后对所有波长进行累加得到总功率密度，表示为

$$H = \sum F(\lambda)\lambda \tag{1-8}$$

测量的光谱往往是不光滑的，其中包含发射线和吸收线。波长间距通常不是均匀的，频谱变化快的部分选取更短的波长间距，频谱变化慢的区域可以适当增大波长间距，以保证计算得到的功率密度尽可能准确。波长间距根据两个相邻波长段的中点计算出来，将所有分段相加得到总功率密度 H。

1.2 太阳和太阳光

太阳辐射能作为地球上最为核心的能量源泉，持续不断地为地球带来光明与热能，为万物生长提供了必要条件。大气中的各种自然现象，诸如风、雨、雷、电等，直接依赖于太阳辐射能的驱动与影响。同时，地表土壤与水域（包括江河、湖泊、海洋）的受热过程及水分的蒸发作用，也均是在太阳辐射能的作用下得以实现。进一步深入至地球表层（地壳），太阳辐射能同样扮演着至关重要的角色，它促进了地壳内部复杂多变的物理化学过程，其中便包括了煤、石油、天然气等化石燃料的形成。这些过程不仅记录了地球历史的变迁，更是太阳辐射能在地球系统中长期作用的直接体现。在当前地球的能量体系中，除了原子能这一特殊形式外，其余一切形式的能量，如风能、水能、燃料能以及这些能源转换而来的电能等，其本质均源自于太阳辐射能。这一事实深刻揭示了太阳辐射能在维持地球生态平衡、推动生命繁衍及人类社会发展中的不可替代作用。由此可以预见，人类若能合理、高效地转化利用太阳能，将能解决所面临的能源问题。

1.2.1 太阳结构

太阳是一个炽热的气体球体，是一个靠内部核聚变反应产生热量的气体球，且球体外围的气体密度随着离中心距离的增大呈指数下降。从化学组成来看，太阳质量大约 3/4 是氢，其余几乎都是氦，而氧、碳、氖、铁和其他重元素的质量不到 2%。它没有像固态行星一样明确的界线，有明确的结构划分，可以划分为内部结构和外部大气结构两大部分。内部结构从内到外依次为核心区、辐射区和对流区（或称为对流层），如图 1-1 所示。核心区约占太阳半径的 1/4，但质量占太阳总质量的一半以上，是太阳能源的主要产生地。太阳核心是太阳唯一能进行核聚变而产生巨大能量的区

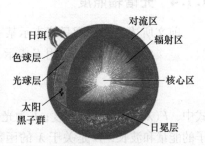

图 1-1 太阳的内部构造

域，其温度高达 4×10^6 K。但是来自太阳内核的辐射是不可见的，因为它被太阳表面附近的一层氢原子吸收。辐射区位于核心外部，能量以辐射的形式向外传播。对流区则靠近太阳表面，能量通过对流的方式传输，引发太阳表面的活动。外部大气结构则包括光球层、色球层和日冕层。光球层是我们平常所看到的太阳圆面，是太阳的可见表层，太阳光和热主要从这里发出。整个光球层厚度在 500km 左右，与约 70 万 km 的太阳半径相比，光球层的厚度很

小。光球层的温度在 6000K 左右，太阳的光和热几乎全是从这一层辐射出来的，因而可以说太阳的光谱实际上就是光球层的光谱。色球层位于光球层之上，平时难以直接观测到，但在日全食或使用专门仪器时可见，其某些区域会爆发耀斑，释放巨大能量。日冕层是太阳大气的最外层，只有在日全食时或特定观测条件下才能看到，它发出银白色的光芒，延伸出太阳表面数倍的距离。

在约 6000K 的温度下，太阳表面总功率密度 H_{sum} 为 $6.4 \times 10^7 \mathrm{W \cdot m^{-2}}$。太阳半径和表面积分别为 $6.96 \times 10^8 \mathrm{m}$ 和 $6.09 \times 10^{18} \mathrm{m^2}$，得到太阳的总输出功率是 $6.4 \times 10^7 \times 6.09 \times 10^{18} \mathrm{W}$，即 $3.9 \times 10^{26} \mathrm{W}$。考虑到整个世界的能源使用量每年只有 16TW（$1 \mathrm{TW} = 10^{15} \mathrm{W}$），太阳显然是一个巨大的能源库。

1.2.2 黑体辐射

许多常见的光源，包括太阳和白炽灯，都可以模拟成"黑体"光源。黑体是能够吸收所有投射到其表面上的电磁辐射而不发生反射与透射的物体，在一定温度时向外辐射能量，其辐射特性（如辐射强度、光谱分布等）仅由其自身的温度决定，与材料的性质、表面状况等因素无关。黑体得名于这样一个事实：如果它们不发射可见光范围内的辐射，它们就会因为完全吸收所有波长的光而呈现黑色。

可以将太阳看作一个理想的黑体模型，该模型能够完全吸收所有到达其表面的辐射，并仅根据其自身的温度向外辐射电磁波，其辐射能谱严格遵循普朗克分布规律，即

$$E(\lambda, T) = \frac{2\pi hc^2}{\lambda^5 \left[\exp\left(\dfrac{hc}{\lambda kT}\right) - 1 \right]} \tag{1-9}$$

式中，λ 为光的波长（单位为 m）；T 为黑体温度（单位为 K）；E 为光谱辐照度（单位为 $\mathrm{W \cdot m^{-2} \cdot m^{-1}}$）；$h$ 为普朗克常数，$h = 6.626 \times 10^{-34} \mathrm{J \cdot s}$；$c$ 为光速，$c = 2.99 \times 10^8 \mathrm{m \cdot s^{-1}}$；$k$ 为玻尔兹曼常数，$k = 1.381 \times 10^{-23} \mathrm{J \cdot K^{-1}}$。

黑体的总功率密度可计算为

$$H = \sigma T^4 \tag{1-10}$$

式中，σ 为斯特藩-波尔兹曼常数；T 为黑体的温度（单位为 K）。黑体光源的另一个重要参数是光谱辐照度最高的波长，即大部分能量被发射的波长。根据太阳光球层的温度在 6000K，我们可以得到太阳的辐射光谱与总功率。

黑体辐射分布中有一峰值波长，随着黑体温度的变化而变化，温度越高，峰值波长越短。根据维恩定律，$\lambda_p (\mu m) = 2900/T$，其中，$\lambda_p$ 为黑体发出的光谱辐照度的峰值波长（单位为 μm），T 为黑体的温度（单位为 K）。从中可以看出，随着温度的升高，峰值波长减小，且功率密度增加。太阳表面温度接近 6000K，故会辐射出可见光谱中紫色到红色范围内的光线，整体呈现白色。由此可知，太阳光的峰值波长在 $0.5 \mu m$ 左右，在绿光波段。其辐射光谱如图 1-2 所示。

1.2.3 太阳辐射强度

太阳是一个巨大的能源库，它以光辐射的形式不断地向太空释放着能量，每秒约 $3.9 \times 10^{26} \mathrm{W}$，但其中只有小部分能传输到距离太阳一段距离的空间物体上。太阳辐照度（H_0，单

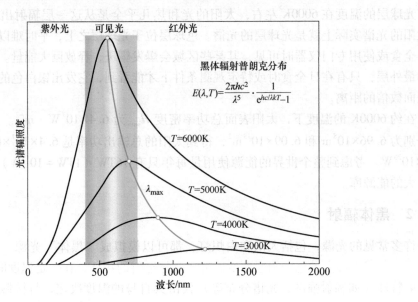

图 1-2　不同温度下黑体辐射的光谱和功率变化

位为 $\mathrm{W \cdot m^{-1}}$）是太阳照射到物体上的光的功率密度。太阳表面总功率等于温度大约为 6000K 的黑体辐射的总功率密度乘以太阳的表面积。然而，当与太阳有一定距离时，来自太阳的总能量会分散到更大的表面积上，因此，空间中的物体离太阳越远，太阳辐照度就越低。

与太阳有一定距离的物体接收的总功率密度，可以用太阳发出的总率除以物体上阳光照射的表面积来计算：

$$H_0 = \frac{R_{\mathrm{sum}}^2}{D^2} H_{\mathrm{sum}}$$

(1-11)

式中，H_{sum} 为由斯特藩-波尔兹曼黑体方程确定的太阳表面的总功率密度；R_{sum} 为太阳的半径；D 为物体到太阳的距离。例如，地球到太阳的距离 $D = 1.5 \times 10^{11}$ m，取地球半径 $r = 6371$km，太阳对地球的辐照功率约为 1.7×10^{17}W。2020 年全球用电量为 2.7×10^{16}W·h，因此通过计算可以看出到达地球的能量非常巨大，不到 10min（9.52min）输送到地球的能量就等于 2020 年全球的用电量总和。

除此之外，由式（1-11）可知，在太阳系中，天体接收到的太阳光能量和天体同太阳的距离的二次方成反比，因此可以通过计算得到不同天体接收的大阳的辐照度。水星接收的太阳辐照度约为地球外层的 7 倍，而海王星接收的只有地球外层大气的千分之二。

虽然太阳照射到地球大气层的辐射相对恒定（1366W·m⁻²），但地球表面的辐射变化很大。地球的大气层对到达地面的太阳辐射能有很大的影响。首先这与太阳辐射穿透大气层的距离有关，又取决于太阳辐射的方向，通常用大气质量表示上述情况。但是大气层的影响不仅与太阳光的方向有关，而且还与大气中吸收、散射、反射太阳辐射的物质多少有关。这样一来情况就比较复杂，即太阳辐射能与当时的天气状况密切相关。当然大气层的总体组成成分是相当稳定的，主要有气体氮、氢、氦、氧等，还有成分不固定的气体分子如水汽、臭氧、二氧化碳，以及悬浮的固态微粒如烟、尘埃、花粉等，这些微粒也是形成云的核心。包括吸收、散射及反射等在内的大气效应是影响地表太阳辐射的主要因素，造成太阳光辐照总功率、光谱分布和光入射角度的变化，因而太阳辐照度将会被削弱。图 1-3 是对这些影响的总结。

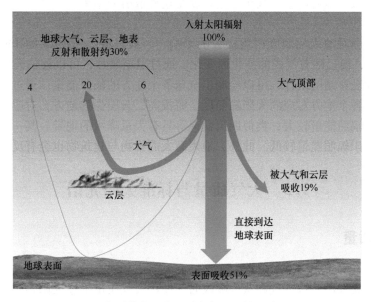

图 1-3　典型的太阳光经过大气云层的吸收和散射

（1）大气的吸收　当太阳辐射穿过大气层时，气体、尘埃等介质会吸收入射的光子。大气的主要吸收物质是臭氧（O_3）、二氧化碳（CO_2）及水汽（H_2O），对光子的吸收率非常高，这是因为这些大气气体的键能非常接近光子的能量。大气中约含有 21% 的氧气，主要吸收波长小于 0.2μm 的紫外光，在 0.1455μm 处吸收最强，因此在到达地面的太阳辐射中几乎观察不到波长小于 0.2μm 的辐射；臭氧主要存在于 20~40km 的高层大气中，在 20~25km 处最多，在底层大气中几乎没有，臭氧在整个光谱范围内都有吸收，但主要有两个吸收带，一个是短波光 0.20~0.32μm 间的强吸收带，另一个是在可见光区的 0.6μm 处，虽然吸收比例不太大，但恰好在辐射最强区，所以臭氧的吸收占总辐照度的 2% 左右。大气中的尘埃也会对太阳辐射有一定的吸收作用，上部尘埃层和下部尘埃层各吸收总辐照度的 1% 左右。空气分子（核心是二氧化碳分子和液态水分子）和水汽是太阳辐射的主要吸收媒质，吸收带在红外及可见光区域，两者的吸收分别约占总辐照度的 8% 和 6%。

当太阳在头顶正上方时，大气元素的吸收使整个可见光谱相对均匀地减少，所以入射光呈现白色。然而，当路径相对较长时，较高能量（较低波长）的光被吸收和散射得更多。因此，早晨和傍晚的太阳看起来比中午更红，亮度也更低。

（2）大气的散射　太阳辐射穿过大气层，在被吸收的同时又受到各种气体分子、水分子、尘埃等粒子的散射作用。散射跟吸收不同，不会将辐射能转变为粒子热运动的动能，而仅是改变辐射方向，使直射光变为漫射光，甚至使太阳辐射逸出大气层而不能到达地面。散射对太阳辐照度的影响与散射粒子的尺寸有关，一般可分为分子散射（molecular scattering）和微粒散射（particle scattering）。分子散射也叫作瑞利散射（Rayleigh scattering），由大气中的分子引起，散射粒子小于辐射波长，散射强度与波长的四次方成反比。大气对长波光的散射较弱，即透明度较大；而对短波光的散射较强，即透明度较小。天空有时呈现蓝色就是由短波光散射所致。发生微粒散射的散射粒子的粒径大于辐射波长，随着波长的增长，散射强度也增强，而长波与短波间散射的差别也减小，甚至出现长波散射强于短波散射的情况。空气比较浑浊时，天空呈乳白色，甚至红色，就是这种散射的结果。

（3）大气的反射 大气的反射主要是云层反射，它随着云量、云状与云厚的不同而变化。云层的遮挡会对地表辐照度产生极大的影响，一般来说，云层对太阳光的反射率可达50%，甚至更大，而且随着气候的变化而变化。通过卫星照片，可以评估云层对辐射能量的影响。通过地面观察站的统计，可以绘制出全球各个地方的辐照能量。通过辐照能量的分布可以很好地了解各个地方对应的太阳辐照度。海拔高、云层少的地方，对应云层遮光的现象较弱，对应的年辐照能量较大；类似四川盆地等具有大量降水的地带，其一年晴天的日子相对较少，从而太阳辐照能量较低。此外，地表高大的景物与建筑物也会有反射。

1.3 大气质量与标准太阳光谱

1.3.1 大气质量

大气质量（air mass，AM）是指光线通过大气层到达地面的实际距离与垂直入射距离之比，当光线穿过大气层并被空气和灰尘吸收时，使用大气质量描述太阳辐射在大气层中的衰减情况，其数值表示为

$$AM = \frac{1}{\cos\theta} \tag{1-12}$$

式中，θ 为天顶角。

在地球大气层外接收到的太阳辐射能，未受到地球大气层的反射和吸收，以 AM0 表示。太阳在正上方时，垂直入射的光线通过大气层的距离最短，此时 $\theta=0°$，大气质量为 1，用 AM1 表示。当 $\theta=60°$ 时，大气质量就是 2，以 AM2 表示。我们常说的 AM1.5 就是 $\theta=48.2°$ 时的大气质量。显然，一年之内 AM1 的太阳光谱只有在南北回归线之间的区域才能获得，而 AM1.5 的太阳光谱在地球上的大部分地区都可以得到。

任何地点的大气质量都可以通过测量垂直杆的阴影来估算，计算公式为

$$AM = \sqrt{1+\left(\frac{s}{h}\right)^2} \tag{1-13}$$

式中，s 为高度为 h 的竖直杆的投影长度。

以上对大气质量的计算是假定地球大气层是一个水平方向的扁平层，但实际上大气层是有曲率的，当 $\theta>60°$ 时，公式会有较大误差。例如，当太阳接近地平线，即 $\theta=90°$ 时，按照公式计算 AM 就是无穷大，实际情况显然不是这样。考虑了地球的曲率后，一般采用如下公式计算大气质量：

$$AM = \frac{1}{\cos\theta + 0.50572(96.07995-\theta)-1.6364} \tag{1-14}$$

1.3.2 标准太阳光谱

太阳能电池的效率对入射光的功率和光谱的变化十分敏感。为了精确地测量和比较不同

地点、不同时间的太阳能电池效率，一个标准的太阳光谱和能量密度是非常必要的。太阳光照射到地球表面时，由于大气层与地表景物的散射与折射，会使抵达地面光伏组件表面的太阳光入射量增加20%，这些能量称为漫射辐射（diffusion radiation）。基于此，针对地表上的太阳光谱能量有 AM1.5G 与 AM1.5D 之分，其中 D 表示 direct，AM1.5D 为不包括漫射辐射的直射辐射光谱，其近似地等于 AM0 的 72%（其中 18% 被大气吸收，10% 被大气散射）；G 表示 global，AM1.5G 则为包含漫射辐射能量的全太阳光谱。AM1.5G 光谱的功率密度大约为 $970W \cdot m^{-2}$，为了方便起见，实际使用中通常将标准 AM1.5G 光谱归一化为 $1kW \cdot m^{-2}$。图 1-4 是 6000K 的黑体及 AM0、AM1.5G 的光谱辐照度。AM1.5G 曲线中的不连续部分为各种不同大气组分对太阳光的吸收带。

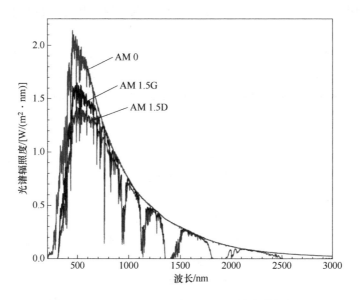

图 1-4　AM0、AM1.5G 和 AM1.5D 的光谱辐照度

1.4　太阳能的转换方式

太阳能具有很多其他能源无可比拟的优越性，有着极其广阔的应用前景。太阳每天向地球输送光能，因此太阳能利用的本质即太阳光能的利用。一般来讲，地球接收的太阳光，即太阳能可通过下述四种主要方式进行能量转化：太阳能-生物质能转换、太阳能-热能转换、太阳能-化学能转换和光伏转换。

1）太阳能-生物质能转换。地球上植物通过光合作用，将太阳中的光能高效转化为生物质能，同时捕获空气中的二氧化碳和氮气，转化为自身生长所需的营养物质，并在此过程中释放氧气，实现了太阳能和生物质能的转换。

2）太阳能-热能转换（光热转换）。将太阳辐射能用集热装置收集起来，通过与物质的相互作用转换成热能加以利用，可以用于热水供应、供暖或发电等需求。目前使用最多的太阳能收集装置主要有平板型集热器、真空管集热器和聚焦型集热器三种。

在太阳能热水器的光热转换过程中，水吸收辐射能量，温度 T 升高，内能增加。太阳能热水器需要保证热水和环境温度隔绝，维持一定的温度差。在日光反射装置的光热转换过程中，反射镜聚焦太阳辐射，加热水或其他液体，生成蒸汽，蒸汽驱动涡轮发电机发电。整个日光反射装置就像一台不用煤炭而用太阳辐射的内燃机。太阳能光热转换的优势是可以利用整个太阳光谱，而且制造成本低廉。

3）太阳能-化学能转换。太阳能-化学能转换主要通过人工模拟自然光合作用实现，显著案例为光解水技术制取氢气。这一过程中，光能驱动化学反应，将水分解为氢气和氧气，氢气作为清洁能源，在燃烧时释放热能并回归为水，构成了一个闭环的、环境友好的能源循环体系。此外，利用相似的人工光合成技术，还能将二氧化碳这一温室气体转化为甲烷、甲醇等太阳燃料，实现了从"废物"到宝贵能源的转化，不仅促进了太阳能的高效利用，还为解决环境问题提供了新思路，展现了太阳能-化学能转换在构建可持续能源生态中的关键作用。

4）光伏转换。光伏转换包括光-热-电转换和光-电转换两种。前者是利用太阳辐射所产生的热能发电，按照太阳能收集方式可分为塔式、槽式、碟式三种发电方式；后者是利用半导体材料的光伏效应将太阳光直接转换为电能，其基本装置就是太阳能电池。

在太阳能光伏转换中，把太阳辐射转换为导带化学势（chemical potential energy of conduction band，μ_c，eV）和价带化学势（chemical potential energy of valence band，μ_v，eV），导带化学势μ_c和价带化学势μ_v合称为化学势（chemical potential energy），导带化学势相当于电子费米能级$\mu_c = E_F^n$，价带化学势相当于空穴费米能级$\mu_v = E_F^p$。太阳能电池吸收光子，电子从低能量的基态（ground state，E_v，eV）跃迁到高能量的激发态（excited state，E_c，eV），在基态E_v留下空穴，基态E_v也称为价带，激发态E_c也称为导带。基态E_v和激发态E_c都以能带形式存在，能带由密集排布的能级组成，能带之间形成带隙（band gap，E_g，eV），$E_g = E_c - E_v$。激发态E_c和基态E_v之间的带隙$E_g \gg k_B T_a$。为了使受激电子有足够的时间被接触电极收集，受激电子维持在激发态E_c的时间必须足够长。

在光照下，大量基态E_v的电子进入激发态E_c，并形成稳定的分布。这和黑暗中的热平衡状态不同，形成准热平衡状态，这时的导带化学势μ_c上升。两能级系统的化学势增量用吉布斯自由能（Gibbs free energy，G，eV）表示，$G = N\Delta\mu$，N是受激发的电子数。而导带化学势μ_c和价带化学势μ_v的差值是化学势差（chemical potential difference，$\Delta\mu$，eV），反映了准费米能级分裂（quasi Fermi level separation），$\Delta\mu = \mu_c - \mu_v = E_F^n - E_F^p$。因为化学势差$\Delta\mu$依赖于吸收的光子能量$E$，也被称为辐射化学势（chemical potential of radiation 或 chemical potential of light）。在没有入射光的热平衡状态，化学势差$\Delta\mu = 0$。如果初始的基态E_v完全充满，初始的激发态E_c完全空缺，把光子转换为化学势μ_c、μ_v最有效。

为了完成光伏转换过程，受激的电子必须被分离并收集。半导体的非对称结构（asymmetric structure）可以使受激电子被分离出来。负电极（negative contact）和正电极（positive contact）分别收集导带化学势μ_c和价带化学势μ_v，形成负电极和正电极之间的光生电压V_{ph}，$qV_{ph} = \Delta\mu = \mu_c - \mu_v = E_F^n - E_F^p$。当电子被分离，电子通过负电极进入外电路，驱动负载电阻R，如图1-5所示。

与太阳能光热转换不同，太阳能光伏转换只能利用能量比带隙E_g大的光子。这些光子增加了化学势差$\Delta\mu$，而增加的内能不多。实际上，如果内能增加，温度T升高，可以减小光伏转换的转换效率η，所以太阳能电池的设计强调了散热功能，需要和周围环境保持良好的热接触，从而保持太阳能电池器件的温度接近环境温度 T_a。

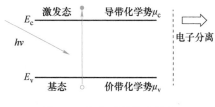

图 1-5 电荷受激发后分离

思 考 题

1. 一个光子的频率为 5.0×10^{14} Hz，请根据普朗克公式计算这个光子的能量，并给出答案。单位为电子伏特（eV）。

2. 请简述黑体辐射的两个基本定律，并解释为什么太阳可以被视为一个近似的黑体。

3. 请简述一下太阳光谱 AM0、AM1.5D 和 AM1.5G 的区别。

4. 举例说明几种常见太阳能的利用方式，并简述其优缺点。

参 考 文 献

［1］ 李灿. 太阳能转化科学与技术［M］. 北京：科学出版社，2020.

［2］ 徐克尊，陈向军，陈宏芳. 近代物理学［M］. 3 版. 合肥：中国科学技术大学出版社，2015.

［3］ 佐藤胜昭. 金色的能量：太阳能电池大揭秘［M］. 谭毅，史蹟，译. 北京：科学出版社，2012.

［4］ NELSON J. 太阳能电池物理［M］. 高扬，译. 上海：上海交通大学出版社，2011.

第 **2** 章

纳米半导体材料物理基础

■ **本章学习要点**

1. 掌握基元、晶格、原胞、基矢、晶向、晶面等相关概念。
2. 了解晶格点群对称性的三种表现形式以及 7 大晶系、14 种布拉维格子的名称。
3. 掌握倒格子与正格子之间的关系。
4. 了解常见的太阳能电池的晶体结构。
5. 掌握半导体能带结构理论，熟悉布里渊区、导带、价带、直接带隙、间接带隙的概念。
6. 熟悉本征半导体、n 型半导体和 p 型半导体的关系。
7. 了解缺陷与杂质能级等概念。

2.1 纳米半导体材料的晶体性质

2.1.1 纳米半导体材料的晶格结构

在晶体中，原子的规律性排列可以看作是由一个特定的"基本结构单元"在空间重复堆叠而成的，这一特性被人们称为晶体结构的周期性。而构成晶体的基本单元称为基元（原子、离子、分子或原子团）。构成晶体空间结构的质点的重心（几何点）称为格点（也称为节点），构成晶体格点的集合称为空间点阵。如图 2-1a 中 k 方向所示，晶体基元沿着该方向做有规律的重复排列就形成了晶体，图 2-1a 中的 a、b、c 就是宏观晶体的外表面。由基元的代表点（格点）形成的晶格称为布拉维格子或布拉维点阵。

由于基元的周期性排列，其格点也一定做相同的周期性排列，这些点和它们之间的间距所形成的空间点阵称为晶格。晶格是为了方便描述以及研究晶体结构而抽象出来的一种几何结构。图 2-1b 为二维晶格。

晶体可以看成由格点沿空间 3 个不同方向上各按一定长度周期性地平移而构成，每一个平移

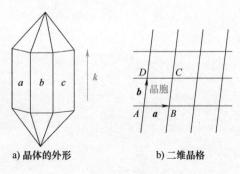

a) 晶体的外形　　　　b) 二维晶格

图 2-1　晶体

距离称为周期。以图 2-1b 所示二维晶格为例，ABCD 为一个基本单位，如果它的基矢（初基平移矢量）为 a、b，可用平移矢量 R 表示所有点的位置，即

$$R = pa + qb \quad (p、q \text{ 为整数}) \tag{2-1}$$

在三维情况下，平移矢量为

$$R = pa + qb + sc \quad (p、q、s \text{ 为整数}) \tag{2-2}$$

R 称为晶格平移矢量，以 R 指定的点为格点，从任一格点出发平移 R 后必然地到达另一格点。通常将每平移一定的距离称为晶格的周期。平移的 3 个方向不必正交，各个方向上的周期大小不一定相同。由基矢 a、b、c 为 3 个棱边组成的平行六面体是晶格结构的最小重复单元，它们平行地、无交叠地堆积在一起，可以形成整个晶体。这样的最小重复单元称为原胞。每个原胞只含有一个格点。原胞的形状可以用与其平行的六面体的三边之长 a、b、c 及夹角 α、β、γ 来表示，如图 2-2 所示。

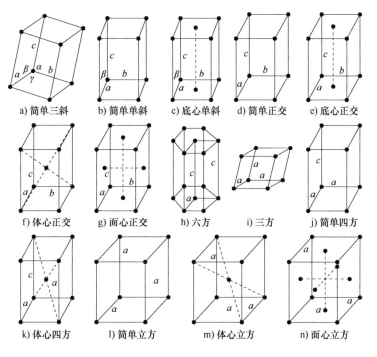

a) 简单三斜　　b) 简单单斜　　c) 底心单斜　　d) 简单正交　　e) 底心正交

f) 体心正交　　g) 面心正交　　h) 六方　　i) 三方　　j) 简单四方

k) 体心四方　　l) 简单立方　　m) 体心立方　　n) 面心立方

图 2-2　三维布拉维格子

按坐标系的特点可以将晶胞分为 7 个晶系、14 种布拉维格子，见表 2-1。7 个晶系分别为三斜晶系（图 2-2a）、单斜晶系（图 2-2b、c）、正交晶系（图 2-2d～g）、三方晶系（图 2-2i）、四方晶系（图 2-2j、k）、六方晶系（图 2-2h）、立方晶系（图 2-2l～n）。

原胞的选取是任意的，它只是最小的晶格重复单元，由于基矢选择的多样性，原胞的选择也是多样性的，如图 2-3 所示。在一个平面晶格中，可以选图中的 1、2 或 3 作为原胞。

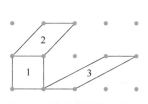

图 2-3　原胞选取的任意性

表 2-1　14 种布拉维格子和 7 大晶系

晶系	布拉维格子	原胞基矢量特征	基矢长度和夹角	点群特征
三斜晶系	简单三斜	$a \neq b \neq c$ $\alpha \neq \beta \neq \gamma$	a, b, c α, β, γ	C_4
单斜晶系	简单单斜 底心单斜	$a \neq b \neq c$ $\alpha = \gamma = 90° \neq \beta$	a, b, c β	C_{2h}
正交晶系	简单正交 底心正交 体心正交 面心正交	$a \neq b \neq c$ $\alpha = \beta = \gamma = 90°$	a, b, c $90°$	D_{2h}
四方晶系	简单四方 体心四方	$a = b \neq c$ $\alpha = \beta = \gamma = 90°$	a, c $90°$	D_{4h}
立方晶系	简单立方 体心立方 面心立方	$a = b = c$ $\alpha = \beta = \gamma = 90°$	a $90°$	O_h
三方晶系	三方	$a = b = c$ $\alpha = \beta = \gamma < 120° \neq 90°$	a α	D_{3d}
六方晶系	六方	$a = b \neq c$ $\alpha = \beta = 90°$ $\gamma = 120°$	a, c $90°, 120°$	D_{6h}

除了周期性外，每种晶体还有自己特有的某种对称性。为了反映晶体对称的特征，往往选取能直观反映上述对称性的晶格重复单元，称为晶胞，晶胞的边长称为晶格常数。原胞和晶胞都可以用来描述晶体的周期性，但二者之间也有区别。在固体物理学中，只强调晶格的周期性，其最小的重复单元为原胞。每个原胞只含一个格点，因为每个原胞有 8 个顶点，而每个顶点为 8 个原胞所共有。对晶胞而言，格点不仅出现在顶点上，也可能出现在其他位置，如体心或面心位置上，因而每个晶胞不一定只含一个格点，晶胞不一定是最小的重复单元，它的体积一般是原胞体积的整数倍。举例而言，如

图 2-4 所示，金刚石型结构的原胞为棱长 $\frac{\sqrt{2}}{2}a$ 的菱立方，含有两个原子；而在结晶学中除强调晶格的周期性外，还要强调原子分布的对称性，例如，同为金刚石型结构，其晶胞为长（晶格常数）为 a 的正立方体，含有 8 个原子。

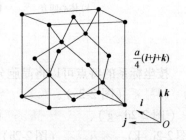

图 2-4　金刚石结构的晶胞

物体的性质在不同方向或位置上有规律地重复出现的现象称为对称性，对称性的本质是指系统中的一些要素是等价的，它可使复杂物理现象的描述变得简单、明了。因为对称性越高的系统，需要独立表征的系统要素就越少，因而描述起来就越简单，且能大大简化某些计算工作量。

对晶格而言，其对称性除了平移对称性，还具有旋转对称性。晶体的旋转对称性是指，晶体绕某一转轴转动某一特定的角度后能够自身重合。由于受到晶体周期性的限制，晶体只能有为数不多的对称类型。按照空间群理论，晶体的对称类型是由少数基本的对称操作组合而成。如果基本对称操作中不包括微观的平移，则组成 32 种点群；如果包括微观的平移，就构成 230 种微观的对称性，称为空间群。

晶格的点群对称性等价于 1 个晶胞的点群对称。

1）n 度旋转轴 C_n。如果晶格绕某一固定轴旋转 $2\pi/n$，它与自身相重合，则该对称轴称为 n 度旋转轴。n 值只存在 1、2、3、4、6 这 5 种可能。由于正五角形排列填满空间是不可能的，所以不存在 5 度旋转轴。

2）镜向反射面 σ。如果相对于某平面做镜像反射后，晶格与自身相重合，则该平面称为镜向反射面，并用符号 σ 表示。

3）n 度旋转反射轴 S_n。绕某一固定轴转动 $2\pi/n$，再相对垂直于该轴的平面 σ_h 做镜像反射后，晶格与自身相重合，则该对称轴称为 n 度旋转反射轴，并用符号 S_n 表示。

1. 晶面/晶列

常见的晶体通常是各向异性的，也就是沿晶格的不同方向晶体的性质不同。在研究或描述晶体的性质或内部发生的某些过程时，常常要指明晶体中的某个方向。因此，需要建立一套标志方向的参量，来识别和标志晶格中的不同方向。由于布拉维格点周围的情况完全相同，从格点沿某一方向的排列规律来看，所有格点可以看成分列在一系列相互平行的直线上，这些直线叫作晶列。同一格子可以形成方向不同的晶列，如图 2-5 所示。晶列的取向称为晶向，描写晶向的一组数据，称为晶列指数（或晶向指数）。通过一个格点可以有无数个晶列。

如图 2-5 所示，由于晶格存在周期性，通过其他任一格点均可引出与原晶列平行的晶列，这些相互平行的晶列将覆盖晶体内的全部格点。晶列具有如下的特点。

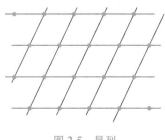

1）平行的晶列组成晶列族，晶列族将覆盖所有的格点。

2）由于晶格具有周期性，晶列上的格点会按照一定的周期分布，该周期与晶向有关。

3）晶列族中的每一个晶列上，格点分布的取向和周期都是相同的。

图 2-5　晶列

4）在同一平面内，相邻晶列之间的距离相等。

2. 晶列指数

通过式（2-2）可知，晶格内任一格点的平移矢量 $R = pa+qb+sc$，其中 a、b、c 为原胞的基矢；p、q、s 为任意整数。将 p、q、s 化简为互质数 p'、q'、s' 后，记作 $[p',q',s']$。$[p',q',s']$ 称为该晶列的晶列指数。若遇到负数，则在该数字的上方加一条横线。例如 $[1\bar{3}1]$ 表示 $p'=1$，$q'=-3$，$s'=1$。

3. 晶面

对布拉维晶格，所有格点也可以看成排列在一系列相互平行、等间距的平面系上。这些平面，将描述晶面方位的一组数据，称为晶面指数。晶面具有如下特点。

1）相互平行的晶面系将覆盖全部格点。晶体中的任一格点必然落在晶面系的某个晶面上。

2）晶面上格点的分布具有周期性。

3）同一晶面族中的每一晶面上，格点分布的情况相同。

4）同一晶面系中相邻晶面的间距相等。有两种方法可以表明晶面的方向：一是通过晶面的法线方向，即通过法线方向与三个坐标轴的夹角表示；二是通过晶面在三个坐标轴上的截距表示。

如图 2-6 所示，取一格点为顶点，原胞的三个基矢 a_1、a_2、a_3 分别为坐标系的三个轴，设某一晶面的法线 ON 与晶面 $A_1A_2A_3$ 相交于 N，ON 的长度为 md（其中 d 为该晶面系相邻晶面间的距离，m 为任意整数），该晶面法线方向的单位矢量用 n 表示，则晶面 $A_1A_2A_3$ 的方程为 $x \cdot n = md$。其中，x 为晶面 $A_1A_2A_3$ 上任意一点与晶格点 O 形成的矢量。

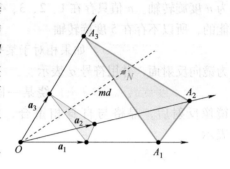

图 2-6　晶面的选取

设 a_1、a_2、a_3 的末端上的格点分别在距离原点为 m_1d、m_2d 和 m_3d 的不同晶面上（m_1、m_2、m_3 均为整数），那么：

1）所有的格点都包容在一个晶面系中。这使得给定的晶面系中必有一个晶面通过坐标系的原点；基矢 a_1、a_2、a_3 末端上的格点也一定落在该晶面系的晶面上。

2）同一个晶面系中的晶面平行且相邻晶面的间距相等。在原点与基矢的末端间只能存在整数个晶面。

若 m_1、m_2、m_3 已知，则晶面在空间的方位即可确定。将 m_1、m_2 和 m_3 定义为晶面指数，记作（m_1, m_2, m_3）。

可以证明，任一晶面系的晶面指数，等于晶面系中任一晶面在三个基矢坐标轴上截距系数的倒数之比。

所以，晶面指数（m_1, m_2, m_3）表示的意义如下：

1）基矢 a_1、a_2、a_3 被平行的晶面等间距的分割成 $|m_1|$、$|m_2|$、$|m_3|$ 等份。

2）以 a_1、a_2、a_3 为各轴的长度单位所求得的晶面指数是在坐标轴上的截距倒数的互质比。

3）晶面的法线与基矢夹角的方向余弦的比值。在实际应用中常用的是以晶胞的基矢 a、b、c 为坐标轴来表示的晶面指数，这种指数称为密勒指数，用（hkl）表示，方法与上述的相同。

例如，某一晶面在 a、b、c 三轴的截距为 4、1、2，其倒数之比为 $\frac{1}{4} : \frac{1}{1} : \frac{1}{2} = 1 : 4 : 2$，则该晶面系的密勒指数为（142）。立方晶格的（100）、（110）以及（111）面如图 2-7 所示。

4. 倒格子

如果晶格的基矢未知，通过电子衍射、X 射线衍射等手段所获得与晶体结构相关的一些周期性分布的点，这些点与晶格中某些晶面族有一一对应的关系，那么通过这种特定

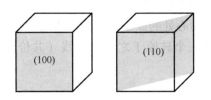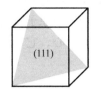

图 2-7　立方晶格的（100）、（110）、（111）面

的对应关系所遵从的规律，就可以确定晶格的基矢。这些与真实空间相对应周期性的点阵称为倒易点阵。所谓倒格子，就是类似上述与晶格中的晶面族一一对应的那些点所组成的格子，其对应关系所遵从的规律，即晶格与倒格子之间的联系，实际上是一种傅里叶变换的关系。

倒格子与正格子之间可以相互转换。假设正格子基矢为 a_1、a_2、a_3 时对应的基矢为 b_1、b_2、b_3，有如下关系：

$$\begin{cases} b_1 \cdot a_1 = b_2 \cdot a_2 = b_3 \cdot a_3 = 2\pi \\ b_1 \cdot a_2 = b_1 \cdot a_3 = b_2 \cdot a_3 = b_2 \cdot a_1 = b_3 \cdot a_1 = b_3 \cdot a_2 = 0 \end{cases} \tag{2-3}$$

$$\begin{cases} b_1 = 2\pi \dfrac{a_2 \times a_3}{a_1 \cdot a_2 \times a_3} \\[2mm] b_2 = 2\pi \dfrac{a_3 \times a_1}{a_1 \cdot a_2 \times a_3} \\[2mm] b_3 = 2\pi \dfrac{a_1 \times a_2}{a_1 \cdot a_2 \times a_3} \end{cases} \tag{2-4}$$

由上述三个倒格矢 b_1、b_2、b_3，平移而形成的晶格称为倒格子。当倒格子中的任意格点作为原点时，从原点到其他倒格子之间的矢量称为倒格矢，并用 G 表示，即

$$G = n_1 b_1 + n_2 b_2 + n_3 b_3 \tag{2-5}$$

式中，n_1、n_2、n_3 为任意整数。则相应的正格矢 R 可表示为

$$R = m_1 a_1 + m_2 a_2 + m_3 a_3 \tag{2-6}$$

式中，m_1、m_2、m_3 为任意整数。倒格矢 G 与正格矢 R 之间存在如下关系：

$$G \cdot R = 2\pi(n_1 m_1 + n_2 m_2 + n_3 m_3) = 2\pi \times 整数 \tag{2-7}$$

或者

$$\exp(iG \cdot R) = 1 \tag{2-8}$$

因此，只要已知倒格子就可以求出正格子，反之亦然。

2.1.2　常见太阳能电池材料的晶格结构

1. 硅（Si）

单晶硅为金刚石结构，晶格常数为 0.543nm，原子半径为 0.118nm，原子密度为 $5.02 \times 10^{22} cm^{-3}$，材料密度为 2328kg·$m^{-3}$，本征电阻率约为 $2.3 \times 10^5 \Omega \cdot cm$。其中 Si 所属的金刚石结构由硅原子组成的两个面心立方子晶格沿着立方体空间对角线的方向彼此位移对角线长度的 1/4 套构而成。所以金刚石型结构是复式格子，其相应的布拉维格子为面心立方。基元中包含两个硅原子，基元所包含的两个原子虽属同一种元素 Si，但相互

不等价，因为它们的周围环境不同（共价键方向有所不同）。其中，位于立方体对角线 1/4 处的硅原子与相邻的一个顶角原子及三个面心处的原子构成四面体结构，立方体对角线 1/4 处的硅原子处于四面体的中心，它与其他三个硅原子之间的连线（共价键）相互之间的夹角均为 109°28′16″。

2. Ⅲ-Ⅴ族半导体

大部分Ⅲ-Ⅴ族与Ⅱ-Ⅵ族化合物半导体都属于闪锌矿结构，其晶体结构如图 2-8 所示。与金刚石结构相似，闪锌矿结构也是一种由面心立方构成的复式格子，不同的是两套格子中的原子种类不同。与金刚石型结构中的碳原子相对应，闪锌矿结构中的两类原子各自组成面心立方子晶格，并沿着立方体空间对角线的方向彼此位移对角线长度的 1/4 套构而成。例如 GaAs 为闪锌矿结构，当 Ga 离子占据面心立方位置（图 2-8 空心位置）时，As 离子占据对角线上的位置（图 2-8 实心位置）。闪锌矿结构晶体同样具有硬度高、脆性大的特点。但与金刚石结构不同的是，两种原子的电负性不同，导致这种结构中既有轨道杂化，又有原子间的电荷转移；原子间的键为离子键与共价键组成的混合键。此外，该结构的电子云的分布不具有金刚石结构的对称性，而是偏向阴离子。这种结构中离子键成分与共价键成分的比值在很大程度上决定了化合物的半导体性质。一般来说，如果离子键的成分大，则化合物的禁带宽度大，半导体特性不明显；相反，则带宽度小，半导体特性明显。

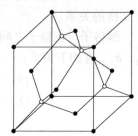

图 2-8　闪锌矿晶体结构

3. 纤锌矿结构

纤锌矿是闪锌矿加热到 1020℃ 时的六方对称型变体。纤锌矿结构和闪锌矿结构相接近，它也是以正四面体结构为基础构成的，但是它具有六方对称性，而不是立方对称性，它是由两类原子各自组成的六方排列的双原子层堆积而成，但它只有两种类型的六方原子层，它的（001）面规则地按 ABABA…顺序堆积，而不是闪锌矿结构的 ABCABC…。硫化锌、硒化锌、硫化镉、硒化镉等都能以闪锌矿型和纤锌矿型两种方式结晶。

与Ⅲ-Ⅴ族化合物类似，这种共价性化合物晶体中，其结合的性质也具有离子性，但这两种元素的电负性差别较大，如果离子性结合占优势的话，就倾向于构成纤锌矿型结构。纤锌矿型结构的Ⅱ-Ⅵ族化合物是由一系列Ⅱ族原子层和Ⅵ族原子层构成的双原子层沿 [001] 方向堆积起来的，每一个原子层都是一个（001）面，由于它具有离子性，通常也规定由一个Ⅱ族原子到一个相邻的Ⅵ族原子的方向为 [001] 方向，反之为 [00$\bar{1}$] 方向，Ⅱ族原子层为（001）面，Ⅵ族原子层为（00$\bar{1}$）面，这两种面的物理化学性质也有所不同。

4. 铜铟镓硒（CIGS）

铜铟镓硒实际上是 $CuInSe_2$ 和 $CuGaSe_2$ 的固熔晶体，可以认为是 Ga 代替了 $CuInSe_2$ 晶体中的部分 In 而形成。每个 Cu、In 原子与 Se 有四个键连接，每个 Se 原子与 Cu、In 原子有两个键连接。Cu 和 In 原子的化学性质不同，Ⅰ-Ⅵ（Cu-Se）键长、键强与Ⅲ-Ⅵ（In-Se）键长、键强并不相同，也不严格等于 2，以 Se 原子为中心构成的四面体也不是完全对称的。因此，键强、晶格常数比这两个指标，成为黄铜矿型材料中四方晶格畸变的一个量度。

图 2-9 为黄铜矿型晶格结构。CuInSe$_2$晶格常数 $a=0.577$nm、$c=1.154$nm，但是随着 Ga 的掺入，晶格常数会随之发生变化。

5. 钙钛矿

钙钛矿是一类具有 ABX$_3$结构的晶体材料的总称，其中 A 是较大的阳离子，B 是较小的阳离子，X 是阴离子，每个 A 离子被 B 离子和 X 离子一起构成的八面体所包围。钙钛矿是以俄罗斯矿物学家 Perovskite 的名字命名的，是一种具有与矿物钙钛氧化物（最早发现的钙钛矿晶体 CaTiO$_3$）相同的晶体结构的材料。如图 2-10 所示，理想的钙钛矿晶体结构可以视为 $[BX_6]^{4-}$八面体在三维空间 X 位互相连接形成的网格状框架，A 离子位于八面体结构排列形成的孔洞中，为简单立方结构。目前最常用太阳能电池的钙钛矿的 A 离子一般为甲胺阳离子（MA$^+$、CH$_3$NH$_3^+$）、甲脒阳离子 $[$FA$^+$、CH(NH$_2$)$_2^+]$、铯离子（Cs$^+$）等，B 位主要为金属离子，如铅离子（Pb^{2+}）和锡离子（Sn^{2+}）等；X 位主要为卤素离子（I$^-$、Br$^-$、Cl$^-$）和类卤素离子（SCN$^-$）等。B 位阳离子与 6 个 X 位阴离子配位形成 $[BX_6]^{4-}$八面体，B 位阳离子位于八面体中心位置，$[BX_6]^{4-}$八面体之间共顶点周期性排列形成三维空间网络，A 位离子嵌入 4 个八面体形成的间隙处，形成 ABX$_3$钙钛矿结构。

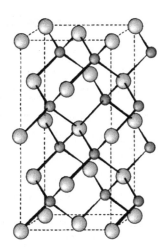

图 2-9 黄铜矿型晶格结构

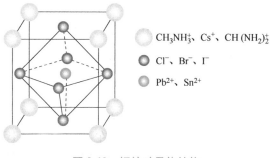

- ○ CH$_3$NH$_3^+$、Cs$^+$、CH(NH$_2$)$_2^+$
- ● Cl$^-$、Br$^-$、I$^-$
- ○ Pb^{2+}、Sn^{2+}

图 2-10 钙钛矿晶体结构

2.2 纳米半导体材料的电子性质

半导体的物理性质与半导体中的电子状态息息相关，研究半导体中电子运动规律是半导体物理学的一个重要内容。电子能量值和波函数作为电子状态的关键物理参数，主要受电子运动所处的势场影响，这种势场源于晶体中原子周期性的排列结构，因此展现出晶格周期性的特征。这些电子状态也称为量子态（电子态）。由于势场环境的差异性，晶体中的电子所受到的库仑作用与孤立原子或自由电子中的情况截然不同。在孤立原子中，电子主要受到原子核和其他电子势场的影响，其能量表现为一系列分立的能级。而完全自由的电子不受任何外力的作用，在恒定的势场中运动，能量是连续的。在晶体中，电子在周期性的势场中运动，其能量值则表现为一系列密集的能级所组成的能带。为了确定半导体中的电子状态，人们通常采用单电子近似作为理论基础。这种理论得出的电子能量值组成能带，所以通常称为能带理论。

2.2.1　薛定谔方程和布洛赫波

量子力学的薛定谔方程，可以描述独立原子和分子中的电子，也可以描述晶体导带电子和价带空穴。特别之处在于晶体中的电子并不是自由的，它会受到晶体中格点上的离子和电子产生的势场影响。写出所有离子和电子的动能以及它们之间的相互作用势能，并构造出哈密顿量，求解薛定谔方程，可以得出电子的本征函数和能量本征值，从而得到定量的物理关系。但是，由于组成晶体的原子和电子数量非常多，密度可达 $10^{22} \sim 10^{23} \, \mathrm{cm}^{-3}$，这样复杂的多体问题，即使利用当今高性能计算机服务器也是无法严格求解的。因此，在讨论晶体中电子运动问题时，需要降低求解体系薛定谔方程的计算量。人们采用了一系列近似处理方法，将多体问题转化成单电子问题，进而再简化为单电子在周期势场中的运动。单电子近似法，就是把每个电子的运动单独加以考虑，认为每个电子是在原子核的势场和其他电子的平均势场中运动。这个势场与晶格具有相同的周期性，称为周期性势场。因此，晶体中的电子在具有晶格周期性的周期性势场中运动。讨论晶体中的电子状态，也就是确定电子的波函数和能量谱值，归结为求解单电子薛定谔方程。在一维情况下，薛定谔方程可以写成

$$\left[-\frac{\hbar^2}{2m^*} \nabla^2 + V(r) \right] \psi(k,r) = E(r)\psi(k,r) \tag{2-9}$$

式中，$\psi(k,r)$ 为波函数（wave function）；r 为晶体中电子在矢量空间（vector space）中的空间位置（position in space，cm）；$\hbar$ 为约化普朗克常数，$\hbar = \dfrac{h}{2\pi} = 1.05 \times 10^{-34} \mathrm{J} \cdot \mathrm{s}$；$\nabla$ 为微分算子；$V(r)$ 为势场函数；$E(r)$ 是载流子的能量；m^* 为有效质量（effective mass，kg）；k 为平面波的波矢（wave vector，cm^{-1}），有

$$k = |k| = \frac{2\pi}{\lambda} \tag{2-10}$$

晶体原子存在无限周期性的分布，这样的分布在 x、y 和 z 轴上具有基矢（basis）a、b 和 c。如果平移任何一个等于这 3 个基矢整数倍之和的矢量时，晶体结构保持不变，正格子（direct lattice，R，cm）描述了原子的周期性分布

$$R = ma + nb + pc \tag{2-11}$$

式中，m、n、p 为整数。

图 2-11a 是一个孤立的原子势场，纵坐标代表势能 V，横坐标表示电子和原子核的距离。图 2-11b 表示原子等间距地排列成一维晶体后，各原子势场（虚线）叠加形成的势场（实线），即一维晶体中的势场。可以看出，这个势场与晶格具有相同的周期性。用 r 表示电子的矢量坐标，那么，电子受到具有周期性电势（electric potential，Φ，V）的作用为

$$\Phi(r) = \Phi(r+R) \tag{2-12}$$

这可以知道薛定谔方程具有以下解的形式：

$$\psi(k,r) = u_k(r)\exp(\mathrm{i}k \cdot r) \tag{2-13}$$

这个函数称为布洛赫（Bloch）函数或布洛赫波，它是由布洛赫波包（Bloch wave packet）和平面波（plane wave）相乘得到。

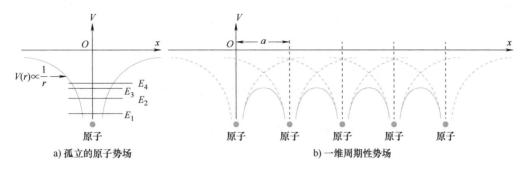

a) 孤立的原子势场　　　　　　　b) 一维周期性势场

图 2-11　原子周期排列形成的一维周期性势场的示意图

在晶格的一定方向上波矢 $\boldsymbol{k}$ 确定，布洛赫波包 $u_k(\boldsymbol{r})$ 关于空间位置 $\boldsymbol{r}$ 的函数关系也确定。布洛赫波包 $u_k(\boldsymbol{r})$ 是一个关于正格子 $\boldsymbol{R}$ 的周期函数，当电子的空间位置 $\boldsymbol{r}$ 增加正格子 $\boldsymbol{R}$，布洛赫波包 $u_k(\boldsymbol{r})$ 都相同，即

$$u_k(\boldsymbol{r}) = u_k(\boldsymbol{r}+\boldsymbol{R}) \tag{2-14}$$

在布洛赫波 $\psi(\boldsymbol{k},\boldsymbol{r})$ 中，平面波 $\exp(\mathrm{i}\boldsymbol{k}\cdot\boldsymbol{r})$ 反映了电子在晶体中做共有化运动，而布洛赫波包 $u_k(\boldsymbol{r})$ 反映了电子的运动受到晶格周期性分布的影响。通过两个方面相结合，布洛赫波 $\psi(\boldsymbol{k},\boldsymbol{r})$ 较准确地描述了晶体中电子的运动。电子的分布，即在晶体中某一点找到电子的概率，可以用布洛赫波的强度表示为

$$\left| \psi(\boldsymbol{k},\boldsymbol{r}) \right| = \sqrt{\psi(\boldsymbol{k},\boldsymbol{r}) \cdot \psi(\boldsymbol{k},\boldsymbol{r})^{*}} \tag{2-15}$$

2.2.2　布里渊区

布里渊区（Brillouin zone）是在倒空间中划分的一些周期性重复单元。在倒空间中，以某一倒格子点为坐标原点，作所有倒格矢的垂直平分面，倒格子空间被这些平面分成许多包围原点的多面体区域这些区域称为布里渊区。其中距原点最近的区域称为第一布里渊区。距原点次近的若干区域组成第二布里渊区，以此类推。图 2-12 给出了以 G_1 为原点二维正方格子的前 3 个布里渊区。

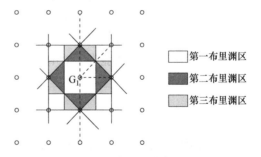

图 2-12　二维正方晶格的布里渊区构图

理想的晶格具有严格的周期性分布。布洛赫波和载流子能量，都是关于倒格子 $\boldsymbol{K}$ 的周期函数。

$$u_{k+K}(\boldsymbol{r}) = u_k(\boldsymbol{r}) \tag{2-16}$$

$$E(\boldsymbol{k}+\boldsymbol{K}) = E(\boldsymbol{k}) \tag{2-17}$$

由于晶体的波矢空间，存在这样的严格周期性，$\boldsymbol{k}$ 在 $k_x \in \left(-\dfrac{|\boldsymbol{a}^*|}{2}, \dfrac{|\boldsymbol{a}^*|}{2}\right)$，$k_y \in \left(-\dfrac{|\boldsymbol{b}^*|}{2}, \dfrac{|\boldsymbol{b}^*|}{2}\right)$，$k_z \in \left(-\dfrac{|\boldsymbol{c}^*|}{2}, \dfrac{|\boldsymbol{c}^*|}{2}\right)$ 范围内的情况，完全可以代表 $\boldsymbol{k}+\boldsymbol{K}$ 的情况。由布里渊

区的构成定义可知，布里渊区具有以下特性。各个布里渊区的形状都是对原点对称的，每个布里渊区的各个部分经过平移适当的倒格矢 $\boldsymbol{K}_n$ 后，可使一个布里渊区与另一个布里渊区相重合。所以每个布里渊区的体积都是相同的，且等于倒格子原胞的体积；另外，由于倒格子基矢是根据正格子基矢来定义的，所以布里渊区的形状完全取决于晶体的布拉维格子，具有正格子和倒格子的点群对称性，因此无论晶体是由哪种原子组成，只要其布拉维格子相同，其布里渊区形状也就相同。

由于布里渊区界面是其倒格矢 $\boldsymbol{G}$ 的直平分面，如果用 $\boldsymbol{k}$ 表示倒格空间的矢量，如果它的端点落在布里渊区界面上，它必须满足

$$\boldsymbol{k} \cdot \boldsymbol{G} = \frac{1}{2}\boldsymbol{G}^2 \tag{2-18}$$

在布里渊区边界（Brillouin zone boundary），$k_x = \dfrac{|\boldsymbol{a}^*|}{2}$，$k_y = \dfrac{|\boldsymbol{b}^*|}{2}$，$k_z = \dfrac{|\boldsymbol{c}^*|}{2}$。波函数 $\psi(\boldsymbol{k}, \boldsymbol{r})$ 是驻波，能量的梯度 $\nabla E(\boldsymbol{k}) = 0$，能量 $E(\boldsymbol{k})$ 达到最大值或最小值。一种直接带隙半导体的 3 个重要晶向为 [110]、[000] 和 [100]。如图 2-13 所示，能量曲线（energy curve）为 $E(\boldsymbol{k})$，是关于波矢 $\boldsymbol{k}$ 的函数。为了得到带隙 E_g，需要知道导带底 E_c 和价带顶 E_v 的能量。

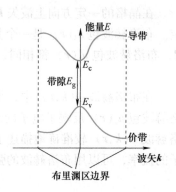

图 2-13　波矢空间的
能量曲线 $E(\boldsymbol{k})$

2.2.3　导带和价带

固体能够导电，是固体中的电子在外电场作用下做定向运动的结果。对满壳层的原子能级来说，电子能量由低到高填满一系列能级，形成闭合壳层，过渡到晶体就是所有电子按能量由低到高逐一填充各个能带，这种填满的能带中的电子不参与导电。而对于原子外层不满壳层的情况，外层电子为价电子，具有导电性，过渡到晶体就是外层电子形成不满的能带，对电导有贡献。把能量最高的满带称为价带，价带中能量最高的能级称为价带顶。能量再高的能带，不被电子所占据，即为空带，把能量最低的空带称为导带，把导带中能量最低的能级称为导带底，导带底和价带顶之间为禁带，称为能隙或带隙。

由于导带内电子的数目一般比较少，大多数电子都集中在导带底附近，所以只需要计算导带底附近的状态密度即可。在导带底（energy of conduction band edge，E_c，eV），导带电子的能量曲线 $E(\boldsymbol{k})$ 达到最小值。导带底 E_c 可能在 $\boldsymbol{k} = 0$，也可能不在 $\boldsymbol{k} = 0$。这与晶面、晶向的方向有关。在导带底 E_c 附近，电子能量 E 与 $\boldsymbol{k}$ 的函数可以用抛物线（自由电子）近似，即

$$E(\boldsymbol{k}) = E_c + \frac{\hbar^2 |\boldsymbol{k} - \boldsymbol{k}_c|^2}{2m_c^*} \tag{2-19}$$

式中，$\boldsymbol{k}$ 为使电子能量曲线 $E(\boldsymbol{k})$ 达到最小值的导带底波矢（wave vector of conduction band edge. cm^{-1}）；m_c^* 为导带的电子有效质量（effective mass of electron in conduction band，kg），其单位与质量一样，由能带结构（band profile 或 band structure）定义：

$$\frac{1}{m_c^*} = \frac{1}{\hbar^2}\frac{\partial^2 E(\boldsymbol{k})}{\partial k^2} \tag{2-20}$$

导带电子有效质量m_c^*和电子静止质量（electron rest mass，m_0，kg）不同，由电子在晶体中受的作用力（force，$\boldsymbol{F}$，N）和具有的能量决定。尽管电子的有效质量会与自由电子质量不同，晶体重量也不会发生任何变化，对于作为整体的晶体来说，牛顿第二定律也不会被违反，重要之处在于周期势场中的电子在外加电场或磁场中相对于点阵被加速时，仿佛该电子的质量等于上述所定义的有效质量。导带电子有效质量越大，说明电子受到的原子势能的影响越大，导带电子的能量曲线$E(\boldsymbol{k})$的曲率越小。对一定的材料，导带电子有效质量m_c^*是一定的。严格而言，导带电子有效质量，应该是一个张量（tensor）。在不同方向上，晶面、晶向不同，对电子的作用力$\boldsymbol{F}$不同，对应的导带电子有效质量m_c^*也不同。但是，在能量最小值为E_c的导带底，能带可以被认为是各向同性的，不必把导带电子有效质量m_c^*作为张量，可以作为常数处理。

式（2-19）中的两项可以被分别看作导带电子的势能和动能。导带电子的速度（velocity，$\boldsymbol{v}$，m/s），即群速（group velocity）为

$$v = \frac{1}{\hbar}\boldsymbol{\nabla}_k E(\boldsymbol{k}) = \frac{\hbar(\boldsymbol{k}-\boldsymbol{k}_c)}{m_c^*} \tag{2-21}$$

式中，$\boldsymbol{\nabla}_k$为$E(\boldsymbol{k})$对$\boldsymbol{k}$进行微分计算的微分算子。

导带电子的动量（momentum，$\boldsymbol{p}$，$kg \cdot cm \cdot s^{-1}$）为

$$\boldsymbol{p} = m_c^* v = \hbar(\boldsymbol{k}-\boldsymbol{k}_c) \tag{2-22}$$

导带底的能量E_c可以看作导带电子的势能。导带电子受到的作用力$\boldsymbol{F}$和导带底能量E_c的关系为

$$\boldsymbol{F} = -\boldsymbol{\nabla}_r E \tag{2-23}$$

在半导体中，受热激发就能够使一部分价带顶的电子跃迁到导带底，而在价带上留下空穴，价带上的空态也与电子一样，参与导电。所以我们得到了导带电子的能量曲线，还需要得到价带空穴的能量曲线。

由于系统总是倾向于使载流子的能量最小，在热平衡状态，空穴作为电子的空缺，在价带顶（energy of valence band edge，E_v，eV），实现价带空穴的能量曲线最小值，而电子在价带顶E_v的能量最大。根据抛物带近似理论，得到价带空穴的能量曲线为

$$E(\boldsymbol{k}) = E_v + \frac{\hbar^2|\boldsymbol{k}-\boldsymbol{k}_v|^2}{2m_v^*} \tag{2-24}$$

式中，$\boldsymbol{k}_v$为使价带空穴的能量曲线$E(\boldsymbol{k})$达到最小值的价带顶波矢（wave vector of valence band edge，cm^{-1}）；m_v^*为价带的空穴有效质量（effective mass of hole in valence band，m_v^*，kg），满足

$$\frac{1}{m_v^*} = \frac{1}{\hbar^2}\frac{\partial^2 E(\boldsymbol{k})}{\partial k^2} \tag{2-25}$$

空穴有效质量m_v^*和电子有效质量m_c^*合称有效质量m^*。

价带空穴的速度为

$$v = \frac{1}{\hbar}\boldsymbol{\nabla}_k E(\boldsymbol{k}) = \frac{\hbar(\boldsymbol{k}-\boldsymbol{k}_v)}{m_v^*} \tag{2-26}$$

价带空穴的动量为

$$p = m_v^* v = \hbar(\vec{k} - k_v) \qquad (2\text{-}27)$$

因为导带电子的能量曲线和价带空穴的能量曲线一般不一样，所以电子有效质量 m_c^* 和空穴有效质量 m_v^* 也不相等。

2.2.4 直接带隙和间接带隙

使电子从价带顶 E_v 跃迁到导带底 E_c，需要的能量为带隙，表示为

$$E_g = E_c - E_v \qquad (2\text{-}28)$$

带隙是影响半导体性质的基本参量，可由半导体的本征吸收等现象的实验测定。在研究和测定能隙时，有以下两种情况必须区别：

如果导带底 E_c 和价带顶 E_v 对应的波矢相等，即 $k_c = k_v$，这样的半导体称为直接带隙半导体（direct band gap semiconductor），GaAs 就是典型的直接带隙半导体。如果导带底 E_c 和价带顶 E_v 对应的波矢不相等，即 $k_c \neq k_v$，这样的半导体称为间接带隙半导体（indirect band gap semiconductor），Si 就是间接带隙半导体。间接带隙半导体的能量曲线 $E(k)$ 如图 2-14 所示。

直接带隙半导体和间接带隙半导体在光吸收、发光、输运等现象上有明显的区别。直接带隙半导体只要入射光子的能量 $E > E_g$，就可以产生电子-空穴对。对于间接带隙半导体，仅仅有能量 $E > E_g$ 的入射光子，不足以产生电子-空穴对。为了实现电子的跃迁，还需要产生动量变

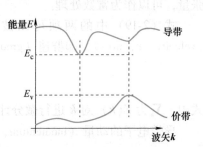

图 2-14　间接带隙半导体的
能量曲线 $E(k)$

化 $\hbar(k_c - k_v)$。因为光子几乎没有动量，动量的变化 $\hbar(k_c - k_v)$ 一般由反映晶格振动的声子（phonon）提供。根据动量守恒定律（law of conservation of momentum），声子把动量传递给电子，电子同时获得了能量和动量，从价带顶 E_v 跃迁到导带底 E_c。在间接带隙半导体中，需要动量为 $\hbar(k_c - k_v)$ 的声子供应充足，才能吸收入射光子。因此，间接带隙半导体的受激吸收较弱，而且与温度 T 密切相关，间接带隙半导体制备的太阳能电池，转换效率 η 比直接带隙半导体低。

与上述的光吸收相对应的逆过程，是导带电子跃迁到价带空能级而发射光子。这称为电子-空穴复合发光。一般情况下，电子集中在导带底边，空穴集中在价带顶边，因此发射光子的能量基本上等于能隙宽度。由于与上述光吸收同样的原因，直接带隙半导体的这种发光概率远大于间接带隙半导体。因此，制作半导体电子-空穴复合发光器件时，一般都选用直接带隙半导体。

很多情况下，只需要了解导带底 E_c 和价带顶 E_v 的能量。但是，矢量空间的能量曲线 $E(r)$（见图 2-15）不像波矢空间的能量曲线 $E(k)$，不能体现波矢 k 和晶体结构的关

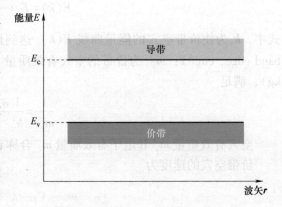

图 2-15　矢量空间的能量曲线 $E(r)$

系，也不能说明半导体是直接带隙还是间接带隙。

2.2.5　状态密度

因为电流是电子和空穴定向运动产生的，所以确定半导体中电子和空穴的量子态（quantum state）数量非常重要。在半导体的导带和价带中，存在着很多的能级，但是相邻能级间的距离很小，可以近似认为是连续的。因此可以将能带分为一个一个能量很小的间隔来处理。能带中能量 E 附近每单位能量间隔内的量子态数称为状态密度。

半导体中的电子允许能量状态为波矢量 k，k 取值不是任意的，而是必须受到一定条件的限制。相邻能级的波矢 k 之差为

$$|\Delta k| = \frac{\pi}{L} \tag{2-29}$$

那么，在体积为 L^3 的晶体中，一个量子态在波矢空间内的体积为 $\left[\dfrac{\pi}{L}\right]^3$。

在波矢空间中，k_x、k_y 和 k_z 的正负值具有相同的能量，因此波矢空间的第一象限代表了整个波矢空间，只需要考虑 1/8 的波矢空间。

如果计入电子的自旋，根据泡利不相容原理（Pauli exclusion principle），每个量子态可以容纳 2 个自旋相反的电子。因为晶体中每个量子态都具有一个特定的波矢 k，每一个波矢 k 对应 2 个电子。

波矢空间中的体积元为

$$d^3k = 4\pi k^2 dk \tag{2-30}$$

由式（2-29）、式（2-30）、泡利不相容原理和 1/8 个波矢空间的限制，我们得到在单位晶体体积 $1/L^3$ 内，单位光谱 dk 或 dE 的电子量子态数量，即状态密度（density of states，$g(k)$，量纲为一，或 $g(E)$，$cm^{-3} \cdot eV^{-1}$）。

$$g(k)d^3k = 2\left(\frac{1}{8}\right)\frac{4\pi k^2 dk}{\left(\dfrac{\pi}{L}\right)^3 L^3} = \frac{1}{\pi^2}dk \tag{2-31}$$

相比关于波矢 k 的状态密度 $g(k)$，我们更希望得到关于能量 E 的状态密度 $g(E)$。状态密度 $g(E)$ 是一个双重密度，反映了单位能量、单位体积内的量子态密度。对能量 E 积分，得到在一定能量范围内电子量子态的数量。

$$g(E)dE = g(k)\frac{d^3k}{dE}dE = \frac{1}{\pi^2}k^2\frac{dk}{dE}dE \tag{2-32}$$

假设导带底 E_c 出现在 $k=0$，对抛物带近似理论得到的导带能量式（2-19）求导：

$$k^2\frac{dk}{dE} = \frac{2m_c^*}{\hbar^2}(E-E_c)\frac{1}{2}\left(\frac{2m_c^*}{\hbar^2}\right)^{\frac{1}{2}}(E-E_c)^{-\frac{1}{2}} = \frac{1}{2}\left(\frac{2m_c^*}{\hbar^2}\right)^{\frac{3}{2}}(E-E_c)^{\frac{1}{2}} \tag{2-33}$$

由式（2-32）和式（2-33），得到导带的电子状态密度（density of states of electrons in conduction band，g_c，$cm^{-3} \cdot eV^{-1}$）：

$$g_c(E) = \frac{1}{2\pi^2}\left(\frac{2m_c^*}{\hbar^2}\right)^{\frac{3}{2}}(E-E_c)^{\frac{1}{2}} \tag{2-34}$$

结果表明，导带底附近单位能量间隔内的量子态数目，随着电子的能量增加按抛物线关系增大，即电子能量越高，状态密度越大。

相似地，可以得到价带的空穴状态密度（density of states of holes in valence band，g_v，$cm^{-3} \cdot eV^{-1}$）：

$$g_v(E) = \frac{1}{2\pi^2}\left(\frac{2m_c^*}{\hbar^2}\right)^{\frac{3}{2}}(E_v - E)^{\frac{1}{2}} \tag{2-35}$$

对真实的半导体材料，抛物带近似理论有一定的局限性。在波矢空间中，远离导带底 E_c 或价带顶 E_v 的能带不满足抛物带近似理论，因此这些能带的状态密度不适用式（2-34）或式（2-35），需要用式（2-32）进行描述。

本小节对状态密度的介绍，是针对各向同性的材料，而对各向异性的材料并不适用。各种量子太阳能电池，如量子阱太阳能电池、量子线太阳能电池、量子点太阳能电池，通过量子异质结，把载流子限制在两维、一维甚至零维的空间中。在这些情况下，电子的运动被高度量子化，束缚在一定的方向上。如果把式（2-31）和式（2-32）分别根据一维和两维的情况重新推导，得到的状态密度为

$$g_{1D}(E) = \frac{1}{2\pi}\left(\frac{2m_c^*}{\hbar^2}\right)^{\frac{1}{2}}(E - E_c)^{-\frac{1}{2}} \tag{2-36}$$

$$g_{2D}(E) = \frac{1}{2\pi}\left(\frac{2m_c^*}{\hbar^2}\right)^{\frac{1}{2}}H(E - E_c) \tag{2-37}$$

$$H(x) = \begin{cases} 0, & x < 0 \\ 1, & x \geqslant 0 \end{cases} \tag{2-38}$$

式中，E_c 为经过修正的导带底能量；$H(x)$ 为单位阶跃函数（unit step function 或 Heaviside step function）；$g_{1D}(E)$ 为一维状态密度（density of states in one dimension，$cm^{-1} \cdot eV^{-1}$），反映了单位能量、单位长度内的量子态密度；$g_{2D}(E)$ 为二维状态密度（density of states in two dimension，$cm^{-1} \cdot eV^{-1}$），反映了单位能量、单位面积内的量子态密度。

2.2.6 激子

到目前为止，我们一直将电子和空穴的状态分开考虑，没有考虑电子和空穴之间相互作用对状态密度 $g(E)$ 的影响。

如果半导体吸收光子的能量大于带隙（$E > E_g$），会产生自由载流子，电子在导带中运动，空穴在价带中运动。如果吸收光子的能量小于带隙（$E < E_g$），也可以帮助一些价带电子离开价带，但是不足以进入导带，不能成为自由电子。由于库仑作用，激发的电子仍然和价带中留下的空穴联系在一起，形成束缚状态。这种被库仑能束缚在一起的电子-空穴对就称为激子。

激子作为一个整体，可以在晶体中自由运动。由于在整体上它是电中性的，因此激子的运动不会引起电流。激子在运动过程中会通过两种方式消失：

1）通过热激发分离成自由的电子和空穴。

2）激子的电子和空穴复合，发射光子，有时也会伴随着发射声子。

激子的电子和空穴会一起运动。具有相同的空间位置 r 和波矢 k，激子波函数（wave

function of exciton，ψ_{ex}）为

$$\psi_{ex}(\boldsymbol{k},\boldsymbol{r},\boldsymbol{r}')=\psi_e(\boldsymbol{k},\boldsymbol{r})\psi_h(\boldsymbol{k},\boldsymbol{r}') \tag{2-39}$$

式（2-39）表示，激子波函数 ψ_{ex} 是独立的电子波函数（wave function of electron，ψ_e）和独立的空穴波函数（wave function of hole，ψ_h）相乘。

激子结合能（binding energy of exciton，E_{ex}，eV）是激子中电子能级和导带底 E_c 的能量差，当激子得到了相当于激子结合能 E_{ex} 的声子能量，就可以实现分离，电子进入导带成为自由电子。将薛定谔方程式（2-9）进行修正，可以计算激子结合能 E_{ex}：

$$\left(-\frac{\hbar^2}{2\mu^*}-\frac{q^2}{4\pi\varepsilon_s|\boldsymbol{r}-\boldsymbol{r}'|}\right)\nabla^2\psi_{ex}(\boldsymbol{k},\boldsymbol{r}',\boldsymbol{r})=E_{ex}\psi_{ex}(\boldsymbol{k},\boldsymbol{r}',\boldsymbol{r}) \tag{2-40}$$

式中，反映电子和空穴库仑力作用的势能项 $-\dfrac{q^2}{4\pi\varepsilon_s|\boldsymbol{r}-\boldsymbol{r}'|}$，类似于氢原子的势能项；$\varepsilon_s$ 为半导体介电常数（semiconductor permittivity，F/cm）；μ^* 为导带电子和价带空穴的约化有效质量（reduced effective mass，kg），即

$$\mu^*=\frac{1}{\dfrac{1}{m_c^*}+\dfrac{1}{m_v^*}}=\frac{m_c^*m_v^*}{m_c^*+m_v^*} \tag{2-41}$$

量子力学对氢原子能级给出了简单的计算结果。式（2-40）和氢原子的薛定谔方程解法相似，区别在于把电子静止质量 m_0 替换成约化有效质量 μ^*，把真空介电常数（vacuum permittivity，F/cm）$\varepsilon_0=8.85\times10^{-12}$F/m 替换成半导体介电常数 ε_s。较小的约化有效质量 μ^* 和较大半导体介电常数 ε_s，使激子结合能 E_{ex} 不大，产生半导体的屏蔽作用。激子实现分离的能级就是导带底。如果把导带底设为 0，那么激子结合能为

$$E_{ex}=-\frac{\mu^*}{m_0}\frac{\varepsilon_0^2}{\varepsilon_s^2}\frac{R_y}{l^2} \tag{2-42}$$

式中，电子静止质量 $m_0=9.108\times10^{-31}$kg；真空介电常数 $\varepsilon_0=8.85\times10^{-12}$F/m；$l$ 为正整数；R_y 为里德伯常数（Rydberg constant，eV），有

$$R_y=\frac{m_0q^4}{(4\pi\varepsilon_0)^2 2\hbar^2}=13.6\text{eV} \tag{2-43}$$

式（2-42）说明，不同的激子结合能 E_{ex} 可以形成一系列的激子态（excitonic state），修正了电子和空穴的状态密度 $g(E)$。虽然激子态与自由载流子不相关，但是这一系列激子态在能带结构中的位置在导带底 E_c 以下。

根据激子态的空间扩展范围，可以把激子分成两种类型，瓦尼尔-莫特激子（Wannier-Mott exciton）和弗仑克尔激子（Frenkel exciton）。弗仑克尔激子是指半径较小，基本为晶格常数量级的激子，也称为紧束缚激子。瓦尼尔-莫特激子，形成束缚态的电子和空穴相互作用比较弱，它们之间的距离远大于晶格常数。

晶体硅（crystal silicon c-Si）中存在瓦尼尔-莫特激子，导带电子和价带空穴形成束缚态，半导体介电常数 ε_s 较大，激子之间的库仑力较弱，介质的屏蔽作用较强，激子结合能较小，$E_{ex}\approx0.01$eV。在室温下，$k_BT=0.026$eV。瓦尼尔-莫特激子很容易通过热激发分离成电子和空穴。

有机太阳能电池（organic solar cell 或 molecular solar cell）中，存在弗仑克尔激子。作为施主材料的共轭聚合物（conjugated polymer），半导体介电常数 ε_s 较小，激子中电子和空穴之间的库仑力较强，介质的屏蔽作用较弱，激子结合能较大，$E_{ex} \approx 0.3eV$。就量子太阳能电池的一维或二维结构而言，激子对半导体材料的能带和太阳能电池的特性影响也很大。

2.3 掺 杂

2.3.1 本征半导体

本征半导体是指完全没有杂质和缺陷的半导体。本征半导体的能带都由自身原子轨道重叠形成，只有导带和价带，没有掺杂能级 E_d、E_a 或陷阱能级 E_t。

在完全未激发时（$T = 0K$），价电子充满价带，导带则完全是空的。在这种情况下，半导体是电中性的。半导体的电子数就等于价带中的电子数。当温度升高时，电子能够获得足够能量从价带激发到导带这种激发称为本征激发。

麦克斯韦-玻尔兹曼分布（下一章详细介绍）给出了导带电子浓度和空穴浓度分别为

$$n_0 = N_c \exp\left[(E_F - E_c)/k_B T \right] \tag{2-44}$$
$$p_0 = N_v \exp\left[(E_v - E_F)/k_B T \right] \tag{2-45}$$

那么，在一定温度 T，对确定的材料，n_0、p_0 是常数。

$$n_i^2 = n_0 p_0 = N_c N_v \exp(-E_g/k_B T) \tag{2-46}$$

式中，n_i 为本征载流子浓度（intrinsic carrier density，cm^{-3}），由半导体材料确定。

在本征半导体中，每激发一个电子到导带，就必然在价带中留下一个空穴。即电子与空穴会成对出现，因此，导带中的电子浓度必然等于价带中的空穴浓度，即

$$n_0 = p_0 = n_i \tag{2-47}$$

把式（2-44）和式（2-45）代入式（2-47），得到本征半导体的费米能级，即本征能级（intrinsic energy level，E_i，eV）

$$E_F = E_i = \frac{1}{2}(E_c + E_v) - \frac{1}{2}k_B T \ln\left(\frac{N_c}{N_v}\right) = \frac{1}{2}(E_c + E_v) - \frac{3}{4}k_B T \ln\left(\frac{m_c^*}{m_v^*}\right) \tag{2-48}$$

如果半导体材料的电子有效质量和空穴有效质量相等，$m_c^* = m_v^*$，本征能级 E_i 在带隙中央（center of band gap）；如果半导体材料的 $m_c^* > m_v^*$，本征能级 E_i 略低于带隙中央；如果半导体材料的 $m_c^* < m_v^*$，本征能级 E_i 略高于带隙中央。对于本征半导体来说，本征费米能级位于禁带中央附近约 kT 的范围内。在室温（300K）下，$kT \approx 0.026eV$，它与半导体的禁带宽度相比仍然是很小的，所以本征费米能级依然很靠近禁带中央。

电导率（conductivity，σ，S/cm 或 $\Omega^{-1} \cdot cm^{-1}$）体现了物体传导电流的能力，单位西门子（S）是欧姆（Ω）的倒数，$S = 1/\Omega$。半导体的电导率为

$$\sigma = q\mu_n n_0 + q\mu_p p_0 \tag{2-49}$$
$$\mu_n = \frac{v}{F} \quad 或 \quad \mu_p = \frac{v}{F} \tag{2-50}$$

式中，μ_n 和 μ_p 分别是导带的电子迁移率（mobility of electron，$cm^2 \cdot s^{-1} \cdot V^{-1}$）和空穴迁移率（mobility of hole，$cm^2 \cdot s^{-1} \cdot V^{-1}$），合称迁移率（mobility），反映了单位电场强度（electric filed，F，V/cm）下载流子的速度。

在热平衡状态的本征半导体中，$n_0 = p_0 = n_i$。对确定的本征半导体材料，本征能级 E_i 和本征载流子浓度 n_i 都是确定的。电导率 σ 也是确定的。在室温下，本征半导体的电导率 σ 很小。在温度 $T = 300K$，Si 的本征载流子浓度 $n_i = 1.5 \times 10^{10}/cm^3$，电导率 $\sigma = 3 \times 10^{-6} S/cm$。本征半导体的电导率 σ 随温度 T 增加而增加，随带隙 E_g 增加而减小。锗（germanium，Ge）的带隙 $E_g = 0.74eV$，电导率 $\sigma = 2 \times 10^{-2} S/cm$。而砷化镓（gallium arsenide，GaAs）的带隙 $E_g = 1.42eV$，电导率 $\sigma = 1 \times 10^{-8} S/cm$。

不论是本征半导体还是掺杂半导体，不论是热平衡状态还是准热平衡状态，电子浓度和空穴浓度可以用本征载流子浓度 n_i 和本征能级 E_i 表示，式（2-44）和式（2-45）成为

$$n = n_i \exp(E_F - E_i/k_B T) \tag{2-51}$$
$$p = n_i \exp(E_i - E_F/k_B T) \tag{2-52}$$

如果半导体材料和温度 T 都确定了，载流子浓度 n、p 只和费米能级 E_F 有关。在实际的半导体材料中，大多数都掺入了一定含量的杂质或具有缺陷，那么掺杂或缺陷会引入新的共价键，从而改变载流子浓度 n 和 p。掺杂能级（doping energy level）出现在带隙内，会改变半导体材料的性质。由式（2-51）和式（2-52），如果掺杂能级比本征能级 E_i 高，费米能级 E_F 升高，电子浓度 n 增加，空穴浓度 p 减小，形成 n 型半导体；如果掺杂能级比本征能级 E_i 低，费米能级 E_F 降低，空穴浓度 p 增加，导带电子浓度 n 减小，形成 p 型半导体。因此，有目的地掺杂能带接近导带底 E_c 或价带顶 E_v 的原子，可以人为地调节半导体中载流子浓度 n 和 p，制备具有更好导电性能的半导体材料。

2.3.2　掺杂半导体

1. n 型半导体

本征半导体经过掺杂，导带电子浓度 n_0 增加，此时自由电子浓度大于空穴浓度，形成 n 型半导体。在 n 型半导体中，电子称为多数载流子（majority carrier），空穴称为少数载流子或少子（minority carrier）。相对本征半导体，n 型半导体的载流子浓度 $n_0 + p_0$ 增加了，电导率 σ 也增加了。因为多数载流子是带负电荷的电子，而且负电性的英文单词是 negative，所以取首字母命名为 n 型半导体。在这类半导体中，导带里的电子，除了来源于价带的本征激发还存在施主能级上的电子激发，即杂质电离。

例如在本征半导体 Si 晶体中掺杂磷（phosphorus，P）原子，P 原子取代了晶格中部分 Si 原子的位置，形成 n 型半导体。P 原子有 5 个价电子，在具有 4 个共价键的 Si 晶体中，有一个多余的电子。P 原子对这个多余的电子形成很弱的库仑力束缚。这样的 P 原子很容易被电离，电子离开 P 原子形成自由电子，P 原子成为正离子。作为杂质原子的 P 原子被称为施主（donor），施主杂质形成的能级称为施主能级（donor energy level，E_d，eV）。

在低温下，主要的电子由施主能级激发到导带的杂质电离过程。只有在温度达到足够高的情况下，本征激发才成为载流子的主要来源。对于禁带宽度较宽的半导体材料，杂质的电离能比半导体的禁带宽度小得多。施主杂质原子的施主电离能（donor ionization energy，E_n， eV）一般只有几毫电子伏特到几十毫电子伏特，与禁带宽度相差两个数量级左右。之前用量子力学计算氢原子能级的方法，计算了激子结合能 E_{ex}，我们也可以用类似的方法，估算 n 型半导体中的施主电离能 E_n：

$$E_n = \frac{m_c^* \, \varepsilon_0^2}{m_0 \varepsilon_s^2} R_y \tag{2-53}$$

$$E_d = E_c - E_n \tag{2-54}$$

式中，ε_s 为半导体介电常数；R_y 为里德伯常数，$R_y = 13.6 \text{eV}$。

对典型的半导体晶体材料，$\varepsilon_s / \varepsilon_0 > 10$，$m_c^* / m_0 < 1$，所以施主电离能 $E_n < R_y / 100$。在室温下，几乎所有的施主电子都会被电离，进入导带，而本征激发可以忽略不计，这样的情况称之为杂质饱和电离。位于带隙内的施主能级 E_d 和导带底 E_c 的能级差为施主电离能 E_n，由于施主电离能 E_n 很小，施主能级 E_d 非常靠近导带底 E_c。在绝对零度 $T = 0 \text{K}$，所有的施主电子仍然位于施主能级上，没有进入导带，所以 n 型半导体的电子费米能级（electron Fermi energy level，E_F^n，eV）位于导带底 E_c 和施主能级 E_d 之间。n 型半导体的晶体结构和能级结构如图 2-16 所示。

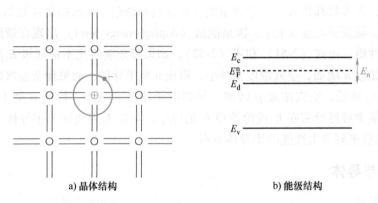

a) 晶体结构　　　　　　　　　　　　　　　b) 能级结构

图 2-16　n 型半导体

在 n 型半导体中通过改变施主浓度（density of donor impurity atoms，N_d，cm^{-3}）可以改变载流子浓度 n_0 和 p_0。施主浓度 N_d 一般比本征载流子浓度 n_i 大很多，$N_d \gg n_i$，在杂质饱和电离的温度范围内，施主能级上的电子基本上全部激发到导带上去，成为导带电子的主要来源，本征激发引起的导带电子数目可以忽略。于是可以近似地认为，导带电子浓度就等于施主浓度：

$$n_0 \approx N_d \tag{2-55}$$

$$p_0 = \frac{n_i^2}{N_d} \tag{2-56}$$

由式（2-51）和式（2-55）得到 n 型半导体的电子费米能级为

$$E_F^n = E_i + k_B T \ln \left(\frac{n_0}{n_i} \right) = E_i + k_B T \ln \left(\frac{N_d}{n_i} \right) \tag{2-57}$$

在杂质饱和电离的温度范围内，两种载流子的浓度相差非常悬殊。在饱和电离情况下，电子浓度与施主浓度近似相等，它们远远大于本征载流子浓度，而空穴浓度则远小于本征载流流子浓度。对于 n 型半导体，导带电子被称为多数载流子（多子），价带空穴被称为少数载流子（少子）；对于 p 半导体则相反。少子的数量虽然很少，但它们在半导体器件工作中却起着极其重要的作用。

2. p 型半导体

如果本征半导体经过掺杂，空穴浓度 p_0 增加，成多数载流子，形成 p 型半导体。因为多数载流子空穴带正电荷，正电性的英文单词是 positive，所以取首字母命名为 p 型半导体。例如被掺杂的硼（boron，B）原子有 3 个价电子，取代晶体中部分 Si 原子后，会缺少一个价电子，B 原子容易得到 1 个相邻共价键的价电子，成为负离子，和相邻的 Si 原子完成 4 个共价键。失去电子的相邻共价键继续从别的共价键得到价电子，在价带中产生了 1 个运动的空穴，作为杂质原子的 B 原子被称为受主（acceptor），受主杂质形成的能级称为受主能级（acceptor level，E_a，eV）。

受主能级 E_a 位于带隙内，接近价带顶 E_v，它们的能级差为受主电离能（acceptor ionization energy，E_p，eV），

$$E_a = E_v + E_p \tag{2-58}$$

在绝对零度 $T=0\text{K}$，所有的价带电子仍然位于价带 E_v 上，没有进入受主能级 E_a，所以 p 型半导体的空穴费米能级（hole Fermi energy level，E_F^p，eV）位于受主能级 E_a 和价带顶 E_v 之间。p 型半导体的晶体结构和能级结构如图 2-17 所示。

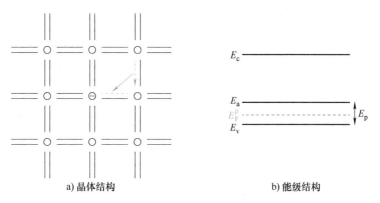

a) 晶体结构　　　　　　　　　　　b) 能级结构

图 2-17　p 型半导体

受主浓度（density of acceptor impurity atoms，N_a，cm^{-3}）一般比本征载流子浓度 n_i 大很多，即 $N_a \gg n_i$。对于 p 型半导体，在杂质饱和电离的温度范围内，价带空穴主要来自受主杂质。受主杂质基本上全部电离，本征激发产生的价带空穴与之相比可以忽略，因此价带空穴浓度为

$$p_0 \approx N_a \tag{2-59}$$

$$n_0 = \frac{n_i^2}{N_a} \tag{2-60}$$

施主浓度 N_d 和受主浓度 N_a 合称掺杂浓度（doping density），由式（2-52）和式（2-59）得到 p 型半导体的空穴费米能级为

$$E_F^p = E_i - k_B T \ln\left(\frac{p_0}{n_i}\right) = E_i - k_B T \ln\left(\frac{N_a}{n_i}\right) \tag{2-61}$$

p 型半导体中，价带空穴是多数载流子，导带电子是少数载流子。由于很高的空穴浓度 p_0，载流子浓度 n_0+p_0 和电导率 σ 比本征半导体提高许多。

从式（2-51）和式（2-52）或者式（2-57）和式（2-61）可以看到，载流子浓度 n_0、p_0 随费米能级 E_F^n、E_F^p 位置的变化而变化。本征能级 E_i 作为本征半导体的费米能级接近带隙中央，掺杂使费米能级 E_F^n、E_F^p 接近导带底 E_c 或价带顶 E_v，大幅改变了电子浓度 n_0 或空穴浓度 p_0。我们可以通过掺杂、加热或光照来增加半导体的电导率 σ，而掺杂是唯一不需要外加能量的方式，可以在热平衡状态下进行的。图 2-18 显示不同半导体的能带结构。

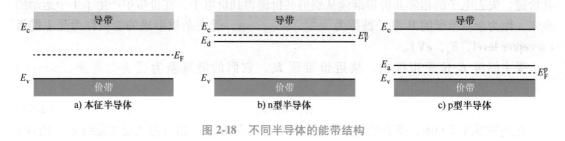

图 2-18　不同半导体的能带结构

2.3.3　杂质能级的计算

一些杂质的电离能很低，和带宽度相比都是非常小的。这些杂质所形成的能级，在禁带中很靠近价带顶或导带底，称这样的杂质能级为浅能级。浅能级杂质电离能小，很容易电离，对能带中的载流子数目有直接影响，可以利用简单的类氢模型近似地计算浅能级杂质的电离能。

比如，当硅、锗中掺入 V 族杂质如磷原子时，在施主杂质处于束缚态的情况下，这个磷原子将比周围的硅原子多一个电子电荷的正电中心和一个束缚着的价电子。这种情况好像在硅、锗晶体中附加了一个"氢原子"，于是可以用氢原子模型估计 ΔE_d 的数值。氢原子中电子的能量 E_n 为

$$E_n = -\frac{m_0 q^4}{2(4\pi\varepsilon_0)^2 \hbar^2 n^2} \tag{2-62}$$

式中，n 为主量子数，$n=1$，2，3，$\cdots$。当 $n=1$ 时，得到基态能量 $E_1 = -\frac{m_0 q^4}{2(4\pi\varepsilon_0)^2 \hbar^2}$；当 $n=\infty$ 时，是氢原子的电离态，$E_\infty = 0$。所以，氢原子基态电子的电离能为

$$E_0 = E_\infty - E_1 = \frac{m_0 q^4}{2(4\pi\varepsilon_0\varepsilon_r)^2 \hbar^2} = 13.6\,\text{eV} \tag{2-63}$$

由于氢原子中电子的运动是自由空间的问题，而杂质附近的电子运动是晶体中的问题，由此产生如下两个差别。

1）在氢原子中电子以惯性质量运动；由于周期性势场的影响，半导体中的电子以有效质量运动。

2）在半导体中，介质被极化的影响，使得电荷之间的库仑作用减弱，为它们在真空中库仑作用的 $1/\varepsilon_r$（ε_r 为半导体的相对介电常数）。

因此，式（2-62）中电子的惯性质量 m_0 要用有效质量 m_n^* 代替，真空电容率 ε_0 用半导体的介电常数 $\varepsilon_0\varepsilon_r$ 代替。

经过这样的修正后，施主杂质电离能可表示为

$$\Delta E_D = \frac{m_n^* q^4}{2(4\pi\varepsilon_0\varepsilon_r)^2\hbar^2} = \frac{m_n^*}{m_0}\frac{E_0}{\varepsilon_r^2} \tag{2-64}$$

对受主杂质做类似的讨论，得到受主杂质的电离能为

$$\Delta E_A = \frac{m_p^* q^4}{2(4\pi\varepsilon_0\varepsilon_r)^2\hbar^2} = \frac{m_p^*}{m_0}\frac{E_0}{\varepsilon_r^2} \tag{2-65}$$

锗、硅的相对介电常数 ε_r 分别为 16 和 12，因此，锗、硅的施主杂质电离能分别为 $0.05m_n^*/m_0$ 和 $0.1m_n^*/m_0$。m_n^*/m_0 一般小于 1，所以，锗、硅中施主杂质电离能肯定小于 0.05eV 和 0.1eV，对受主杂质也可得到类似的结论，这与实验测得浅能级杂质电离能很低的结果是符合的。为估算施主杂质电离能的大小，取 m_n^* 为电导有效质量，其值为 $\frac{1}{m_n^*} = \frac{1}{3}\left(\frac{1}{m_1}+\frac{2}{m_t}\right)$。对锗来说，$m_1 = 1.64m_0$，$m_t = 0.0819m_0$；对硅来说，$m_1 = 0.92m_0$，$m_t = 0.19m_0$，分别算得锗 $m_n^* = 0.12m_0$，硅 $m_n^* = 0.26m_0$。将 m_n^*、ε_r 代入式（2-64），算得锗中 $\Delta E_D = 0.0064eV$，硅中 $\Delta E_D = 0.025eV$，与实验测量值具有同一数量级。

上述计算中没有反映杂质原子的影响，所以类氢模型只是实际情况的一个近似。现有许多进一步的理论研究，使理论计算结果更符合实验测量值。

除了上述所说的浅能级，在半导体中还存在另外一类杂质，它们的能级在禁带中心附近，常称这样的能级为深能级。具有深能级的杂质，由于它们的电离能比较大，对热平衡中的载流子数量影响较小。但是，这种杂质对半导体的其他性质却会有显著的影响，例如，它们作为电子和空穴的复合中心，可以缩短非平衡载流子的寿命等。

2.3.4 缺陷

掺杂是为了改变半导体材料的性质，人为地加入杂质（impurity）。而半导体材料本身就有一定的杂质，称为缺陷（defect），这样的半导体称为缺陷半导体（defective semiconductor）。缺陷包括点缺陷（point defect）、线缺陷（line defect）、面缺陷（surface defect）和体缺陷（bulk defect），都会在带隙内形成陷阱能级 E_t，降低太阳能电池的性能。在一定的温度 T 下，晶格原子不仅在平衡位置附近做振动，而且有一部分原子会获得足够的能量，克服周围原子的束缚挤入晶格原子的间隙，形成间隙原子（interstitial 或 misplaced atom），原来的位置形成空位（vacancy）。间隙原子和空位都是点缺陷。

如图 2-19a 所示，间隙中的正离子是带正电的中心。负离子的空位实际上也是一个正电中心。因为有负离子存在时，那里是电中性的，缺少了一个负离子，那里呈现正电位。束缚一个电子的正电中心是电中性的，这个被束缚的电子很容易挣脱出去，成为导带中的自由电子。所以，正电中心具有提供电子的作用，起施主作用。同理，间隙中的负离子和正离子的空位都是一个负电中心，如图 2-19b 所示。束缚一个空穴的负电中心是电中性的。负电中心把束缚的空穴释放到价带的过程，实际上是它从价带接受电子的过程。负电中心能够接受电子，所以它起受主作用。

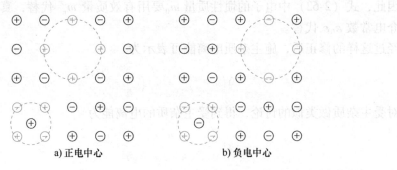

a) 正电中心   b) 负电中心

图 2-19 离子晶体中点缺陷的示意图

空位是最常见的点缺陷。与空位相邻的原子各有一个未饱和的悬挂键，倾向于接受电子，空位具有受主性质。在离子性半导体中，正、负离子的数目常常偏离化学计量比。如果正离子多了，就会造成间隙中的正离子或负离子的空位，它们都是正电中心，起施主作用。因此，半导体是 n 型的。如果负离子多了，半导体则为 p 型。线缺陷主要是晶格位错（lattice dislocation），面缺陷发生在晶界或表面，体缺陷为沉淀（precipitation）或空洞（void）。

我们不希望带隙内缺陷的状态密度很高，会形成复合中心，俘获载流子。如果陷阱浓度 N_t 太高，掺杂或温度 T 变化不再对费米能级 E_F 有影响，发生费米能级钉扎（Fermi level pinning），使人为的掺杂没有作用。非晶硅（amorphous silicon，a-Si）材料可以制备非晶硅薄膜太阳能电池（amorphous silicon thin film solar cell），是一种重要的太阳能电池类型。a-Si 结构的特点是短程有序，长程无序，每个 Si 原子都和周围的 4 个 Si 原子形成共价键，这和 c-Si 一样。但是，相隔 4~5 个 Si 原子之外，排列就没有规律了。在 a-Si 中，导带底 E_c 和价带顶 E_v 的状态密度向带隙内部延伸。a-Si 具有不少点缺陷，有很多带有悬挂键的空位。作为非晶态，a-Si 能带中的电子态分为扩展态（extended state）和局域态（localized state）。处在扩展态的每个电子，在整个半导体中做共有化运动，可以在半导体整个尺度内找到，布洛赫波扩展在整个晶体中，它在外场中的运动类似于 c-Si 中的电子运动。处在局域态的每个电子基本局限在某一区域，它的波函数 ψ 只能分布在围绕某一点的一个不大尺度内，在空间中按指数形式衰减，晶格的周期性被破坏，局域态的电子可以在声子的帮助下，进行跳跃式导电。

思 考 题

1. 体心立方的倒格子是什么结构？面心立方的倒格子是什么结构？
2. 利用能带理论简述一下导体、半导体和绝缘体的区别。
3. 简述一下载流子有效质量的具体含义。它与现实中的质量有什么区别？
4. 试着画出立方相晶体的第一、第二、第三、第四布里渊区。
5. 典型的钙钛矿太阳能电池为 MAPbI$_3$ 材料，结构如图 2-12 所示，其完美晶体为本征半导体，如果碘（I）离子挥发，形成了 I 空位缺陷。请思考此时钙钛矿是什么类型半导体。

参 考 文 献

[1] 张宝林，董鑫，李贤斌. 半导体物理学 [M]. 北京：科学出版社，2020.

［2］　王东，杨冠东，刘富德. 光伏电池原理及应用［M］. 北京：化学工业出版社，2013.

［3］　刘恩科，朱秉升，罗晋生. 半导体物理学［M］. 7版. 北京：电子工业出版社，2017.

［4］　NELSON J. 太阳能电池物理［M］. 高扬，译. 上海：上海交通大学出版社，2011.

［5］　敬超，曹世勋，张金仓. 固体物理学［M］. 北京：科学出版社，2021.

［6］　陈长乐. 固体物理学［M］. 2版. 北京：科学出版社，2007.

第 3 章

纳米半导体材料中的载流子

■ **本章学习要点**

1. 熟悉费米分布函数与玻尔兹曼分布函数的关系，掌握费米能级 E_F 的物理意义。

2. 了解导带电子浓度和价带空穴浓度计算。

3. 熟悉吸收系数、消光系数的概念，了解离散偶极子计算。

4. 掌握本征半导体、直接带隙半导体、间接带隙半导体的带隙跃迁特点。

5. 了解太阳能电池中载流子产生的过程。

6. 掌握辐射复合和非辐射复合的区别，掌握俄歇复合、陷阱复合、表面复合、晶界复合的载流子复合机制。

7. 掌握扩散长度的意义，熟悉连续性方程。

3.1　载流子分布

在晶体中，每立方厘米中存在 $10^{22} \sim 10^{23}$ 数量级的原子，每个原子均可贡献一个或更多的价电子，因此，晶体中存在的电子的数量是十分巨大的。对于数量如此之大的系统，只能利用统计学的方法研究其电子的能量分布情况。统计力学（statistical mechanics）可以对物质微观结构及微观粒子相互作用的认识，用概率统计的方法，对由大量粒子组成的宏观物体的物理性质及宏观规律做出微观解释。根据统计力学，对热平衡状态物体中微观粒子的统计分布，最具代表性的有三种，见表 3-1。在统计学中，量子统计方法按照每个量子态中能容纳的粒子数目是否受到限制，分为两种：一种是费米-狄拉克统计，对于自旋量子数为半整数的粒子适用，由这种粒子组成的体系，每个量子态最多可容纳一个粒子；另一种是玻色-爱因斯坦统计，对于自旋量子数为整数的粒子适用，由这种粒子组成的体系，每个量子态中能容纳的粒子数目不受限制。前一类粒子称为费米子，如电子、质子、中子等；后一类粒子称为玻色子，如光子和声子等。

表 3-1　热平衡状态统计分布

热平衡状态统计分布	粒子是否可分辨	量子态的粒子数限制	典型粒子
费米-狄拉克分布	不可分辨	一个量子态一个粒子	晶体中的电子
麦克斯韦-玻尔兹曼分布	可分辨	没有限制	低压气体
玻色-爱因斯坦分布	不可分辨	没有限制	光子、声子

3.1.1　费米分布

在绝对零度 $T=0\mathrm{K}$ 时，电子没有动能，电子尽可能地占据能量最低的量子态。能级由低到高，依次被电子填满。被填充的最高能级称为费米能级（Fermi energy level，E_F，eV），随着温度的升高，$T>0\mathrm{K}$，电子具有一定的动能。有一部分跃迁到 $E>E_\mathrm{F}$ 的能级，在原来 $E<E_\mathrm{F}$ 的能级留下空穴。费米能级是一个参考能级，而不是真实的电子能级，费米能级的位置标志了电子填充能级的水平。热平衡条件下费米能级为定值，费米能级的数值与温度、半导体材料的导电类型、杂质浓度及零点的选取有关，它是一个重要的物理参数。

在热平衡状态，半导体内各点的温度 T 相同，并且与环境温度相等（$T=T_\mathrm{a}$），在半导体内各点，或在半导体和环境的接触面，都没有能量传递或载流子增减。所有热平衡状态的载流子具有相同的平均动能，系统的内能为 $3k_\mathrm{B}T/2$，载流子的分布函数 $f(\boldsymbol{k},\boldsymbol{r})$ 稳定。半导体内各点的费米能级 E_F 相同。费米-狄拉克分布函数（Fermi-Dirac distribution function，f_0）描述了热平衡状态载流子的统计分布，反映了在热平衡情况下，一个能量为 E 的量子态被电子占据的概率。费米狄拉克分布函数与 $k_\mathrm{B}T$、费米能级 E_F 相关，与空间位置 $\boldsymbol{r}$ 无关。因为 $E(\boldsymbol{k})$ 是波矢 $\boldsymbol{k}$ 的函数，费米-狄拉克分布函数与 $E(\boldsymbol{k})$ 相关，与波矢 $\boldsymbol{k}$ 的相关性较弱。

$$f(\boldsymbol{k},\boldsymbol{r})=f_0\left[E(\boldsymbol{k}),E_\mathrm{F},T\right] \tag{3-1}$$

费米-狄拉克分布函数用 $f_0(E,E_\mathrm{F},T)$ 表示，在热平衡状态的温度 T，导带的电子分布函数（distribution function of electrons in conduction band，f_c）描述电子占据能量为 E 导带能级的概率。

$$f_\mathrm{c}(\boldsymbol{k},\boldsymbol{r})=f_0(E,E_\mathrm{F},T)=\frac{1}{\exp\left[(E-E_\mathrm{F})/k_\mathrm{B}T\right]+1} \tag{3-2}$$

在热平衡状态的温度 T，价带的空穴分布函数（distribution function of holes in valence band，f_v）描述空穴占据能量为 E 价带能级的概率。

$$f_\mathrm{v}(\boldsymbol{k},\boldsymbol{r})=1-f_0(E,E_\mathrm{F},T)=\frac{1}{\exp\left[(E_\mathrm{F}-E)/k_\mathrm{B}T\right]+1} \tag{3-3}$$

3.1.2　玻尔兹曼分布

如果 $E-E_\mathrm{F}\gg k_\mathrm{B}T$ 时，即 $(E_\mathrm{F}-E)/k_\mathrm{B}T\gg1$，费米-狄拉克分布函数可以近似于麦克斯韦-玻尔兹曼分布函数（Maxwell-Boltzmann distribution function）。例如费米能级 E_F 和导带底 E_c、价带顶 E_v 都相距很远，此时导带底满足 $E_\mathrm{c}-E_\mathrm{F}\gg k_\mathrm{B}T$，导带的电子分布函数为

$$f_\mathrm{c}(\boldsymbol{k},\boldsymbol{r})=f_0(E,E_\mathrm{F},T)\approx\exp\left[(E_\mathrm{F}-E)/k_\mathrm{B}T\right] \tag{3-4}$$

如果价带顶满足 $E_\mathrm{F}-E_\mathrm{v}\gg k_\mathrm{B}T$，价带的空穴分布函数为

$$f_\mathrm{v}(\boldsymbol{k},\boldsymbol{r})=1-f_0(E,E_\mathrm{F},T)\approx\exp\left[(E-E_\mathrm{F})/k_\mathrm{B}T\right] \tag{3-5}$$

热平衡状态下的载流子浓度为（3.2节详细解释）：

$$n_0=\int_{E_\mathrm{c}}^{\infty}g_\mathrm{c}(E)f_0(E,E_\mathrm{F},T)\mathrm{d}E \tag{3-6}$$

$$p_0=\int_{-\infty}^{E_\mathrm{v}}g_\mathrm{c}(E)\left[1-f_0(E,E_\mathrm{F},T)\right]\mathrm{d}E \tag{3-7}$$

麦克斯韦-玻尔兹曼分布函数使电子浓度 n_0［式（3-6）］和空穴浓度 p_0［式（3-7）］的

计算得到简化。把第 2 章的抛物带近似理论得到的导带电子状态密度 $g_c(E)$ ［式（2-34）和式（3-4）］代入式（3-6），通过积分得

$$\int_0^\infty \sqrt{x} \exp(-x) \mathrm{d}x = \frac{\sqrt{\pi}}{2} \tag{3-8}$$

导带电子浓度为

$$n_0 = N_c \exp[(E_F - E_c)/k_B T] \tag{3-9}$$

$$N_c = 2\left(\frac{m_c^* k_B T}{2\pi\hbar^2}\right)^{\frac{3}{2}} \tag{3-10}$$

式中，N_c 为导带的电子有效状态密度（effective density of states of electrons in conduction band，cm^{-3}）。

电子有效状态密度 $N_c \propto T^{\frac{3}{2}}$，是一个温度函数。根据麦克斯韦-玻尔兹曼分布，$\exp[(E_F - E_c)/k_B T]$ 表示电子占据能量为 E_c 的量子态的概率，因此，式（3-9）可以理解为把导带中所有量子态都集中在导带底 E_c，它的状态密度为 N_c。导带的电子浓度也就是 N_c 中有电子占据的量子态数，即式（3-9）中的这两个因子之积。所以，这也就是把 N_c 称为导带有效状态密度的原因。

相似地，把空穴状态密度 $g_v(E)$ ［式（2-35）和式（3-5）］代入空穴浓度 ［式（3-7）］，通过积分，得到空穴浓度为

$$p_0 = N_v \exp[(E_v - E_F)/k_B T] \tag{3-11}$$

$$N_v = 2\left(\frac{m_v^* k_B T}{2\pi\hbar^2}\right)^{\frac{3}{2}} \tag{3-12}$$

式中，N_v 为价带的空穴有效状态密度（effective density of states of holes in valence band，cm^{-3}）。电子有效状态密度 N_c 和空穴有效状态密度 N_v 合称有效状态密度（effective density of state）。

由式（3-9）和式（3-11）得到

$$E_c = E_F + k_B T \ln\left(\frac{N_c}{n_0}\right) \tag{3-13}$$

$$E_v = E_F - k_B T \ln\left(\frac{N_v}{p_0}\right) \tag{3-14}$$

那么，

$$E_g = E_c - E_v = k_B T \ln\left(\frac{N_c N_v}{n_0 p_0}\right) \tag{3-15}$$

在本征半导体中可以清晰地表述出导带底 E_c、价带顶 E_v、带隙 E_g 和费米能级 E_F 之间的关系。

电子亲和势（electron affinity，χ，eV）是使电子溢出半导体材料的最低能量，是电子的真空能级（vacuum energy level，E_{vac}，eV）和导带底 E_c 的能量差，相当于光电效应的逸出功。由式（3-13）和式（3-14），在本征半导体中，相对电子的真空能级 E_{vac}、导带底、价带顶和费米能级可以表述为

$$E_c = E_{vac} - \chi \tag{3-16}$$

$$E_F = E_{vac} - \chi - k_B T \ln\left(\frac{N_c}{n_0}\right) \tag{3-17}$$

$$E_v = E_{vac} - \chi - E_g = E_{vac} - \chi - k_B T \ln\left(\frac{N_c N_v}{n_0 p_0}\right) \tag{3-18}$$

通过电子的真空能级 E_{vac} 得到本征半导体的能带结构，如图 3-1 所示。

以上描述是基于半导体材料具有麦克斯韦-玻尔兹曼分布。在半导体中，最常遇到的情况是费米能级 E_F 位于禁带内，而且与导带底或价带顶的距离远大于 $k_B T$，所以，对导带和价带中普遍满足 $E_c - E_F \gg k_B T$ 和 $E_F - E_v \gg k_B T$ 这样的要求，所以对于热平衡状态的半导体材料普遍适用麦克斯韦-玻尔兹曼分布。通常把服从玻尔兹曼统计律的电子系统称为非简并性系统，而服从费米统计律的电子系统称为简并性系统。

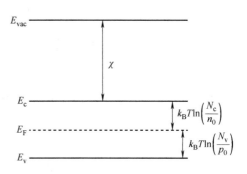

图 3-1　本征半导体的能带结构

3.2　载流子浓度

导带的电子浓度（density of electrons in conduction band，n，cm^{-3}）和价带的空穴浓度（density of holes in valence band，p，cm^{-3}）合称载流子浓度（density of carriers）。为了计算载流子浓度 n、p，不但需要定义状态密度 $g(k)$ 或 $g(E)$，还需要定义载流子的分布函数（distribution function，f）。分布函数 $f(k,r)$ 描述在空间位置 r 载流子占据波矢为 k 量子态的概率。分布函数 $f(k,r)$ 与状态密度之积为单位体积半导体中单位间隔内的导带电子数，对整个导带能量积分就得出单位体积晶体中整个能量范围内的电子数，即导带电子浓度。那么，在波矢空间，体积元 d^3k 中的导带电子浓度为

$$dn(r) = g(k)f(k,r)d^3k \tag{3-19}$$

对整个导带能量范围进行积分，得到导带的电子浓度为

$$n(r) = \int_{CB} g_c(k)f(k,r)d^3k \tag{3-20}$$

由于空穴是电子空缺的量子态，所以一个量子态不是被电子占据，就是被空穴占据。如果电子的分布函数为 $f(k,r)$，那么空穴的分布函数为 $1-f(k,r)$。对整个价带能量范围进行积分，可得到价带的空穴浓度为

$$p(r) = \int_{VB} g_v(k)\left[1 - f(k,r)\right]d^3k \tag{3-21}$$

知道了费米-狄拉克分布函数 f_0，分布函数与状态密度之积则为单位体积半导体中单位能量间隔内的导带电子数，对整个导带能量积分就得出单位体积晶体中整个能量范围内的电子数。可以通过式（3-20）和式（3-21）得到热平衡状态下电子浓度 n 和空穴浓度 p。由于状态密度 $g(E)$ 可以表示为能量 E 的函数，载流子浓度 n 和 p 更适合表达成能量 E 的函数。

那么，在能量 E 到 $E+\mathrm{d}E$ 范围内，导带的电子浓度为

$$\mathrm{d}n(E)=g(E)f_0(E,E_\mathrm{F},T)\mathrm{d}E \qquad (3\text{-}22)$$

式（3-22）的积分上限取在 ∞，而分布函数 $f(E)$ 随着能量增加迅速减小，因此对积分有贡献的实际上只限于导带底附近的区域。

如果导带底的能量为 E_c，热平衡状态电子浓度为

$$n_0=\int_{E_\mathrm{c}}^{\infty}g_\mathrm{c}(E)f_0(E,E_\mathrm{F},T)\mathrm{d}E$$

如果价带顶的能量为 E_v，热平衡状态空穴浓度为

$$p_0=\int_{-\infty}^{E_\mathrm{v}}g_\mathrm{c}(E)\big[1-f_0(E,E_\mathrm{F},T)\big]\mathrm{d}E$$

我们把热平衡状态电子浓度 n_0 简称为电子浓度，而热平衡状态空穴浓度 p_0 简称为空穴浓度。

3.3 载流子的产生

3.3.1 吸收系数

载流子的产生可以从微观上用费米黄金规则描述。而宏观上，入射光的吸收也可以用较简单的吸收系数（absorption coefficient，α，cm^{-1}）描述。光在介质中的传播存在衰减，说明介质对光存在着吸收作用。实验发现介质中光的衰减是与光的强度成正比的，即

$$\frac{\mathrm{d}I}{\mathrm{d}x}=-\alpha I \qquad (3\text{-}23)$$

吸收系数 α 与光强无关。

辐照度 P 表示单位面积上接收的电磁波辐射功率，位置在 x 处，能量为 E 的单色光辐照度为 $P(E,x)$。

如果入射光以辐照度 $P(E,0)$ 垂直入射到均匀吸收系数为 α 的半导体材料，那么 $\mathrm{d}x$ 厚的半导体材料，将吸收 $\alpha(E,x)\mathrm{d}x$ 部分的辐照度为

$$\mathrm{d}P(E,x)=-\alpha(E,x)P(E,x)\mathrm{d}x \qquad (3\text{-}24)$$

考虑入射面反射率 $R(E)$，式（3-24）对位置 x 积分，得到材料中辐照度随位置 x 的变化关系为

$$P(E,x)=\big[1-R(E)\big]P(E,0)\exp\Big[-\int_0^x\alpha(E,x')\mathrm{d}x'\Big] \qquad (3\text{-}25)$$

式中，$P(E,0)$ 为入射光进入半导体材料入射面前的辐照度。辐照度 $P(E,x)$ 描述了半导体材料对入射光的吸收作用。如图 3-2 所示，辐照强度在半导体材料中随着吸收深度的增加而快速衰减。

如果半导体材料的吸收系数 α 是均匀的，并且不考虑入射面反射率 $R(E)$ 关于光谱能量 E 的变化，式（3-25）

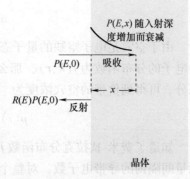

图 3-2 入射光的反射和吸收

将简化为朗伯-比尔定律（Lambert-Beer law），辐照度随吸收系数 α 发生指数衰减。

$$P(x) = P(0)\exp(-\alpha x) \tag{3-26}$$

根据光学，光是电磁波，具有波动性，光的传播可以用平面波表示，描述了电场强度在空间和时间的变化，有

$$\boldsymbol{F}(\boldsymbol{r},t) = F_0\exp\left[i(\boldsymbol{k}\cdot\boldsymbol{r}-\omega t)\right] \tag{3-27}$$

式中，i 为虚数单位；$\boldsymbol{k}$ 是平面波的波矢，矢量 $\boldsymbol{k}$ 的方向代表了平面波的传播方向；ω 也是电磁波的角频率（angle frequency，s^{-1}）；$\boldsymbol{F}$ 是振幅矢量（amplitude vector，V/cm），表示平面波的偏振方向，振幅矢量 $\boldsymbol{F}$ 的模 F_0 描述了电场强度 $\boldsymbol{F}$ 的大小。

如果平面波沿着 x 轴传播，那么式（3-27）简化为

$$\boldsymbol{F}(x,t) = F_0\exp\left[i(kx-\omega t)\right] \tag{3-28}$$

式中，波矢 k 的方向沿着 x 轴，成为只有大小没有方向的标量：

$$kc = \omega \tag{3-29}$$

$$k = \frac{2\pi\widetilde{n}_s}{\lambda} \tag{3-30}$$

式中，真空光速 $c = 3\times10^{10}$ cm/s $= 3\times10^8$ m/s；λ 为平面波的波长。因为半导体材料表现出吸收的特性，半导体复折射率（complex refractive index of semiconductor，$\widetilde{n}_s$）是一个复数：

$$\widetilde{n}_s = n_s + i\kappa_s \tag{3-31}$$

式中，复折射率 $\widetilde{n}_s$ 的实部 n_s 就是通常所说的折射率，它反映真空光速 c 与光波在介质中的传播速度 v 之间的比值；$\widetilde{n}_s$ 的虚部 κ_s 称为消光系数，是表征光能衰减程度的物理量。

辐照度与电场强度模的二次方成正比，由式（3-28）、式（3-30）和式（3-31）得到

$$P(x) = \left|\boldsymbol{F}(x,t)\times\boldsymbol{H}(x,t)\right|$$

$$= \frac{c\,\widetilde{n}_s\varepsilon_0}{2}\left|\boldsymbol{F}(x,t)\right|^2$$

$$= \frac{c\,\widetilde{n}_s\varepsilon_0}{2}\boldsymbol{F}(x,t)\boldsymbol{F}^*(x,t)$$

$$= P(0)\exp\left(-\frac{4\pi}{\lambda}\kappa_s x\right) \tag{3-32}$$

式中，$\boldsymbol{H}(x,t)$ 为磁场强度（magnetic field density，A/cm）。

式（3-32）结合式（3-26）得到关系

$$\alpha = \frac{4\pi}{\lambda}\kappa_s \tag{3-33}$$

式中，吸收系数 α 依赖于入射光的波长 λ 和消光系数 κ_s。对一定的半导体材料，半导体折射率 n_s 和半导体消光系数 κ_s 满足色散（dispersion）关系，是波长 λ 的函数。因为

$$E = \frac{hc}{\lambda} \tag{3-34}$$

所以，吸收系数 $\alpha(E)$ 是光子能量 E 的函数，光在媒质中传播 $1/\alpha$ 距离时，能量减弱到原来能量的 $1/e$（即 36.8%）。

载流子的产生率 $G(x)$ 是单位时间、单位体积内产生的载流子数量，可以用吸收系数 α 和光子通量 b 描述，而地面接收的太阳光子通量 $b_s(E, T_s)$。在太阳能电池面积 A 上、接收到能量 dE 光子的速率为 $b_s(E, T_s)A$。

$1/\alpha$ 是吸收长度（absorption length），在 $1/\alpha$ 内，辐照度 $P(E, x)$ 衰减了大部分，衰减到 $P(E, 0)$ 的 $e^{-1} = 36.8\%$。我们近似地认为，太阳能电池面积为 A、深度为 $1/\alpha$ 的半导体体积为 A/α，是半导体中吸收入射光的主要部分。因此，单位体积内，接收到能量 dE 光子的速率为 $\dfrac{b_s(E, T_s)A}{\dfrac{A}{\alpha}} = b_s(E, T_s)\alpha$。

考虑入射面的反射率 $R(E)$ 和材料内关于吸收系数 $\alpha(E, x)$ 的衰减规律 $P(E, x)$，式（3-25）载流子的光谱产生率（spectral generation rate，g，$cm^{-3} \cdot eV^{-1} \cdot s^{-1}$）为

$$g(E, x) = [1 - R(E)] b_s(E, T_s) \alpha(E, T) \alpha(E, x) \exp\left[-\int_0^x \alpha(E, x') dx' \right] \qquad (3-35)$$

$$G(x) = \int_{E_g}^{\infty} g(E, x) dE = \int_{E_g}^{\infty} [1 - R(E)] b_s(E, T_s) \alpha(E, x) \exp\left[-\int_0^x \alpha(E, x') dx' \right] \qquad (3-36)$$

如果载流子的产生在能带间，产生率 $G(x)$ 是光谱产生率 $g(E, x)$ 在光谱能量范围 $E > E_g$ 上的积分，载流子的产生率 $G(x)$ 对吸收系数 α 的依赖关系是近似计算，需要两个假设：

1）如前所述，把吸收长度 $1/\alpha$ 作为半导体吸收入射光的深度。

2）严格而言，吸收系数 α 还包含了自由载流子吸收、晶格吸收、杂质吸收、光散射等不能产生载流子的过程，但是需要把它们忽略，认为所有被吸收 $E > E_g$ 的光子都能产生载流子。

3.3.2 直接带隙半导体

在半导体晶体中，电子吸收光子时引起的带间跃迁是遵循一定规律进行的：电子在跃迁前后，除了能量必须守恒，动量也必须守恒。所以在光吸收过程中，电子不但和光子交换能量与动量，还必须与晶格振动（主要为声子）交换能量和动量，其跃迁过程满足能量和动量守恒。

设电子原来的波矢是 k，要跃迁到波矢是 k' 的状态。由于对于能带中的电子，具有类似动量的性质，因此在跃迁过程中，k 和 k' 必须满足如下的条件：

$$\hbar k - \hbar k' = 光子动量 \qquad (3-37)$$

其中光子的动量极小，使得电子在跃迁前后在布里渊区中的 k 状态基本不变。式（3-37）可以近似地写为

$$k = k' \qquad (3-38)$$

这说明电子跃迁前后的动量基本不变，只是能量发生了改变，这样的带隙跃迁称为直接跃迁。如图 3-3 所示，为了满足电子在跃迁过程中波矢保持不变，则原来在价带中状态 A 的电子只能跃迁到导带中的状态 B。A 与 B 在 $E(k)$ 曲线上位于同一垂线上，因而直接跃迁又称为竖直跃迁。在 A 到 B 直接跃迁中所吸收光子的能量 $\hbar\omega$ 与图中垂直距离 AB 相对应。显

然，对应于不同的 k，垂直距离各不相等。就是说相当于任何一个 k 值的不同能量的光子都有可能被吸收，而吸收的光子最小能量应等于禁带宽度 E_g（相当于图 3-3 中的 OO'）。对于导带极小值和价带极大值对应于相同波矢的半导体，称为直接带隙半导体。这种半导体在本征吸收过程中产生电子的直接跃迁。

3.3.3 间接带隙半导体

但是不少半导体的导带底和价带顶并不像图 3-3 一样，都对应于相同的波矢。例如像锗、硅一类半导体，价带顶和导带底不在布里渊区中相同的 k 处，我们称这样的半导体为间接带隙半导体。如图 3-4 所示，显然，这类半导体的直接跃迁所吸收的光子能量都比禁带宽度 E_g 大，这和直接跃迁的本征吸收有矛盾。所以在本征吸收中，除了符合式（3-38）选择定则的直接跃迁外，还存在着非直接跃迁过程，如图 3-4 中的 $O \rightarrow S$。

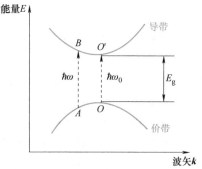

图 3-3　电子的直接跃迁

为了满足能量动量守恒定律，直接带隙半导体的跃迁只能发生在 $k_c = k_v$，间接带隙半导体同样满足动量守恒定律，但是跃迁的形式发生了一些变化。电子不能通过简单地吸收一个光子，就从价带顶 E_v 跃迁到导带底 E_c。电子被光子激发的同时，需要吸收或发射一个声子，从而同时满足能量守恒定律和动量守恒定律。间接跃迁过程是电子、光子和声子三者同时参与的过程，能量关系为

$$\hbar\omega \pm E_p = \Delta E \tag{3-39}$$

式中，E_p 为声子的能量；"+"号代表吸收声子，"−"号代表发射声子；ΔE 为跃迁前后的电子能量差。因为声子的能量非常小，可以忽略不计。因此，粗略地

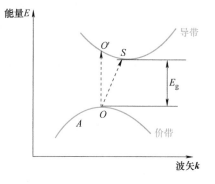

图 3-4　能带结构中的直接跃迁
（OO'）和间接跃迁（OS）

讲，电子在跃迁前后的能量差就等于所吸收的光子能量 $\hbar\omega$ 只在 E_g 附近有微小的变化。所以，间接跃迁的能量差可以简化为

$$\Delta E = \hbar\omega = E_g \tag{3-40}$$

直接跃迁过程中，伴随声子的吸收或发射，动量守恒关系得到满足，可写为

$$\hbar k - \hbar k' \pm \hbar q = 光子动量 \tag{3-41}$$

式中，$\hbar q$ 为声子动量，所以也就是电子的动量差±声子动量 = 光子动量，忽略光子动量，则式（3-41）简化为

$$k - k' = \mp q \tag{3-42}$$

式中，q 是声子波矢，"$\mp$"号分别表示电子在跃迁过程中发射或吸收一个声子。

其中值得注意的是，直接带隙半导体中，涉及声子发射和吸收的间接跃迁也可能发生，间接带隙半导体中，仍可能发生直接跃迁。

3.3.4 常见太阳能电池材料载流子产生

因为在真实的太阳能电池半导体材料中，光子能量 E 大于带隙 E_g 的状态密度会偏离抛物带近似理论，而光子能量 E 小于带隙 E_g 也会引起激子的吸收。抛物带近似理论只能应用在离价带顶 E_v 或导带底 E_c 约 100meV 的范围内。如果是波矢空间在远离能带边缘处，导带电子或价带空穴的能量曲线 $E(k)$ 变得平缓，但是在晶体结构对应的波矢空间中，当波矢 k 位于高对称性点时，能量曲线 $E(k)$ 会再次出现极值。能量曲线 $E(k)$ 的极值处容易产生吸收，出现吸收谱线的峰值。

从实验得到的半导体材料吸收系数曲线 $\alpha(E)$，可以容易地分辨出直接带隙半导体和间接带隙半导体。直接带隙半导体吸收系数曲线在带隙 E_g 附近的曲线斜率很大。间接带隙半导体吸收系数曲线 $\alpha(E)$ 在带隙 E_g 附近就平缓得多。这是因为间接带隙半导体吸收能量略大于带隙 E_g 的光子时，还需要吸收或发射声子才能实现量子跃迁，难度较大。另外在吸收长度 $1/\alpha$ 处，辐照度 P 衰减到原来的 $e^{-1} = 36.8\%$。在可见光波段，直接带隙半导体例如 GaAs 和 lnP 的吸收长度 $1/\alpha < 1\mu m$。这意味着，只需要数微米厚的直接带隙半导体材料，就可以吸收几乎所有的入射光。相比之下，作为间接带隙半导体，c-Si 的吸收长度 $1/\alpha$ 是几十微米，所以为了较好地吸收入射光，硅片一般需要几十甚至几百微米厚。

在可见光波段，典型半导体的反射率 $R(E) = 30\% \sim 40\%$。通过减反膜和绒面等技术，可以减小半导体表面的反射率 $R(E)$。非晶硅薄膜太阳能电池中，非晶态半导体结构具有"短程有序，长程无序"的特点，量子跃迁不要求动能守恒定律，所以 a-Si 是直接带隙半导体，吸收系数 $\alpha(E)$ 直接由联合状态密度决定。a-Si 比 c-Si 更容易吸收入射光，吸收系数 $\alpha(E)$ 更大。

直接带隙半导体 GaAs 制备的聚光太阳能电池和非晶硅薄膜太阳能电池一样，吸收入射光子产生载流子，不需要吸收声子。而 c-Si 太阳能电池是间接带隙半导体，需要同时吸收光子和声子产生载流子。另外一些类型的太阳能电池，吸收光子后产生自由载流子的方式更加复杂。有机太阳能电池中，吸收的光子会产生激子，然后分离为自由载流子。染料敏化太阳能电池（dye-sensitized solar cell，DSC）吸收的光子会使作为敏化剂（sensitiser）的染料（dye）产生电子，再注入半导体材料 TiO_2 的导带。

激子是具有库仑束缚的电子-空穴对，可以由能量小于带隙 E_g 的光子产生，激子能级和导带底的能量差为激子结合能 E_{ex}。对于有机太阳能电池或一维、二维结构的量子太阳能电池，激子结合能 E_{ex} 较强。有机太阳能电池中存在的弗仑克尔激子，激子结合能 $E_{ex} \approx 0.3eV$。激子的吸收强度用振子强度（oscillator strength）表示，结合能 E_{ex} 越大的激子，振子强度越大。

有机太阳能电池产生的激子，不会立刻分离成自由载流子。在激子分离前，一部分激子产生复合。所以，有机太阳能电池载流子的产生率不能再用吸收系数 α 表述，而应该直接用激子分离后自由载流子的实际数量描述。

染料敏化太阳能电池中，作为敏化剂的染料具有吸收入射光的作用，而且与激子一样，是产生载流子过程的中间状态。染料敏化剂覆盖在多空的 TiO_2 半导体微粒表面，吸收光子后，敏化分子处于激发态，随后分离成电离态分子和自由电子，自由电子进入 TiO_2 半导体的导带。

$$S + h\nu \rightarrow S^* \leftrightarrow S^+ + e^- \tag{3-43}$$

S、S^* 和 S^+ 分别是敏化分子的基态（ground state）、激发态（excited state）和电离态（ionized state）。

类似于式（3-36），有机太阳能电池或染料敏化太阳能电池中，载流子的产生率为

$$G(x) = \int \left[1 - R(E) \right] \eta_{\mathrm{diss}}(E) b_{\mathrm{s}}(E, T_{\mathrm{s}}) \alpha(E, x) \exp \left[- \int_0^x \alpha(E, x') \mathrm{d}x' \right] \mathrm{d}E \tag{3-44}$$

式中，$\eta_{\mathrm{diss}}(E)$ 为激子或敏化分子的分离量子效率（quantum efficiency for dissociation，%），描述了吸收能量为 E 的光子后产生自由载流子的概率。

3.4　载流子的复合

载流子的复合是指电子跃迁到低能级，释放能量，半导体失去自由电子或自由空穴。载流子的产生需要大于带隙 E_{g} 的能量，要求的量子能量比较大，只有入射的光子可以引起载流子的产生。载流子的复合必然伴随能量降低，能量平衡要求这部分降低的能量必须被释放出来，释放与复合同等重要，如不能释放该能量，复合就不能发生。释放能量的方式有三种：①发射光子，以这种方式释放能量的复合常被称为发光复合或辐射复合；②发热，相当于多余的能量使晶格振动加强；③将能量传给其他载流子增加其动能，此类复合被称为俄歇（Auger）复合（图 3-5b）。就电子和空穴所经历的状态来说，可以分为辐射复合和非辐射复合两种类型。在复合过程中发射光子，称为辐射复合（图 3-5a），在复合过程中不发射光子，以其他形式能量传递的称为非辐射复合。非辐射复合（non-radiative recombination）包括有俄歇复合、陷阱复合（图 3-5c）、表面复合和晶界复合等。

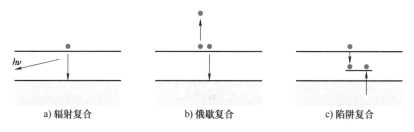

a) 辐射复合　　　　b) 俄歇复合　　　　c) 陷阱复合

图 3-5　载流子复合分类

所以辐射复合（radiative recombination）、俄歇复合（Auger recombination）、陷阱复合（trap recombination）、表面复合（surface recombination）和晶界复合（grain boundary recombination）都会在太阳能电池中出现。辐射复合和俄歇复合是能带结构引起的，在本征半导体和缺陷半导体中都存在，是不可避免的。表面复合和晶界复合分别是发生在多晶硅或异质结的晶界（grain boundary）上的陷阱复合。陷阱复合、表面复合和晶界复合在理想的本征半导体中不存在，只存在于缺陷半导体中，是可以避免的，也是人们希望尽量降低的。

辐射复合包括自发辐射和受激辐射。由于太阳能电池中，被激发到导带的电子不多，价带几乎充满 $f_{\mathrm{v}} \approx 1$，导带几乎空缺 $f_{\mathrm{v}} \approx 0$，所以自发辐射比受激辐射重要得多。

与辐射复合一样，俄歇复合也与缺陷程度无关，是不可避免的。在俄歇复合中，一个导

带电子弛豫到价带，与一个价带空穴复合，释放的能量被另一个导带电子或价带空穴吸收并增加动能，增加的动能相当于带隙 E_g。虽然俄歇复合释放的能量较大，但是没有辐射，所以俄歇复合也是一种非辐射复合。与俄歇复合相反的过程是俄歇产生，动能大于带隙 E_g 的载流子把动能传递到价带电子，使价带电子跃迁到导带，成为自由载流子，这种载流子产生的可能性很小，可以忽略不计。如果半导体材料的带隙 E_g 很小，并且载流子浓度很高，那么载流子之间的作用会很强，俄歇复合现象明显。

缺陷半导体、掺杂半导体或具有局域态的 a-Si 容易发生陷阱复合。在缺陷复合中，电子跃迁到陷阱能级，然后再跃迁到价带的空状态，使电子和空穴成对消失。换一种说法是复合中心从导带俘获一个电子，再从价带俘获一个空穴，完成电子-空穴对的复合。缺陷引起的陷阱复合是最重要的载流子复合过程。为了提高太阳能电池的转换效率 η，人们需要对缺陷引起的陷阱复合有充分的认识，就能利用复合机制，设法降低复合概率，这对太阳能电池技术十分重要。

3.4.1 辐射复合

半导体中的自由电子和空穴在运动中会有一定概率直接相遇而复合，使一对电子和空穴同时消失。从能带角度讲，就是导带中的电子直接落入价带与空穴复合。同时，还存在着上述过程的逆过程，即由于热激发等原因，价带中的电子也有一定概率跃迁到导带中去，产生一对电子和空穴。无论何时，半导体中总存在着载流子产生和复合两个相反的过程。通常把单位时间、单位体积内所产生的电子-空穴对数称为产生率，而把单位时间、单位体积内复合掉的电子-空穴对数称为复合率。如果载流子在导带的分布并不多，那么受激辐射相对自发辐射并不明显。热平衡状态吸收跃迁率 $r_{abs(TE)}$ 和自发辐射跃迁率 r_e 分别为

$$r_{abs(TE)} = \frac{2\pi}{\hbar} |H_{vc}|^2 f_{B-E}(f_v - f_c) \tag{3-45}$$

$$r_e = \frac{2\pi}{\hbar} |H_{vc}|^2 f_c (1 - f_v) \tag{3-46}$$

$$r_{abs(TE)} = r_e \tag{3-47}$$

热平衡状态下，光子分布函数满足玻色-爱因斯坦分布，则热平衡下光子在一定量子态的概率为

$$f_{ph} = f_{B-E} = \frac{1}{\exp\left[\dfrac{E - \Delta\mu}{k_B T}\right] + 1} \tag{3-48}$$

但是，在准热平衡状态，光子分布函数 f_{ph} 不再满足玻色-爱因斯坦分布 f_{B-E}，所以光子浓度为

$$n_{ph} = f_{ph} g_{ph} dE \tag{3-49}$$

根据电磁学，对能量为 $E = E_c - E_v$ 的光子，光子浓度 n_{ph} 和光子状态密度 g_{ph} 分别为

$$n_{ph} = \frac{n_s P}{cE} \tag{3-50}$$

$$g_{ph} = \frac{8\pi n_s^3 E^2}{h^3 c^3} \tag{3-51}$$

式中，n_s 为各向同性的半导体折射率；P 为入射光的辐照度。

在准热平衡状态，吸收跃迁率 $r_{\mathrm{abs(QTE)}}$ 为

$$r_{\mathrm{abs(QTE)}} = \frac{2\pi}{\hbar} |H_{\mathrm{vc}}|^2 f_{\mathrm{ph}}(f_{\mathrm{v}} - f_{\mathrm{c}}) \tag{3-52}$$

由式（3-45）、式（3-47）和式（3-52）得到自发辐射跃迁率为

$$r_{\mathrm{e}} = r_{\mathrm{abs(QTE)}} \frac{f_{\mathrm{B-E}}}{f_{\mathrm{ph}}} \tag{3-53}$$

为了研究辐射复合，我们已经把代表辐射复合的自发辐射跃迁率 r_{e} 和我们熟悉的吸收跃迁率 r_{abs} 联系了起来。载流子产生的研究中，我们对微观的吸收跃迁率 r_{abs} 和宏观的吸收系数 α 有一定的认识。通过上一节，我们可以得到吸收系数与入射光能量的关系为

$$\alpha(E) = -\frac{1}{P}\frac{\mathrm{d}P}{\mathrm{d}x} \tag{3-54}$$

在单位时间、单位体积内，半导体材料吸收入射光的能量为

$$\frac{\mathrm{d}P}{\mathrm{d}x} = -E r_{\mathrm{abs}} \tag{3-55}$$

由式（3-54）和式（3-55），我们得到吸收跃迁率为

$$r_{\mathrm{abs}} = \frac{P}{E}\alpha(E) \tag{3-56}$$

把式（3-56）代入式（3-53），得到自发辐射跃迁率为

$$r_{\mathrm{e}} = \alpha(E)\frac{P}{E}\frac{f_{\mathrm{B-E}}}{f_{\mathrm{ph}}} \tag{3-57}$$

把式（3-48）和式（3-49）代入式（3-57），自发辐射跃迁率成为

$$r_{\mathrm{e}} = \alpha(E)\frac{P}{E}\frac{1}{\exp\left[(E-\Delta\mu)/k_{\mathrm{B}}T\right]-1}\frac{g_{\mathrm{ph}}}{n_{\mathrm{ph}}}\mathrm{d}E \tag{3-58}$$

再把式（3-50）和式（3-51）代入式（3-58），得

$$r_{\mathrm{e}} = \frac{8\pi n_s^2}{h^3 c^3}\frac{\alpha(E)E^2\,\mathrm{d}E}{\exp\left[(E-\Delta\mu)/k_{\mathrm{B}}T\right]-1} \tag{3-59}$$

这是单位光谱能量、单位体积内自发辐射的跃迁率，而黑体辐射的太阳光子角通量 $\beta_{\mathrm{s}}(E,T_{\mathrm{s}})$ 为

$$\beta_{\mathrm{s}}(E,T_{\mathrm{s}}) = \frac{2}{h^3 c^3}\frac{E^2}{\exp\left(\dfrac{E}{k_{\mathrm{B}}T_{\mathrm{s}}}\right)-1} \tag{3-60}$$

二者之间很相似，区别在于温度 T 是太阳能电池的温度，分子多了半导体折射率 n_{s}，多了吸收系数 $\alpha(E)$，还多了个 4π。

而一个点向各个方向发射辐射的点几何因子（geometrical factor from a point，F_{point}）就是 4π，即

$$F_{\mathrm{point}} = \int_0^{\pi}\sin\theta\,\mathrm{d}\theta\int_0^{2\pi}\mathrm{d}\varphi = 4\pi \tag{3-61}$$

式（3-59）描述的是一个点向各个方向发射辐射，几何因子 $F_{\mathrm{point}} = 4\pi$ 应该改为自发辐

射几何因子：

$$F_e = \pi \sin^2 \theta_c = \pi \frac{1}{n_s^2} \tag{3-62}$$

所以，自发辐射跃迁率为

$$r_e = \frac{2n_s^2 F_e}{h^3 c^2} \frac{\alpha(E) E^2 \mathrm{d}E}{\exp[(E-\Delta\mu)/k_B T] - 1} \tag{3-63}$$

自发辐射跃迁率可以表述为吸收系数和自发辐射光子通量的乘积，即

$$r_e = \alpha(E) b_e(E, \Delta\mu) \mathrm{d}E \tag{3-64}$$

$$b_e(E, \Delta\mu) = \frac{2n_s^2 F_e}{h^3 c^2} \frac{E^2}{\exp[(E-\Delta\mu)/k_B T] - 1} \tag{3-65}$$

自发辐射光子通量式（3-65）类似光照下自发辐射光子通量，只是太阳能电池的温度取代了环境温度 T_a。

我们得到总辐射复合率（total radiative recombination rate，U_{rad}^{total}，$cm^{-3} \cdot s^{-1}$）为

$$U_{rad}^{total} = \int_0^\infty \alpha(E) b_e(E, \Delta\mu, T_a) \mathrm{d}E \tag{3-66}$$

准热平衡状态载流子的辐射复合率（radiative recombination rate，U_{rad}，$cm^{-3} \cdot s^{-1}$）应该不包括热辐射复合率（thermal radiative recombination rate，U_{rad}^{th}，$cm^{-3} \cdot s^{-1}$）：

$$U_{rad}^{total} = U_{rad} + U_{rad}^{th} \tag{3-67}$$

$$U_{rad} = \int_0^\infty \alpha(E) b_e(E, \Delta\mu) \mathrm{d}E - \int_0^\infty \alpha(E) b_e(E, 0) \mathrm{d}E \tag{3-68}$$

$$U_{rad}^{th} = \int_0^\infty \alpha(E) b_e(E, 0) \mathrm{d}E \tag{3-69}$$

式中，如果化学势差 $\Delta\mu(x)$ 随空间变化，辐射复合率 U_{rad} 也将随空间变化。

连续性方程要求辐射复合率 U_{rad} 可以用载流子浓度 n、p 表达。在非简并半导体中，$E - \Delta\mu \gg k_B T$。那么，玻色-爱因斯坦分布式（3-48）近似为麦克斯韦-玻尔兹曼分布：

$$\frac{1}{\exp[(E-\Delta\mu)/k_B T] - 1} \approx \exp[-(E-\Delta\mu)/k_B T] \tag{3-70}$$

在准热平衡状态中，载流子浓度的乘积为

$$np = n_i^2 \exp(\Delta\mu/k_B T) \tag{3-71}$$

将式（3-71）、式（3-65）、式（3-70）代入式（3-68），得到辐射复合率为

$$U_{rad} = B_{rad}(np - n_i^2) \tag{3-72}$$

$$B_{rad} = \frac{2n_s^2 F_e}{n_i^2 h^3 c^2} \int_0^\infty \alpha(E) \exp(-E/k_B T) E^2 \mathrm{d}E \tag{3-73}$$

由式（3-73）可知，辐射复合系数（radiative recombination coefficient，B_{rad}，cm^3/s）由材料性质决定，与载流子浓度 n、p 无关。

式（3-73）表明，吸收系数 α 越大，辐射复合系数 B_{rad} 越大，辐射复合率 U_{rad} 也越大。因此，直接带隙半导体的辐射复合更加明显。光谱辐射复合率（spectral radiative recombination rate，U_{rad}，$cm^{-3} \cdot eV^{-1} \cdot s^{-1}$）描述了辐射复合后自发辐射光子能量为 E 的概率。

$$u_{\text{rad}} = \frac{\mathrm{d}U_{\text{rad}}}{\mathrm{d}E} \tag{3-74}$$

对掺杂半导体，式（3-72）可以进一步简化。如果热平衡状态的掺杂半导体中，电子浓度是 n_0，空穴浓度是 p_0，准热平衡状态的载流子浓度都增加了 Δn，那么有

$$\Delta n = n - n_0 = p - p_0 \tag{3-75}$$

在 p 型半导体中，受主浓度 $N_{\text{a}} \gg n_{\text{i}}$，$\Delta n_0$ 由式（3-65）、式（3-78）、式（3-79）、式（3-75）得到

$$\begin{aligned} np - n_{\text{i}}^2 &= (n_0 + \Delta n)(p_0 + \Delta n) - n_0 p_0 \\ &= \Delta n (p_0 + n_0 + \Delta n) \\ &= \Delta n \left(N_{\text{a}} + \frac{n_{\text{i}}^2}{N_{\text{a}}} + \Delta n \right) \\ &= \Delta n N_{\text{a}} \end{aligned} \tag{3-76}$$

在 p 型半导体中，过剩少子浓度（excess minority carrier density）是 $\Delta n = n - n_0$，将式（3-76）代入式（3-72），辐射复合率 U_{rad} 与过剩少子浓度 $\Delta n = n - n_0$ 成正比。

$$U_{\text{rad}} = \frac{n - n_0}{\tau_{\text{rad}}} \tag{3-77}$$

$$\tau_{\text{rad}} = \frac{1}{B_{\text{rad}} N_{\text{a}}} \tag{3-78}$$

式中，τ_{rad} 为 p 型半导体的辐射少子寿命（radiative minority carrier lifetime，s）。

相似地，在施主浓度为 N_{d} 的 n 型半导体中，过剩少子浓度为 $\Delta p = p - p_0$。辐射复合率为

$$U_{\text{rad}} = \frac{p - p_0}{\tau_{\text{rad}}} \tag{3-79}$$

$$\tau_{\text{rad}} = \frac{1}{B_{\text{rad}} N_{\text{d}}} \tag{3-80}$$

将式（3-71）代入式（3-72），得到

$$U_{\text{rad}} = B_{\text{rad}} n_{\text{i}}^2 \left[\exp\left(\frac{\Delta \mu}{k_{\text{B}} T} - 1 \right) \right] \tag{3-81}$$

因此，本征半导体的辐射复合与掺杂无关，只与入射光强 b_{s} 等外界引起的准热平衡状态化学势差 $\Delta \mu$ 有关。将式（3-81）和式（3-67）~式（3-69）比较，得到

$$U_{\text{rad}}^{\text{total}} = B_{\text{rad}} n_{\text{i}}^2 \exp(\Delta \mu / k_{\text{B}} T) \tag{3-82}$$

$$U_{\text{rad}}^{\text{th}} = B_{\text{rad}} n_{\text{i}}^2 \tag{3-83}$$

如果化学势差 $\Delta \mu$ 是均匀的，并满足

$$\Delta \mu = qV \tag{3-84}$$

那么辐射复合率可以直接和电压 V 相关，即

$$U_{\text{rad}} = U_{\text{rad}}^{\text{th}} \left[\exp\left(\frac{qV}{k_{\text{B}} T} \right) - 1 \right] \tag{3-85}$$

通过实验，可以用荧光（photoluminescence 或 fluorescence）来测量辐射少子寿命 τ_{rad}，测量随时间变化的荧光，可以得到辐射少子寿命 τ_{rad}，再通过施主浓度 N_{d} 或受主浓度 N_{a}，可以得到辐射复合系数 B_{rad}。

在 n 型半导体（或 p 型半导体）中，从导带 E_c 到陷阱能级 E_t 的跃迁（或从陷阱能级 E_t 到价带 E_v 的跃迁），需要把空穴浓度 p（或电子浓度 n）替换为陷阱能级 E_t 的空穴浓度（或电子浓度）从导带 E_c 到陷阱能级 E_t 的辐射复合率为

$$U_{rad}^{total} = U_{rad} = B_{rad}nN_t(1-f_t) \tag{3-86}$$

式中，n 为导带电子浓度，$n \approx N_d$；N_t 为陷阱浓度（density of trap states，cm^{-3}）；f_t 为陷阱分布函数（trap distribution function），描述了陷阱态或局域态的电子分布。

由式（3-86）可知，可以把 $N_t(1-f_t)$ 作为上述 n 型半导体的少子浓度 p，那么 n 型半导体中，从导带 E_c 到陷阱能级 E_t 跃迁的辐射少子寿命 τ_{rad} 类似于式（3-80）。

$$\tau_{rad} = \frac{1}{B_{rad}N_d} \tag{3-87}$$

当初态到末态的跃迁是多级过程，或当跃迁过程需要第 3 个载流子时，复合率 U 与载流子浓度 n、p 的关系更加复杂。带隙内陷阱态引起的陷阱复合，是一个多级过程，而下一小节介绍的俄歇复合是包含 3 个载流子的过程。

3.4.2　俄歇复合

电子之间的库仑相互作用，也可以引起电子在能级之间的跃迁。这种跃迁过程称为俄歇效应（Auger effect）。下面以直接复合和产生过程为例，说明俄歇效应。在导带电子和价带空穴的直接复合过程中，释放出的能量可以给予第 3 个载流子，即把导带中一个电子激发到更高的能级，或者把价带中一个空穴激发到其能量更高的能级，这两种过程分别如图 3.6a、c 所示。处于高能态的第 3 个载流子，会弛豫回到低能态，释放的能量以声子的形式放出。复合的逆过程是产生过程，导带中一个电子由足够高的能级跃迁到低能级，或者价带中一个空穴由空穴能量足够高的能级跃迁到能量低的能级，释放出能量，通过库仑作用，可以把一个电子由价带激发到导带，产生电子-空穴对，图 3-6b、d 表示的就是这两种过程。总之，在以上这些跃迁过程中，都是一个电子能量的增高伴随着另一个电子能量的降低。这类跃迁过程称为俄歇效应。

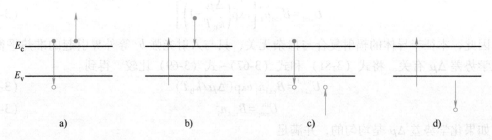

图 3-6　引起的电子-空穴对复合和产生

俄歇复合对 Si 这样的间接带隙半导体非常重要，是间接带隙半导体产生复合损耗的主要机理。

在 n 型半导体（或 p 型半导体）中，导带电子（或价带空穴）是多数载流子。价带空穴（或导带电子）是少数载流子，容易发生 2 个导带电子（或价带空穴）和 1 个价带空穴（或导带电子）的俄歇复合。2 个导带电子（或价带空穴）发生碰撞，使一个碰撞的导带电

子（或价带空穴）和价带空穴（或导带电子）发生复合，而另一个碰撞的电子（或空穴）受到激发，得到更大的动能。其中复合产生的能量并没有成为光子发射出来，而转化为另一个碰撞电子（或空穴）的动能。但是受激发的电子（或空穴）会回到导带底（或价带顶），把从俄歇复合中得到的动能，以热能的形式，作为声子传递给周围晶格。因此，俄歇复合是一种非辐射复合。

在 n 型半导体（或 p 型半导体）中的俄歇复合过程，包含了 2 个导带电子（或价带空穴）和 1 个价带空穴（或导带电子），类比于上一节对辐射复合的分析，俄歇复合率（Auger recombination rate，U_{Aug}，$\text{cm}^{-3} \cdot \text{s}^{-1}$）应该分别和 3 个载流子的浓度成正比。

在 p 型半导体中，2 个价带空穴和 1 个导带电子参与俄歇复合，俄歇复合率为

$$U_{\text{Aug}} = B_{\text{Aug}}(np^2 - n_0 p_0^2) \tag{3-88}$$

式中，B_{Aug} 为少子空穴的俄歇复合系数（Auger recombination coefficient，cm^6/s）。

在 n 型半导体中，2 个导带电子和 1 个价带空穴参与俄歇复合，俄歇复合率为

$$U_{\text{Aug}} = B_{\text{Aug}}(n^2 p - n_0^2 p_0) \tag{3-89}$$

如果掺杂半导体材料的带隙 E_g 很小或者温度 T 很高，载流子浓度 n、p 会很高，俄歇复合特别明显，n 型半导体的施主浓度 N_d（或 p 型半导体的受主浓度 N_a）对俄歇复合影响很大。在 p 型半导体中，少数载流子是电子，多数载流子是空穴，$p \approx p_0 \approx N_a$。由式（3-88），俄歇复合率 U_{Aug} 与过剩少子浓度 $\Delta n = n - n_0$ 成正比，可得

$$U_{\text{Aug}} = \frac{n - n_0}{\tau_{\text{Aug}}} \tag{3-90}$$

$$\tau_{\text{Aug}} = \frac{1}{B_{\text{Aug}} N_a^2} \tag{3-91}$$

式中，τ_{Aug} 为 p 型半导体的俄歇少子寿命（Auger minority carrier lifetime，s）。

在 n 型半导体中，少数载流子是空穴，多数载流子是电子。$n \approx n_0 \approx N_d$，由式（3-89），俄歇复合率 U_{Aug} 与过剩少子浓度 $\Delta p = p - p_0$ 成正比，可得

$$U_{\text{Aug}} = \frac{p - p_0}{\tau_{\text{Aug}}} \tag{3-92}$$

$$\tau_{\text{Aug}} = \frac{1}{B_{\text{Aug}} N_d^2} \tag{3-93}$$

式中，τ_{Aug} 为 n 型半导体的俄歇少子寿命。

俄歇复合同样满足能量动量守恒定律，其复合前后见表 3-2。

表 3-2　n 型半导体中俄歇复合满足能量守恒定量和动量守恒定律

阶段	与价带空穴复合的导带电子		动能增加的导带电子	
	能量	动量	能量	动量
复合前	E_c	$\hbar k_c$	E_c'	$\hbar k_c'$
复合后	E_v	$\hbar k_v$	$E_c' + E_c - E_v$	$\hbar k_c' + \hbar k_c - \hbar k_v$

辐射复合主要发生在直接带隙半导体中，而俄歇复合在直接带隙和间接带隙半导体中都会出现，如图 3-7 所示。俄歇复合是 Si 和 Ge 等间接带隙半导体产生复合损耗的主要机理，因此在间接带隙半导体中的俄歇复合比直接带隙半导体中的重要得多。

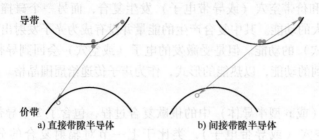

a) 直接带隙半导体　　　　b) 间接带隙半导体

图 3-7　n 型半导体中，俄歇复合满足能量守恒定律和动量守恒定律

陷阱态或局域态也可以发生俄歇复合。如果陷阱能级 E_t 接近导带底 E_c（或价带顶 E_v），导带电子（或价带空穴）与一个陷阱能级 E_t 的电子（或空穴）发生碰撞，陷阱能级 E_t 的电子（或空穴）和一个价带空穴（或导带电子）复合，并将能量传递给碰撞的导带电子（或价带空穴），导带电子（或价带空穴）被激发后，获得一定的动能，再通过发射声子的方式弛豫到导带底 E_c（或价带顶 E_v）。在 n 型半导体中，接近导带底 E_c 的陷阱能级 E_t 产生俄歇复合，俄歇复合率和俄歇少子寿命分别为

$$U_{Aug} = B_{Aug}npN_t(1-f_t) \tag{3-94}$$

$$\tau_{Aug} = \frac{1}{B_{Aug}N_d N_t} \tag{3-95}$$

3.4.3　陷阱复合

太阳能电池中，最重要的载流子复合过程是陷阱复合，陷阱复合是由带隙内的缺陷引起的，缺陷是局域态，而导带电子和价带空穴不会局限在一定区域，所以进入缺陷的自由载流子可以看作被俘获（capture）了。被俘获的电子（或空穴）可以最终通过热激发被发射回导带，这样的缺陷称为陷阱态（trap state）。俘获电子的陷阱态称为电子陷阱（electron trap）；俘获空穴的陷阱态称为空穴陷阱（hole trap）。如果在俘获电子（或空穴）被发射前，陷阱态又俘获一个空穴（或电子），那么两个载流子发生复合，陷阱态再一次空缺，这样的陷阱态称为复合中心（recombination centre），如图 3-8 所示。陷阱态是指主要对一种载流子进行俘获并发射的局域态，而复合中心是指既俘获电子又俘获空穴，并使电子和空穴复合的局域态，复合中心在带隙内比陷阱态更深。

如果陷阱态靠近带隙中央，成为复合中心，产生的陷阱复合的强度远大于靠近能带边的电子陷阱或空穴陷阱。所以，太阳能电池需要尽量避免带隙中央的复合中心，减小陷阱复合。

带隙内的陷阱态具有陷阱能级 E_t 和陷阱浓度 N_t。空缺的陷阱态可以从导带俘获电子，被占据的陷阱态可以从价带俘获空穴。电子俘获率（electron capture rate，C_n，$cm^{-3} \cdot s^{-1}$）由式（3-96）给出：

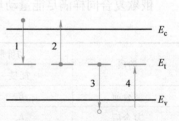

图 3-8　陷阱态和复合中心
1—电子的俘获　2—电子产生
3—空穴的俘获　4—空穴的产生

$$C_n = B_n n N_t(1-f_t) \tag{3-96}$$

式中，f_t为陷阱态中电子分布函数，表示陷阱态被电子占据的概率，满足费米-狄拉克分布。

$$f_t = \frac{1}{\exp\left[(E_t - E_F)/k_B T\right] + 1} \tag{3-97}$$

B_n为电子俘获系数（electron capture coefficient，cm^3/s）可以表达为

$$B_n = v\sigma_n \tag{3-98}$$

式中，电子的速度 v 为平均热速度（mean thermal velocity）；σ_n 为陷阱态的电子俘获截面（electron capture cross section，cm^2）。陷阱态的电子陷阱寿命（electron trap lifetime，τ_{trap}^n，s）是一个极有实用价值的参数，它量化了电子在被陷阱态捕获后，平均停留直至被释放或参与复合过程的时间尺度：

$$\tau_{trap}^n = \frac{1}{B_n N_t} \tag{3-99}$$

电子发射率（electron release rate，R_n，$cm^{-3} \cdot s^{-1}$）表示电子从陷阱态被发射的速率，可表示为

$$R_n = B_n n_t N_t f_t \tag{3-100}$$

式中，电子陷阱系数（electron trap coefficient，nt，cm^{-3}，）需要进一步确定。

热平衡状态要求陷阱态俘获和发射电子的概率相当，即

$$C_n = R_n \tag{3-101}$$

如果 $E_t - E_F \gg k_B T$，陷阱态中电子分布函数 $f_t(E_t)$ 满足

$$f_t(E_t) \approx \exp\left[(E_F - E_t)/k_B T\right] \tag{3-102}$$

$$1 - f_t(E_t) \approx 1 \tag{3-103}$$

把式（2-51）、式（3-96）、式（3-100）、式（3-102）和式（3-103）代入式（3-101），得到电子陷阱系数：

$$n_t = n_i \exp\left[(E_t - E_i)/k_B T\right] \tag{3-104}$$

如果陷阱能级接近费米能级，即 $E_t \rightarrow E_F$，那么电子陷阱系数非常大，甚至接近于导带电子浓度，即 $n_t \rightarrow n$，这再一次验证了上述的观点，即复合中心的陷阱复合远强于陷阱态。

电子发射率也可以表述为

$$R_n = \frac{N_t f_t}{\tau_r} \tag{3-105}$$

式中，τ_r 为发射寿命（release lifetime，s）。

$$\tau_r = \frac{1}{B_n n_t} \tag{3-106}$$

相似地，空穴俘获率（hole capture rate，C_p，$cm^{-3} \cdot s^{-1}$）为

$$C_p = B_p p N_t f_t \tag{3-107}$$

$$B_p = v\sigma_p \tag{3-108}$$

$$\tau_{trap}^p = \frac{1}{B_p N_t} \tag{3-109}$$

式中，B_p、σ_p 和 τ_{trap}^p 分别为空穴俘获系数（hole capture coefficient，m^3/s）。空穴俘获截面（hole capture cross section，cm^2）和空穴陷阱寿命（hole trap lifetime，s）。电子陷阱寿命 τ_{trap}^n 和空穴陷阱寿命 τ_{trap}^p 合称陷阱少子寿命（trap minority carrier lifetime）。

空穴发射率（hole release rate, R_p, $cm^{-3} \cdot s^{-1}$）为

$$R_p = B_p p_t N_t (1 - f_t) \tag{3-110}$$

$$p_t = n_i \exp[(E_i - E_t)/k_B T] \tag{3-111}$$

式中，p_t 为空穴陷阱系数（hole trap coefficient, cm^{-3}）。

作为复合中心的陷阱态在带隙较深处同时俘获电子和空穴，使它们复合。复合中心的俘获率和发射率需要满足

$$C_n - R_n = C_p - R_p \tag{3-112}$$

将式（3-96）、式（3-100）、式（3-107）和式（3-110）代入式（3-112），得到陷阱态中电子分布函数为

$$f_t = \frac{B_n n + B_p p_t}{B_n(n + n_t) + B_p(p + p_t)} \tag{3-113}$$

由式（3-96）、式（3-99）、式（3-100）、式（3-109）、式（3-104）、式（3-111）和式（3-113）得到复合中心的陷阱复合率（trap recombination rate, U_{trap}, $cm^{-3} \cdot s^{-1}$）为

$$U_{trap} = C_n - R_n = \frac{np - n_i^2}{\tau_{trap}^n(p + p_t) + \tau_{trap}^p(n + n_t)} \tag{3-114}$$

掺杂半导体的陷阱复合率 U_{trap} 可以进一步简化为和过剩少子浓度成正比。依据式（3-76）的表述，在 p 型半导体中，$p = N_a$，$N_a \gg p_t$，$\tau_{trap}^n N_a \gg \tau_{trap}^p$，所以陷阱复合率为

$$U_{trap} = \frac{n - n_0}{\tau_{trap}^n} \tag{3-115}$$

n 型半导体的陷阱复合率为

$$U_{trap} = \frac{p - p_0}{\tau_{trap}^p} \tag{3-116}$$

但是，如果电子陷阱系数 n_t 和空穴陷阱系数 p_t 相差几个数量级，或电子陷阱寿命 τ_{trap}^n 和空穴陷阱寿命 τ_{trap}^p 相差几个数量级，那么仍然需要陷阱复合率的完整表达式（3-114）。

当电子浓度 n 和空穴浓度 p 接近时，陷阱复合较明显。如果陷阱能级 E_t 在带隙中央，那么电子陷阱寿命等于空穴陷阱寿命 $\tau_{trap}^n = \tau_{trap}^p$。由式（3-114），当 $n = p$ 时，陷阱复合率 U_{trap} 达到最大值。式（3-71）表明，辐射复合率 U_{rad} 仅与 n，p 有关，对均匀的化学势差 $\Delta\mu$ 是常数。这意味着在没有掺杂的区域，电子浓度 n 和空穴浓度 p 接近，陷阱复合比辐射复合更重要。陷阱复合对 n/p 比例的关系，决定了陷阱复合和电压 V 的关系，掺杂半导体的陷阱复合率随 $\exp(qV/k_B T)$ 变化，而空间电荷区的陷阱复合率随 $\exp(qV/2k_B T)$ 变化。

寿命 τ 的倒数是复合概率（recombination probability）$1/\tau$，代表这种变化的可能性大小。寿命 τ 越长，发生的复合概率 $1/\tau$ 越小，寿命 τ 越短，发生的复合概率 $1/\tau$ 越大。当电子（或空穴）被陷阱态俘获，电子（或空穴）可能被发射，也可能和另一个被俘获的空穴（或电子）发生复合。将式（3-104）代入式（3-106），得到陷阱俘获电子后，电子的发射概率（release probability）为

$$\frac{1}{\tau_r} = B_n n_i \exp[(E_t - E_i)/k_B T] \tag{3-117}$$

而这个陷阱态要再俘获一个空穴的俘获概率（capture probability）为

$$\frac{1}{\tau_c} = B_p p \tag{3-118}$$

式中，τ_c 为俘获寿命（capture lifetime，s）。

如果发射寿命远小于俘获寿命（$\tau_r \ll \tau_c$），那么发射概率远大于俘获概率 $\left(\dfrac{1}{\tau_r} \gg \dfrac{1}{\tau_c}\right)$，可以认为这个陷阱态是电子陷阱，而不是复合中心。作为电子陷阱，陷阱能级 E_t 会接近导带底，或者陷阱态的电子俘获截面远大于空穴俘获截面（$\sigma_n \gg \sigma_p$）。相似地，如果陷阱能级 E_t 会接近价带顶 E_v，或者陷阱态的空穴俘获截面远大于电子俘获截面（$\sigma_p \gg \sigma_n$），那么陷阱态就是空穴陷阱。陷阱态的存在只会减缓载流子的迁移速率，它并不直接导致载流子的消失。

在真实的半导体中，带隙内往往有数个陷阱能级 E_t，载流子会通过数次跃迁，完成多级复合（multi-level recombination）。但是，陷阱复合率 U_{trap} 最大的陷阱能级 E_t 位于带隙中央，$n = p$。所以，即使认为陷阱态在带隙内均匀分布，仍然可以近似认为位于带隙中央的复合能级是最主要的。

3.4.4 表面复合和晶界复合

由式（3-114），陷阱复合率 U_{trap} 的空间变化，可以由载流子浓度 n 和 p 的空间变化引起，也可以由电子陷阱系数 n_t 或空穴陷阱系数 p_t 的空间变化引起。陷阱复合包括了体内复合（bulk recombination）、表面复合和晶界复合。在真实的半导体材料中，缺陷会出现在半导体表面，也会出现在多晶硅或异质结的晶界上，发生晶界复合。表面或者晶界的局域态缺陷包括：

1）悬挂键（dangling bond 或 broken bond）引起的晶体缺陷。

2）从外界沉积的非本征杂质（extrinsic impurity）。

3）晶体生长过程中在界面聚集的非本征杂质。

在这些情况中，产生复合的陷阱态不再分布在三维空间，而分布在二维平面。所以，不再用陷阱复合率 U_{trap} 描述单位体积的复合速率，而用表面复合率（surface recombination rate，U_s，$cm^{-3} \cdot s^{-1}$）描述单位面积的复合速率，$U_s \delta x$ 是表面复合通量（surface recombination flux），描述在单位时间、单位面积，厚度为 δx 的表面薄层中，载流子的复合数量。

$$U_s \delta x = \frac{np - n_i^2}{\dfrac{1}{S_n}(p + p_t) + \dfrac{1}{S_p}(n + n_t)} \tag{3-119}$$

式中，n 和 p 分别为在表面的电子浓度和空穴浓度；S_n 和 S_p 分别为电子表面复合速度（electron surface recombination velocity，cm/s）和空穴表面复合速度（hole surface recombination velocity，cm/s），有

$$S_n = B_n N_s \tag{3-120}$$

$$S_p = B_p N_s \tag{3-121}$$

式中，N_s 为表面陷阱浓度（surface density of trap states，cm^{-2}）；在这样的定义中，电子表面复合速度 S_n 和空穴表面复合速度 S_p 的方向从表面指向空间。

在 p 型半导体中，表面复合通量式（3-119）简化为

$$U_s \delta x \approx S_n (n - n_0) \tag{3-122}$$

所以，少数载流子向表面流失会引起表面复合电流（surface recombination current），电流可以从连续性方程得到。在系统处于热平衡且暗态状态下，遵循电荷守恒原则，要求 $\nabla J_n = q U_n$。对界面上的薄层积分后，得到在界面位置 x_s 处电子电流的变化量为

$$\Delta J_n = J_n\left(x_s + \frac{1}{2}\delta x\right) - J_n\left(x_s - \frac{1}{2}\delta x\right) = q\int_{x_s - \frac{1}{2}\delta x}^{x_s + \frac{1}{2}\delta x} U_s \mathrm{d}x = q S_n(n - n_0) \tag{3-123}$$

如果界面是 n 型半导体表面，则 $J_n\left(x_s + \frac{1}{2}\delta x\right) = 0$，那么表面的电子电流为

$$J_n\left(x_s - \frac{1}{2}\delta x\right) = -q S_n(n - n_0) \tag{3-124}$$

式中，负值表明电子电流 J_n 的方向与少数载流子电子发生表面复合的运动方向相反。

相似地，n 型半导体的界面上空穴电流的变化量为

$$\Delta J_p = J_p\left(x_s + \frac{1}{2}\delta x\right) - J_p\left(x_s - \frac{1}{2}\delta x\right) = q\int_{x_s - \frac{1}{2}\delta x}^{x_s + \frac{1}{2}\delta x} U_s \mathrm{d}x = -q S_p(p - p_0) \tag{3-125}$$

如果界面是 p 型半导体表面，$J_p\left(x_s + \frac{1}{2}\delta x\right) = 0$，那么表面的空穴电流为

$$J_p\left(x_s - \frac{1}{2}\delta x\right) = q S_p(p - p_0) \tag{3-126}$$

式中，没有负值表明空穴电流 J_p 的方向与少数载流子空穴发生表面复合的运动方向相同。

3.5 载流子的输运

3.5.1 载流子连续性方程

载流子的产生和复合使载流子浓度 n、p 发生变化，满足连续性方程（continuity equation）

$$\frac{\partial n}{\partial t} = \frac{1}{q}\nabla J_n + G_n - U_n \tag{3-127}$$

$$\frac{\partial p}{\partial t} = -\frac{1}{q}\nabla J_p + G_p - U_p \tag{3-128}$$

式中，G_n 和 G_p 分别为电子产生率（electron generation rate per unit volume，cm^{-3}）和空穴产生率（hole generation rate per unit volume，$cm^{-3} \cdot s^{-1}$），是单位时间、单位体积内产生的电子数量和空穴数量，电子产生率 G_n 和空穴产生率 G_p 合称产生率（generation rate per unit volume，G，$cm^{-3} \cdot s^{-1}$）；U_n 和 U_p 分别为电子复合率（electron recombination rate per unit volume，$cm^{-3} \cdot s^{-1}$）和空穴复合率（hole recombination rate per unit volume，$cm^{-3} \cdot s^{-1}$），是单位时间、单位体积内复合的电子数量和空穴数量，电子复合率 U_n 和空穴复合率 U_p 合称复合率（recombination rate per unit volume，U，$cm^{-3} \cdot s^{-1}$）。

连续性方程式（3-127）和式（3-128）可以通过半导体中的体积元 $\mathrm{d}V = \mathrm{d}A \cdot \mathrm{d}x$ 理解，如图 3-9 所示。单位时间内，在体积元 $\mathrm{d}V$ 内，产生 $\mathrm{d}V \cdot G_n$ 个电子，又有 $\mathrm{d}V \cdot U_n$ 个电子发生复合。同时，体积元 $\mathrm{d}V$ 内的电子浓度 n 也受电子电流 J_n 的影响。如果只考虑 x 方向有电子电流 J_n，单位时间内，$J_n(x + \mathrm{d}x)\mathrm{d}A/q$ 的正电荷从右边的边界离开体积元 $\mathrm{d}V$，$J_n(x)\mathrm{d}A/q$

的正电荷从左边的边界进入体积元 dV。单位时间内，电子增加 $\dfrac{1}{q}\dfrac{\mathrm{d}J_n(x)}{\mathrm{d}x}dV$，或正电荷减少 $\dfrac{1}{q}\dfrac{\mathrm{d}J_n(x)}{\mathrm{d}x}dV$。再考虑三维情况，电子浓度的变化率为式（3-127）。相似地，空穴浓度的变化率为式（3-128）。

载流子浓度 n、p 会进一步影响半导体内的电场强度 F。对于线性各向同性的均匀半导体介质，电势 Φ 满足泊松方程（Poisson's equation）：

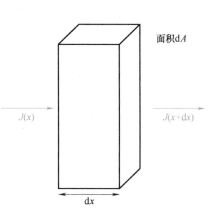

面积dA

$J(x)$　　$J(x+dx)$

dx

$$\nabla^2\Phi=\frac{q}{\varepsilon_s}(-\rho_{\mathrm{fixed}}+n-p) \qquad (3\text{-}129)$$

式中，ε_s 为半导体介电常数；ρ_{fixed} 为固定电荷密度（fixed charge density，C/cm^3）。

连续性方程式（3-127）、式（3-128）和泊松方程式（3-129）合称半导体输运方程组（semiconductor transport equations）。与半导体材料性质、环境影响相关的载流子电流 J_n 和 J_p、产生率 G_n 和 G_p、复合率 U_n 和 U_p，通过半导体输运方程组，决定了载流子浓度 n、p 和电势 Φ。在前面我们定义了半导体中的载流子浓度 n、p 和电流 J。本章我们将讨论决定产生率 G_n 和 G_p、复合率 U_n 和 U_p 的机理。

图 3-9　描述连续性方程的体积元

3.5.2　载流子的扩散和漂移

在热平衡状态下，半导体内部不存在净载流子电流，即 $J_n=J_p=0$。但是，在偏离热平衡的准热平衡状态下，半导体产生电子电流 $J_n(r)$ 和空穴电流 $J_p(r)$。此状态下的准费米能级的梯度也具有明确的数学表达式为

$$\nabla E_F^n=\frac{k_BT}{n}\nabla n+\nabla E_c-k_BT\,\nabla\ln N_c \qquad (3\text{-}130)$$

$$\nabla E_F^p=-\frac{k_BT}{n}\nabla p+\nabla E_v+k_BT\,\nabla\ln N_v \qquad (3\text{-}131)$$

由式（3-16）和式（3-18），导带能量和价带能量的梯度变化，可以用电场强度 T、电子亲和势 χ 的梯度和带隙 E_g 的梯度表示为

$$\nabla E_c=qF-\nabla\chi \qquad (3\text{-}132)$$

$$\nabla E_v=qF-\nabla\chi-\nabla E_g \qquad (3\text{-}133)$$

式中，电场强度 F 为

$$F=\frac{1}{q}\nabla E_{\mathrm{vac}} \qquad (3\text{-}134)$$

在非热平衡下，半导体的电子电流 $J_n(r)$ 与空穴电流 $J_p(r)$ 分别为

$$J_n(r)=\mu_n n\nabla E_F^n \qquad (3\text{-}135)$$

$$J_p(r)=\mu_p p\nabla E_F^p \qquad (3\text{-}136)$$

将式（3-130）~式（3-133）代入式（3-135）和式（3-136），可得漂移-扩散电流方程

（current equation for drift and diffusion）：

$$J_n(r) = qD_n \nabla n + \mu_n n(qE - \nabla \chi - k_B T \nabla \ln N_c) \tag{3-137}$$

$$J_p(r) = -qD_p \nabla p + \mu_p p(qE - \nabla \chi - k_B T \nabla \ln N_v) \tag{3-138}$$

所以，电子亲和势 χ、带隙 E_g 和有效状态密度 N_c、N_v 的梯度，产生了除电场强度 F 之外的有效电场（effective electric field）。但是，在成分均匀的半导体材料中，只有电场强度 F 存在，可以忽略有效电场，从而漂移-扩散电流方程简化为

$$J_n(r) = qD_n \nabla n + q\mu_n Fn \tag{3-139}$$

$$J_p(r) = -qD_p \nabla n + q\mu_p Fp \tag{3-140}$$

式中，D_n 为电子扩散系数（electron diffusion coefficient，cm^2/s）；D_p 为空穴扩散系数（hole diffusion coefficient，cm^2/s）。电子扩散系数 D_n 和空穴扩散系数 D_p 合称扩散系数（diffusion coefficient）。值得注意的是，电子与空穴的扩散系数 D_n、D_p 与其相应的迁移率 μ_n、μ_p 之间，遵循爱因斯坦关系（Einstein relation）：

$$\mu_n = \frac{qD_n}{k_B T} \tag{3-141}$$

$$\mu_p = \frac{qD_p}{k_B T} \tag{3-142}$$

上述公式中，电子电流 $J_n(r)$［式（3-139）］与空穴电流 $J_p(r)$［式（3-140）］都由两项构成：第一项源自载流子（电子与空穴）浓度梯度 ∇n 和 ∇p 所引发的扩散电流密度 J_{diff}（可简称为扩散电流，单位为 A/cm^2），第二项则代表由电场强度 F 驱动的漂移电流密度 J_{drift}（可简称为漂移电流，单位为 A/cm^2）。扩散电流 J_{diff} 反映了载流子从高浓度区域向低浓度区域自发扩散的趋势，这会使半导体实现更小的统计分布势能。漂移电流 J_{drift} 描述了在外加电场作用下，载流子沿电场方向定向移动的现象，这会使半导体实现更小的电势 ϕ。

由第2章的半导体电导率公式式（2-49），漂移电流可以进一步写为

$$J_{drift}(r) = q(\mu_n n + \mu_p p)F = \sigma F \tag{3-143}$$

由式（3-143）可知，电导率 σ 是单位电场强度 F 产生的电流 J，衡量半导体的导电能力，式（3-143）与式（2-49）相符。

漂移电流 J_{drift} 由电场强度 F 引起。由于导带电子和价带空穴携带的电荷极性相反，在一定方向的电场强度 F 作用下，漂移的导带电子和漂移的价带空穴做相反方向运动。但是，由于具有相反电性，两种漂移载流子产生的漂移电流 J_{drift} 方向相同，相互增强，如图 3-10 所示。

扩散电流为

$$J_{diff}(r) = q(D_n \nabla n - D_p \nabla p) \tag{3-144}$$

扩散电流 J_{diff} 由电子浓度梯度 ∇n 和空穴浓度梯度 ∇n 引起。但是，扩散的导带电子和扩散的价带空穴运动方向相同，由于具有相反电性，两种扩散载流子产生的扩散电流 J_{diff} 方向相反、相互抵消，如图 3-11 所示。粗实线、细实线和虚线分别表示了载流子浓度从左表面产生后的扩散趋势。在光照条件下，导带电子浓度梯度 ∇n 和空穴浓度梯度 ∇p 相近，两种载流子的扩散电流 J_{diff} 相互抵消。为了获得较大的扩散电流 J_{diff}，需要使导带电子浓度梯度 ∇n 和空穴浓度梯度 ∇p 存在较大差异。这一要求可以通过构建 pn 结实现，即通过组合不同掺杂浓度的半导体材料，人为地创造出不平衡的载流子浓度梯度，从而增强扩散电流的产生。

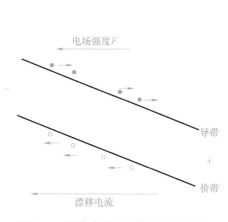

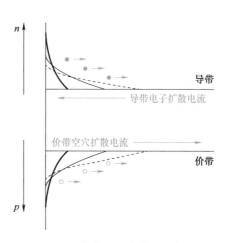

图 3-10 导带电子和价带空穴产生的
漂移电流 J_{drift}

图 3-11 导带电子和价带空穴产生的
扩散电流 J_{diff}

半导体中的漂移-扩散电流方程，可以表述为电子电流 J_n［式（3-139）］和空穴电流 J_p［式（3-140）］，也可以表述为漂移电流 J_{drift}［式（3-143）］和扩散电流 J_{diff}［式（3-144）］。在半导体物理中，这些公式非常重要。但是，漂移-扩散电流方程要成立，需要基于一些假设，汇总如下。

1）准热平衡与准费米能级。准热平衡状态下，导带电子和价带空穴分别形成准费米能级 E_F^n、E_F^p，并具有一定的有效温度 T_n、T_p。这是半导体物理的基本规律。如果能带太窄，带隙 E_g 太窄，或带隙内有太多的杂质能级，那么这样的材料不满足本假设，而事实上，这样的材料已经不能算作半导体材料了。

2）有效温度与晶体温度的一致性。电子和空穴的有效温度 T_n、T_p 和晶体的温度 T 相同。如果在较强的电场强度 F 下电子和空穴的动能很大，那么热载流子的有效温度 T_n、T_p 将和晶体的温度 T 不同，而和空间位置 r 相关，玻尔兹曼输运方程和漂移电流 J_{drift}、扩散电流 J_{diff} 将包含有效温度的梯度 ∇T_n、∇T_p。在普通的太阳能电池中，并没有较强电场，此效应不显著；但在量子太阳能电池的一维或二维结构中，热载流子比较明显，需特别考虑。

3）弛豫时间近似的要求。载流子和晶格的相互作用主要表现为与晶格的碰撞，几乎不被俘获或复合，载流子可以较稳定地留在能带中。如果半导体材料的缺陷密度太高，将大量地俘获载流子，不能满足弛豫时间近似的要求；在异质结不同材料的交界面上，也不满足弛豫时间近似的要求。

4）波矢 k 描述的载流子状态。非晶硅（a-Si）这样的材料存在大量缺陷，载流子的迁移率 μ_n、μ_p 不能被准确定义。但是，可以通过实验获得这些材料迁移率 μ_n 和 μ_p 的经验值，也可以得到漂移电流 J_{drift} 和扩散电流 J_{diff} 的近似表达。

5）麦克斯韦-玻尔兹曼分布条件。要求导带底与准费米能级之差及价带顶与准费米能级之差均大于热能量，即 $E_c - E_F^n > k_B T$，$E_F^p - E_v > k_B T$，以确保麦克斯韦-玻尔兹曼分布的适用性。虽然在重掺杂的简并半导体中，能带不符合抛物带近似理论和麦克斯韦-玻尔兹曼分布，但是仍然可以用费米-狄拉克分布描述。

6）材料成分的均匀性。半导体材料成分均匀时，简化漂移电流 J_{drift} 和扩散电流 J_{diff} 只与

电场强度 F 有关。在成分不均匀时，电子亲和势 χ、带隙 E_g 和有效状态密度 N_c、N_v 的梯度不能忽略。

思 考 题

1. 归纳半导体对光的吸收的重要过程。其中哪些具有确定的长波吸收限？并写出对应的波长表达式。哪些吸收具有线状的吸收光谱？哪些光吸收对光电导有贡献？

2. 用光子能量为 1.5eV、强度为 2mW 的光照射一硅基太阳能电池。已知反射系数为 25%，量子产生率 $\beta=1$，并假设全部光生载流子都能达到电极。

(1) 求光生电流。

(2) 当反向饱和电流为 10^{-8} A 时，求 $T=300$K 时的开路电压。

3. 光照射半导体时，如果单位体积、单位时间内产生 f 个电子-空穴对，电子和空穴的寿命分别为 τ_n 和 τ_p，试证明电导率增加量 $\Delta\sigma = e \cdot f(\mu_n\tau_n + \mu_p\tau_p)$。

4. 当 $E-E_F$ 分别为 $1.5k_BT$、$4k_BT$、$10k_BT$ 时，分别用费米分布函数和玻尔兹曼分布函数计算电子占据各该能级的概率。

5. 掺施主浓度 $N_D = 10^{15}$ cm^{-3} 的 n 型硅，由于光的照射，产生了非平衡载流子 $\Delta n = \Delta p = 10^{14}$ cm^{-3}。试计算这种情况下准费米能级的位置，并和原来的费米能级做比较。

6. 光照射复合中心浓度为 N_t、能级为 E_t 的半导体在体内均匀地产生电子-空穴对，产生率为 G。试分别写出导带中电子浓度的增加率 dn/dt 和价带中空穴浓度的增加率 dp/dt；给出达到稳定态的条件，并说明其物理意义。

参 考 文 献

[1] 黄昆，谢希德. 半导体物理学 [M]. 北京：科学出版社，2012.

[2] 张宝林，董鑫，李贤斌. 半导体物理学 [M]. 北京：科学出版社，2020.

[3] 王东，杨冠东，刘富德. 光伏电池原理及应用 [M]. 北京：化学工业出版社，2013.

[4] 刘恩科，朱秉升，罗晋生. 半导体物理学 [M]. 7版. 北京：电子工业出版社，2017.

[5] NELSON J. 太阳能电池物理 [M]. 高扬，译. 上海：上海交通大学出版社，2011.

[6] 陈凤翔，汪礼胜，赵占霞. 太阳电池：从理论基础到技术应用 [M]. 武汉：武汉理工大学出版社，2017.

第 4 章

半导体接触

■ **本章学习要点**

1. 掌握载流子分离机理。

2. 掌握真空电子能级、电子功函数和电子亲和势的相关概念。

3. 熟悉金属-半导体接触对半导体表面层的影响，熟悉表面空间电荷区的各个物理量的分布，掌握不同条件金属-半导体接触的能带图和接触电势差。

4. 掌握欧姆接触的特点以及形成欧姆接触结的方法。

5. 掌握 pn 结的形成过程，熟悉平衡 pn 结及其能带图，了解空间电荷区（势垒区）的各个物理量的分布，熟悉 pn 结接触电势差、载流子浓度与接触电势差的关系与载流子分布。

6. 掌握正、反向偏压下载流子扩散与漂移运动分析，了解正、反向偏压下 pn 结势垒区的变化，熟悉正、反向偏压下非平衡 pn 结能带图和 pn 结的整流特性。

7. 熟悉异质结及异质结能带图的特点，了解导带带阶和价带带阶。

太阳能电池是一种利用光生伏特效应将光能转换成电能的光伏器件。太阳能电池能量转换效率高，依赖于半导体材料在光照下高效地产生载流子，并借助能量梯度或电场力作为驱动力，使这些载流子迅速而彻底地分离，随后在材料中顺畅地输运至外部电路，完成电能的转换与输出。这一驱动力不仅是载流子分离的必要条件，也是提升光伏转换效率的关键因素之一。入射光引起的准费米能级梯度 ∇E_F^n、∇E_F^p 可以成为电子和空穴分离的驱动力，形成扩散电流 J_{diff} 和漂移电流 J_{drift}。从一个更加形象的角度讲，在太阳能电池的半导体结中，更像是一个精密的"交通枢纽"，其中正电极与负电极如同两条通往外部电路的高速公路，但它们各自对载流子（电子与空穴）的"通行费"（即电阻）是不同的。正电极对空穴"放行"得更为顺畅，几乎不设障碍，因此空穴更倾向于通过这条路径前往外部电路；而负电极则对电子大开绿灯，电子能够轻松穿越，将电子流导向外部世界。这样的设计，就像是为载流子量身定制的"导向车道"，为它们进入外电路提供了强大的驱动力，如图 4-1 所示。不存在电场强度 F 的本征半导体不具备这样的驱动力。为了实现载流子的分离，需要将不同性质的固体材料进行组合，形成

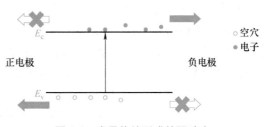

图 4-1　半导体结形成的驱动力

具有非对称结构的半导体结。

可以分离载流子的半导体结往往需要组合不同类型的半导体、导体，甚至绝缘体，使材料具有成分梯度（compositional gradient）。在大多无机太阳能电池种，pn 结是器件的核心，其是利用 p 型与 n 型半导体的接触，形成内建电场 F，在内建电场作用下，被入射光激发的电子与空穴通过接触电极顺利流向外部电路，形成电流。对于有机太阳能电池，其机理稍有不同，入射光被施主材料吸收后产生激子，由于受主材料中电子的吉布斯自由能 G 比施主材料低，电子进入受主材料。有机太阳能电池中，激子通过施主材料和受主材料实现界面分离。

4.1　载流子分离机理

在太阳能电池的工作机制中，入射光与太阳能电池材料相互作用，激发产生载流子（电子和空穴）。这些载流子随后在内部电场或材料特性的作用下被分离，并朝向电池的两端——即正极（通常是 p 型区域）和负极（通常是 n 型区域）输运。当太阳能电池的外电路处于短路状态时，意味着电子可以直接从负极通过外部导线流回正极，而不经过任何负载。此时，电池产生的电流达到了其最大值，这个电流被称为短路电流 J_{sc}，即光生电流 J_{ph}。当太阳能电池的外电路处于开路状态时，即电路中没有电流流动，电子无法从负极流向正极。但此时，由于内部电场的作用，电子和空穴在电池两端积累了电荷，从而形成了电势差，这个电势差就是开路电压 V_{oc}，即光生电压 V_{ph}。我们将讨论光生电流 J_{ph}，这也相当于讨论光生电压 V_{ph}。

半导体中的准费米能级的梯度 ∇E_F^n、∇E_F^p 会产生电流 J：

$$J = J_n + J_p = \mu_n n \nabla E_F^n + \mu_p n \nabla E_F^p \tag{4-1}$$

在热平衡状态，准费米能级等于费米能级，为常数：

$$E_F^n = E_F^p = E_F \tag{4-2}$$

此时能级不存在梯度，即 $\nabla E_F^n = 0$，$\nabla E_F^p = 0$，所以有

$$J_n = J_p = J = 0 \tag{4-3}$$

为了产生光生电流 J_{ph}，需要准费米能级的梯度存在：

$$\nabla E_F^n \neq 0, \nabla E_F^p \neq 0 \tag{4-4}$$

这时的电子电流 J_n 和空穴电流 J_p，可以用上一章的扩散电流 J_{diff} 和漂移电流 J_{drift} 的形式来表述，如下：

$$J_n = qD_n \nabla n + \mu_n n (qF - \nabla \chi - k_B T \nabla \ln N_c) \tag{4-5}$$

$$J_p = -qD_p \nabla p + \mu_p p (qF - \nabla \chi - \nabla E_g + k_B T \nabla \ln N_v) \tag{4-6}$$

由式（4-5）和式（4-6），要想形成载流子电流 J_n 和 J_p，需要有几种对载流子的驱动力，这驱动力根据式（4-5）和式（4-6）可以有这几种方式：如果载流子分布不均匀，也就是 $\nabla n \neq 0$、$\nabla p \neq 0$，则会引起扩散电流 J_{diff}；如果成分梯度存在，即 $F \neq 0$、$\nabla \chi \neq 0$、$\nabla E_g \neq 0$、$\nabla \ln N_c \neq 0$ 或 $\nabla \ln N_v \neq 0$，会引起漂移电流 J_{drift}。

载流子浓度梯度（∇n 和 ∇p）在半导体中是由载流子的产生、复合以及它们在空间上的分离过程共同决定的。在理想情况下，如果载流子的产生是均匀的，并且主要发生在能带间的跃迁（如光激发），那么电子和空穴的浓度梯度在初始时刻可能会相等，即 $\nabla n = \nabla p$。

当电子和空穴的扩散系数不相等（$D_n \neq D_p$）时，即使它们的浓度梯度相同，也会因为扩散速度的差异而产生扩散电流。扩散电流可以表示为 $J_{diff} = q(D_n - D_p)\Delta n$。如果浓度梯度相同且扩散系数也相同（$D_n = D_p$），则不会有因浓度梯度差异引起的扩散电流，即 $J_{diff} = 0$。当扩散系数不相等时（$D_n \neq D_p$），所产生的扩散电流以及与之相关的电压现象被称为丹倍效应（Dember effect）。丹倍效应是由于不同载流子类型（电子和空穴）在半导体中扩散速度的差异，导致在光照或电注入后，在材料表面附近形成瞬态的空间电荷层，进而产生电势差或电压。

对于无机太阳能电池而言，由于材料性质相对稳定，载流子扩散系数差异可能不大，因此丹倍效应的影响相对较小。但在有机太阳能电池中，由于有机材料分子结构的复杂性和多样性，载流子在不同材料或分子间的传输特性差异较大，扩散系数的不等性更为显著，因此丹倍效应对有机太阳能电池的性能和效率可能产生重要影响。它可能影响到光生载流子的收集、复合速率以及开路电压等关键参数，从而在太阳能电池的设计和优化中需要考虑这一效应。

不同类型的半导体材料，它们各自在电子和空穴的输运能力上展现出显著的差异。有些材料对电子具有较低的电阻率，意味着电子在这种材料中能够轻松移动，而对空穴则呈现较高的电阻率，空穴的输运受到显著阻碍。因此，在光吸收区域产生的电子能够被高效地导向接触电极，这一过程中形成了电子浓度的梯度（∇n），进而驱动了显著的电子扩散电流（$qD_n\nabla n$）。由于空穴在此材料中的输运被抑制，其对应的扩散电流（$qD_p\nabla p$）微乎其微，几乎不与电子扩散电流相抵消。另一种半导体材料则特别擅长于空穴的输运，对空穴的电阻率较低，而电子的输运则相对困难。在这种材料中，光激发产生的空穴能够顺畅地移动，形成空穴浓度的梯度（∇p），从而产生较强的空穴扩散电流（$qD_p\nabla p$）。这种机制有效地补充了第一部分材料中缺失的空穴扩散电流，从而在整体上增强了整个系统的扩散电流 J_{diff}。

在半导体结中，扩散电流 J_{diff} 可以忽略不计，而比较重要的是成分梯度引起的漂移电流 J_{drift} 和内建电场（built-in electric field）。内建电场驱动载流子浓度 n 和 p 做相反方向运动，有效地实现载流子的分离，形成漂移电流 J_{drift}。

成分梯度形成的内建电场可以有几种情况，如图 4-2 所示。在各种情况下，成分梯度都引起了导带结构的变化，驱动电子从右向左运动。漂移电流 J_{drift} 的大小同时依赖于驱动力对价带空穴的影响。

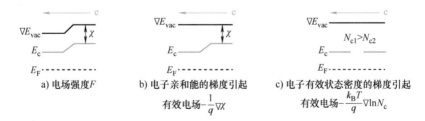

图 4-2 成分梯度形成内建电场，驱动电子从右向左运动

1）功函数（work function，Φ，eV）是真空能级和费米能级的差，即

$$\Phi = E_{vac} - E_F \tag{4-7}$$

而真空能级的梯度形成电场强度，有

$$F = \frac{1}{q} \nabla E_{vac} \tag{4-8}$$

如果费米能级 E_F 在半导体中是均匀的，是一个常数，由式（4-8）和式（4-7），功函数的梯度可以引起真空能级梯度和电场强度 F，驱动电子从右向左运动，如图 4-2a 所示。

$$F = \frac{1}{q} \nabla E_{vac} = \frac{1}{q} \nabla \Phi \tag{4-9}$$

2）成分梯度引起电子亲和势的梯度 $\nabla\chi$ 和有效电场 $-\frac{1}{a}\nabla\chi$，出现导带底的梯度 ∇E_c，驱动电子从右向左运动，如图 4-2b 所示。

$$\nabla E_c = qF - \nabla\chi \tag{4-10}$$

3）成分梯度引起电子有效状态密度的梯度 $\nabla \ln N_c$ 和有效电场 $-\frac{k_B T}{q}\nabla \ln N_c$，驱动电子从右向左运动。载流子通过热力学驱动力，向电子有效状态密度 N_c 增加的方向运动，形成了吉布斯自由能的梯度 ∇G，而没有形成电势 Φ 的梯度，因此这种热力学的梯度不能在能带结构中表述，如图 4-2c 所示。

4）在半导体结中，成分梯度往往会同时形成电场强度 F 和有效电场，如图 4-3 所示。如果忽略有效状态密度梯度 $\nabla \ln N_c$、$\nabla \ln N_v$ 的作用，由式（4-10），导带电子受到的电场作用为

$$\frac{1}{q} \nabla E_c = \frac{1}{q} (\nabla E_{vac} - \nabla\chi) \tag{4-11}$$

价带空穴受到的电场作用为

$$\frac{1}{q} \nabla E_v = \frac{1}{q} (\nabla E_{vac} - \nabla\chi - \nabla E_g) \tag{4-12}$$

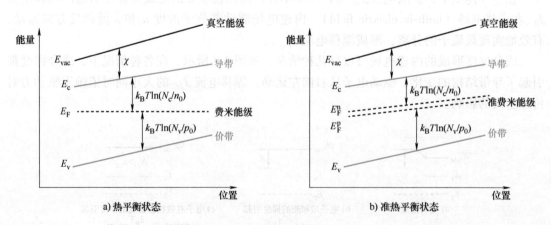

图 4-3　内建电场实现载流子分布

在图 4-3a 中，载流子浓度具有热平衡状态的空间分布 n_0、p_0；费米能级 E_F 在空间中是常数，在能带结构中是一条水平的直线。在图 4-3b 中，光照下的准热平衡状态产生空间均匀分布的光生载流子浓度 $n-n_0$、$p-p_0$；准费米能级 E_F^n、E_F^p 分裂，并且由于导带和价带具有正梯度 ∇E_c、∇E_v，准费米能级 E_F^n、E_F^p 也有正梯度。电场强度 F 和有效电场驱动电子从右

向左运动，驱动空穴从左向右运动，实现载流子的分离。

总而言之，半导体结实现载流子分离的条件见表 4-1。

表 4-1 载流子分离条件

成分梯度的类型	内建电场的类型
真空能级或功函数的梯度 $\nabla E_{\text{vac}} = \nabla \Phi$	电场强度 $F = \dfrac{1}{q} \nabla E_{\text{vac}} = \dfrac{1}{q} \nabla \Phi$
电子亲和势的梯度为 $\nabla \chi$	有效电场 $-\dfrac{1}{q} \nabla \chi$
带隙的梯度 ∇E_{g}	有效电场 $-\dfrac{1}{q} \nabla E_{\text{g}}$
有效状态密度的梯度 $\nabla \ln N_{\text{c}}$、 $\nabla \ln N_{\text{v}}$	有效电场 $-\dfrac{k_{\text{B}} T}{q} \nabla \ln N_{\text{c}}$、 $\dfrac{k_{\text{B}} T}{q} \nabla \ln N_{\text{v}}$

对于无机太阳能电池，主要的载流子分离机理是表 4-1 的前三项，真空能级或功函数的梯度 $\nabla E_{\text{vac}} = \nabla \Phi$、电子亲和势的梯度 $\nabla \chi$ 和带隙的梯度 ∇E_{g}。合金（alloy）或异质结可以形成明显的成分梯度，实现这些载流子的分离机理。对于有机太阳能电池，最重要的载流子分离机理是表 4-1 的第 4 项，即有效状态密度的梯度 $\nabla \ln N_{\text{c}}$、 $\nabla \ln N_{\text{v}}$。

真空能级或功函数的梯度 $\nabla E_{\text{vac}} = \nabla \Phi$ 可以通过合金实现。当对本征半导体实施具有空间差异化分布的掺杂策略，形成合金结构时，能够显著地生成强大的内建电场（F），其强度与 ∇E_{vac} 或 $\nabla \Phi$ 成正比 $\left(F = \dfrac{1}{q} \nabla E_{\text{vac}} = \dfrac{1}{q} \nabla \Phi \right)$。对于无机太阳能电池中的晶体半导体，真空能级或功函数的梯度被视为构建内建电场的最关键机制，其重要性超越了电子亲和势和带隙的梯度。异质结界面上的缺陷往往成为复合中心，导致光生载流子在未被收集前就发生复合，造成能量损失（即复合损失）。而通过合金化方式形成的半导体结，由于减少了异质界面，从而有效地避免了这一问题，成为太阳能电池中常用的载流子分离策略。

4.2 功 函 数

在固体物理学中，功函数是把一个电子从固体内部刚刚移到固体表面所需的最少能量，是使电子脱离固体束缚的最小势能，功函数就是光电效应的逸出功。

$$\Phi = E_{\text{vac}} - E_{\text{F}} \tag{4-13}$$

在金属领域，功函数与电子亲和势 χ 是等价的。而在半导体领域，由于半导体的带隙内费米能级 E_{F} 的位置会随掺杂类型及浓度的变化而移动，这一特性使得人们能够通过控制掺杂来影响半导体的功函数。具体而言，n 型半导体的费米能级相对于本征状态上移，进而降低了电子从半导体内部逸出到表面所需的能量，所以 n 型半导体的功函数（Φ_{n}，eV）相对较小。相反，p 型半导体费米能级相对下移，增加了电子逸出的难度，因此 p 型半导体的功函数（Φ_{p}，eV）相对较大。

热平衡状态的费米能级 E_{F} 是常数，由式（4-14），半导体结的两边区域功函数 Φ 不同，会形成真空能级的梯度 ∇E_{vac} 和电场强度 F。

$$F = \frac{1}{q} \nabla E_{\text{vac}} = \frac{1}{q} \nabla \Phi \qquad (4\text{-}14)$$

半导体结的结构可以多样，一种形式由同一半导体材料但经过不同掺杂处理形成的同质结（homojunction），这种结内的两侧材料本质上相同，但掺杂差异导致了电学性质的差异。另一种形式是半导体与金属之间的结合，或者由功函数 Φ 不同的两种半导体材料直接结合而成的异质结。

对同质结或异质结，电场强度 F 都可以从功函数 Φ 得到。由式（4-14），在一维空间的 x 方向上，半导体结的电势能差（electric potential energy difference）为

$$q \int_{x-}^{x+} F \mathrm{d}x = \Phi_{(x+)} - \Phi_{(x-)} = \nabla \Phi \qquad (4\text{-}15)$$

式中，$x-$ 和 $x+$ 分别为远离半导体结的位置，$x-$ 和 $x+$ 处的电场强度 $F(x-) = F(x+) = 0$。由电磁学知识可知，电场强度 F 是电势 Φ 的负梯度。

$$F = -\nabla \Phi \qquad (4\text{-}16)$$

则一维空间 x 方向上的泊松公式为

$$\frac{\mathrm{d}}{\mathrm{d}x}(\varepsilon_s F) = q\rho(x) \qquad (4\text{-}17)$$

式中，ε_s 为局域的半导体介电常数；ρ 为局域的电荷密度（charge density，C/cm^3），包括半导体结的区域内所有的电荷，即固定电荷、陷阱电荷、自由的导带电子和价带空穴。

通过设计调控功函数梯度 $\nabla\Phi$，可以使半导体结区域内的电荷密度 ρ 重新分布。这种重新分布是基于费米能级 E_F 与导带底 E_c 和价带顶 E_v 之间的能级差对自由载流子浓度 n 和 p 的直接影响。换句话说，功函数的变化会影响半导体内部的能级结构，进而改变载流子的分布状况。

4.3 金属-半导体接触

4.3.1 金属-半导体接触势垒

当 n 型半导体与一种功函数 Φ_m 大于其自身功函数 Φ_n 的金属相接触时，会发生电子的转移现象。具体来说，由于金属具有更高的功函数，它相对于 n 型半导体而言对电子的吸引力更强。因此，部分电子会从 n 型半导体的导带中流向金属，导致在半导体界面附近形成一层带有少量正电荷的区域，这是因为失去了电子的半导体部分显正电。相应地，在金属界面一侧则积累了这些转移过来的电子，形成带有少量负电荷的层。这种电荷的重新分布会在半导体与金属的交界面上产生一个内建电场，该电场的方向由半导体指向金属，它起到了阻碍半导体内部电子进一步向金属流动的作用。这个过程会一直持续到半导体的费米能级与金属的费米能级达到统一，此时系统达到热平衡状态，电子的净流动停止。所以当 n 型半导体与功函数更大的金属接触时，它们之间会形成一个特定的势垒，即肖特基势垒。其势垒差为

$$\Delta\Phi = \Phi_m - \Phi_n \qquad (4\text{-}18)$$

由于金属在储存电荷方面的能力远不及半导体，因此在金属与 n 型半导体形成的肖特基

接触界面中，几乎所有的电势能差异都集中体现在 n 型半导体的一侧，这导致了一个显著的空间电荷区主要形成在 n 型半导体界面附近。相反，金属一侧的空间电荷区则相对非常微小，几乎可以忽略不计。在远离肖特基接触界面的区域，半导体逐渐恢复到其正常的电学性质，这一区域被称为电中性区。在电中性区内，n 型半导体的载流子浓度（即电子浓度 n_0 和空穴浓度 p_0）仍然保持着热平衡状态下的分布。图 4-4 所示为金属与 n 型半导体接触形成肖特基势垒前后能带示意图。

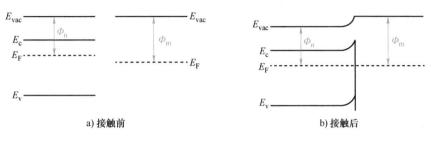

图 4-4 金属与 n 型半导体接触形成肖特基势垒前后能带示意图

当 p 型半导体与功函数小于其自身功函数 Φ_p 的金属相接触时，由于金属对电子的束缚能力较弱，部分电子会从金属流向 p 型半导体。这种电子的流动导致在 p 型半导体界面附近积累一层带有少量负电荷的区域，因为接收了额外电子的半导体部分显负电。相应地，在金属一侧的界面则因为失去了电子而带有少量正电荷。这种电荷的重新分布会产生一个由金属指向半导体的内建电场。这个电场的方向与电子从金属流向半导体的方向相反，因此它阻碍了半导体内部空穴（即缺少电子的位置）进一步向金属方向移动。这个过程会持续进行，直到 p 型半导体的费米能级与金属的费米能级达到平衡，此时系统达到热平衡状态，电子的净流动停止。

因此，p 型半导体与具有更小功函数 $\Phi_m<\Phi_p$ 的金属接触时，会形成肖特基势垒。当 p 型半导体与具有更小功函数 $\Phi_m<\Phi_p$ 的金属接触形成肖特基接触时，肖特基势垒为

$$\Delta\Phi = \Phi_p - \Phi_m \tag{4-19}$$

由于金属储存电荷的能力也比半导体差得多，几乎所有的电势能差都被分配在界面的 p 型半导体一侧，即空间电荷区主要分配在了 p 型半导体一侧，而金属一侧的空间电荷区很小。在远离肖特基接触界面的区域，同样可由耗尽近似得到电中性区。在电中性区，p 型半导体的载流子浓度 n_0、p_0 仍然处在热平衡状态。图 4-5 绘出了金属与 p 型半导体接触形成肖特基势垒前后的示意图。

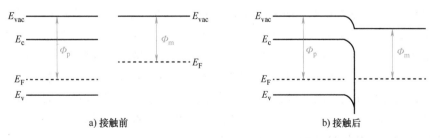

图 4-5 金属与 p 型半导体接触形成肖特基势垒前后的示意图

4.3.2　金属-半导体接触的电流输运理论

在黑暗中，通过外加电压的变化，可以得到肖特基接触的伏安特性——类似于 pn 结，具有整流作用。对肖特基接触施加正向偏压 $V>0$（将电源的正极和金属连接，将电源的负极和 n 型半导体连接）。同样，由于电中性载流子浓度很高，而空间电荷区载流子浓度很小，所以外加电压主要施加在空间电荷区。正向偏压所形成的电场与内建电场方向相反，此时 $J_{diff}>J_{drift}$。由于是多子的扩散，所以形成较大的正向电流 $J_F>0$，并且随着外加电压的增大，正向电流呈指数形式变化。

反之，如果给肖特基接触施加反向偏压 $V<0$，反向偏压所形成的电场与内建电场方向相同，此时 $J_{drift}>J_{diff}$。由于是少子的漂移，所以形成较小的反向电流 J_R。综上，肖特基接触同 pn 结二极管一样具有整流特性。

在光照下，n 型半导体与金属接触所形成的肖特基结会产生光生载流子，内建电场 F 将驱动电子流向 n 型一侧，驱动空穴流向金属一侧，实现载流子的分离。因此，n 型半导体与金属形成的肖特基接触同太阳能电池 pn 结一样，具有光伏效应。肖特基接触中，电子从金属到 n 型半导体运动具有更低的电阻，而空穴从 n 型半导体到金属具有更低的电阻。利用 pn 结的整流特性的分析理论，同样可分析肖特基势垒的整流特性。

同样，在光照条件下，p 型半导体与金属接触所形成的肖特基结也会产生光生载流子，内建电场 F 将驱动空穴流向 p 型一侧，驱动电子流向金属一侧，实现载流子的分离。因此，p 型半导体与肖特基接触同太阳能电池 pn 结一样，具有光伏效应。肖特基接触中，空穴从金属到 p 型半导体运动具有更低的电阻，而电子从 p 型半导体到金属具有更低的电阻。利用 pn 结的整流特性的分析理论，同样可分析肖特基势垒的整流特性。

4.3.3　肖特基接触与欧姆接触

1. 肖特基接触

假设 Φ_m 是金属功函数（work function of metal，eV），Φ_n 是 n 型半导体功函数，并且 $\Phi_m>\Phi_n$。当两种固体材料相互独立，费米能级 E_F 也相互独立，如图 4-6a 所示。当金属和 n 型半导体发生电学接触（electric contact），两种固体材料的费米能级 E_F 相等，在能带结构的同一水平直线上，形成的金属-半导体接触，称为肖特基接触（Schottky contact），如图 4-6b 所示。肖特基接触中，金属和 n 型半导体之间形成的真空能级差（difference in vacuum energy levels）为

$$\Delta E_{vac}=\Phi_m-\Phi_n \tag{4-20}$$

1933 年，德国物理学家沃尔特·肖特基（Walter Schottky）提出了金属-半导体接触的整流作用（rectifying），并精确地计算出这种势垒的形状与宽度。肖特基接触的形成过程中，载流子在金属和 n 型半导体的界面上进行了交换。由于 n 型半导体的导带底 E_c 高于金属的费米能级 E_F，一部分电子从 n 型半导体向金属流动，在界面的 n 型半导体一侧，形成一层固定正电荷；而在界面的金属一侧，形成一层负电荷。直到界面累积的电荷形成足够大的电荷梯度（charge gradient）和势垒，电子才停止从 n 型半导体向金属流动，实现热平衡状态。这样的势垒称为肖特基势垒（Schottky barrier）。

n 型半导体体内的导带电子比接近界面的导带电子能量低，肖特基接触区域形成的电场

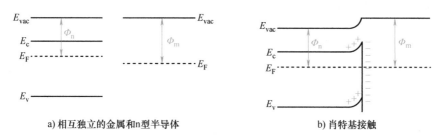

a) 相互独立的金属和n型半导体

b) 肖特基接触

图 4-6　金属和 n 型半导体形成的肖特基接触

强度可以用真空能级的梯度表示为

$$F = \frac{1}{q} \nabla E_{\text{vac}} = \frac{1}{q} \nabla \Phi \tag{4-21}$$

由式（4-15）和式（4-20），电势能差可以用真空能级差表示为

$$q \int F \mathrm{d}x = \Delta E_{\text{vac}} = \Phi_{\text{m}} - \Phi_{\text{n}} \tag{4-22}$$

式（4-22）给出的电势能差 $q \int F \mathrm{d}x$ 会根据金属介电常数（metal permittivity，ε_{m}，F/cm）和 n 型半导体介电常数 ε_{s} 进行分配。金属介电常数 ε_{m} 比 n 型半导体介电常数 ε_{s} 低得多（$\varepsilon_{\text{m}} \ll \varepsilon_{\text{s}}$）。由式（4-17），金属储存电荷的能力也比半导体差得多，几乎所有的电势能差 $q \int F \mathrm{d}x$ 都被分配在界面的 n 型半导体一侧。在远离肖特基接触界面的区域，电势能差 $q \int F \mathrm{d}x$ 和电场强度 F 都会趋于 0。肖特基接触界面两侧存在累积电荷的区域，这个区域耗尽了载流子，并有多种名称：

1）空间电荷区（space charge region，SCR）；

2）空间电荷层（space charge layer）；

3）耗尽区（depletion region）；

4）耗尽层（exhaustion layer）。

空间电荷区中，存在真空能级差 ∇E_{vac}、电势能差 $q \int F \mathrm{d}x$ 和电场强度 F。半导体一侧的空间电荷区较大，约为 $1\mu\text{m}$；而金属一侧的空间电荷区很小。

因为半导体中电子亲和势 χ 和带隙 E_{g} 是不变的，导带底 E_{c} 和价带顶 E_{v} 会随真空能级 E_{vac} 的变化而变化，这种现象被称为能带弯曲（band bending）。半导体的能带弯曲程度可以用 qV_{bi} 描述，V_{bi} 被称为内建电压（built-in voltage 或 built-in bias，V）。

能带弯曲也可以解释肖特基接触累积的电荷分布（charge distribution）。远离肖特基接触界面的区域，n 型半导体的载流子浓度 n_0、p_0 仍然处在热平衡状态，这个区域的材料是电中性的（electrically neutral）。

$$n_0 \approx N_{\text{d}} \tag{4-23}$$

$$p_0 = \frac{n_{\text{i}}^2}{N_{\text{d}}} \tag{4-24}$$

在 n 型半导体接近肖特基接触的空间电荷区，导带电子浓度 n_0 降低，由式（4-25），引起的能带弯曲使导带底 E_{c} 升高。由于施主能级的正电荷浓度仍然是 N_{d}，n 型半导体材料在接近肖特基接触处，带正电荷。

$$n_0 = N_c \exp\left[\, (E_F - E_c)/k_B T \,\right] \qquad (4\text{-}25)$$

$$n_0 < N_d \qquad (4\text{-}26)$$

在 n 型半导体的空间电荷区，价带的空穴浓度加升高，由式（4-27），引起的能带弯曲使价带顶 E_v 升高。

$$p_0 = N_v \exp\left[\, (E_v - E_F)/k_B T \,\right] \qquad (4\text{-}27)$$

$$p_0 > \frac{n_i^2}{N_d} \qquad (4\text{-}28)$$

但是，因为作为少数载流子，空穴浓度 p_0 仍然很小，n 型半导体接近肖特基接触区域的累积正电荷主要来自于带正电荷的施主原子。

由 n 型半导体和具有更大功函数 $\Phi_m > \Phi_n$ 的金属，可以形成肖特基接触，界面具有内建电场 F。在光照下，产生光生载流子，内建电场 F 将驱动电子向左运动，进入 n 型半导体，驱动空穴向右运动，进入金属，实现载流子的分离。肖特基接触中，电子从金属到 n 型半导体运动具有更低的电阻，而空穴从 n 型半导体到金属运动具有更低的电阻。

在黑暗中，通过外加电压（external voltage 或 external bias, V）的变化，可以得到肖特基接触的伏安特性。n 型半导体和具有更大功函数 $\Phi_m > \Phi_n$ 的金属接触，产生真空能级差 ΔE_{vac} 和内建电场 F。电子总有从 n 型半导体向金属扩散的趋势。但是，空间电荷区的内建电场 F 和肖特基势垒会阻止电子的进一步扩散，并形成空穴从 n 型半导体向金属的漂移。

伏安特性曲线图 4-7a 中，三点 A、B、C 各自对应图 4-7b 的能带结构。对肖特基接触施加正向外加电压（forward external voltage 或 forward external bias）$V > 0$，是将电源的正电极与 n 型半导体连接，将电源的负电极与金属连接，如图 4-7 的 A 点所示。正向外加电压 $V > 0$ 使势垒升高，减小了电子的扩散，但是增加了空穴的漂移。由于 n 型半导体中的空穴浓度有限，产生的正向漏电电流（forward leakage current）$J > 0$ 很小。

如果肖特基接触没有外加电压（$V = 0$），热平衡状态的势垒高度，恰好使电子的扩散和空穴的漂移达到平衡，净电流 $J = 0$，如图 4-7 的 B 点所示。

对肖特基接触施加反向外加电压（reverse external voltage 或 reverse external bias），即 $V < 0$，是将电源的正电极和金属连接，将电源的负电极和 n 型半导体连接，如图 4-7 的 C 点所示。反向外加电压（$V < 0$）使势垒降低，大大增加了电子向金属的扩散，并且电子的扩散远大于空穴的漂移，形成较大的反向电流（reverse current），即 $J < 0$。如果反向外加电压 $V < 0$ 增加，肖特基势垒进一步降低，那么反向电流 $J < 0$ 随反向外加电压 $V < 0$ 的变化，呈指数函数形式。

所以，肖特基接触倾向于在反向外加电压 $V < 0$，通过反向电流 $J < 0$，具有整流作用。功函数差（difference in work function）$\Delta\Phi = \Phi_m - \Phi_n$ 越大，真空能级差 ΔE_{vac} 越大，能带弯曲越大，正向漏电电流 $J > 0$ 和反向电流 $J < 0$ 的差别越大。

光照下的肖特基接触中，能量大于带隙 E_g 的光子将在 n 型半导体中产生电子-空穴对，空间电荷区使电子-空穴对分离，被分离的电子累积在 n 型半导体区域，而被分离的空穴与金属中的电子复合，使空穴累积在金属区域。肖特基接触形成的扩散电流 J_{diff} 从 n 型半导体向金属流动，使电荷重新分布，如图 4-8 所示。n 型半导体累积的负电荷和金属累积的正电荷，使内建电场 F 减小。

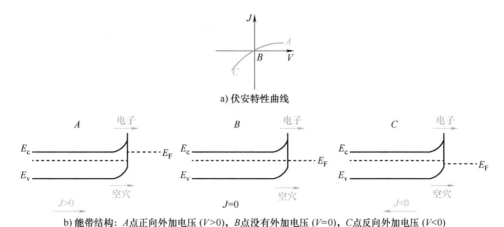

a) 伏安特性曲线

b) 能带结构：A点正向外加电压 ($V>0$)，B点没有外加电压 ($V=0$)，C点反向外加电压 ($V<0$)

图 4-7　黑暗中的肖特基接触

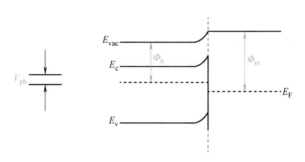

图 4-8　光照下的肖特基接触

入射光使 n 型半导体的费米能级分裂。n 型半导体准费米能级 E_F^n 比热平衡状态的费米能级 E_F 高，也比金属费米能级 E_F 高。n 型半导体准费米能级 E_F^n 和金属费米能级 E_F 的能级差，形成了光生电压 V_{ph}，这是光伏效应的重要特征。

$$V_{ph} = V_{oc} = \frac{1}{q}(E_F^n - E_F) \qquad (4-29)$$

n 型半导体与具有更大功函数 $\Phi_m > \Phi_n$ 的金属可以形成肖特基接触，而 p 型半导体与具有更小功函数（$\Phi_m < \Phi_p$）的金属也可以形成肖特基接触，如图 4-9 所示。不同功函数的能级差形成了真空能级差 $\Delta E_{vac} = \Phi_p - \Phi_m$，能带向下弯曲。p 型半导体的多数载流子是空穴，在 p 型半导体一侧的空间电荷区累积了受主杂质的负电荷，形成了对空穴的肖特基势垒。正向外加电压（$V>0$）可以使多数载流子空穴的扩散远大于电子的漂移，形成正向电流（$J>0$）。反向外加电压（$V<0$）使电子漂移，形成反向漏电电流（$J<0$）。在黑暗中，金属和 p 型半导体形成的肖特基接触也具有整流作用。在光照下，p 型半导体准费米能级和金属费米能级的能级差形成光生电压 $V_{ph} = E_F - E_F^n$，电子和空穴分别向金属和 p 型半导体扩散，形成光生电流 J_{ph}。p 型半导体与具有更小功函数（$\Phi_m < \Phi_p$）的金属形成肖特基接触光照下的伏安特性曲线在第四象限，$V>0$，$J<0$。

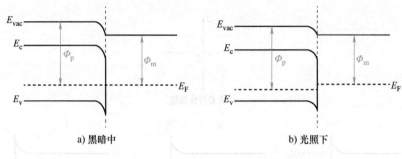

a) 黑暗中   b) 光照下

图 4-9　金属和 p 型半导体形成的肖特基接触

虽然肖特基接触具有整流作用、非对称的伏安特性、光伏效应，可以在光照下实现载流子的分离，但是光生电压 V_{ph} 不高，如果制备太阳能电池，性能不佳，其原因有：

1）如果肖特基势垒大于 $E_g/2$，界面附近区域的少数载流子浓度会大于多数载流子浓度，形成反型层（inversion layer）。在光照下，肖特基接触的反型层会大量地复合来自金属的光生多数载流子，降低光生电流 J_{ph} 和光生电压 V_{ph}。为了避免反型层的影响，肖特基势垒不能太高，这就限制了光生电压 V_{ph}。

2）在高掺杂半导体（highly doped semiconductor）制备的肖特基接触中，形成势垒的空间电荷区会很薄，多数载流子容易发生隧道效应（tunnel effect），或称势垒贯穿（barrier penetration），从半导体进入金属，从而减弱肖特基势垒的作用。

3）金属-半导体接触形成金半界面（metallurgical interface），存在一定的界面态（interface state），形成载流子的复合陷阱，限制光生电压 V_{ph}。

如果用肖特基接触制备太阳能电池，会遇到这些问题，但是半导体-半导体接触可以避免这些肖特基接触的缺陷。

2. 欧姆接触

n 型半导体与具有更小功函数（$\Phi_m < \Phi_n$）的金属，或 p 型半导体与具有更大功函数（$\Phi_m > \Phi_p$）的金属，可以形成欧姆接触（Ohmic contact），如图 4-10 所示。

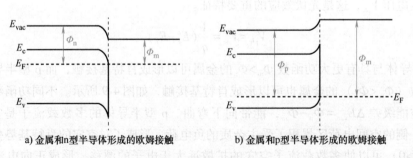

a) 金属和n型半导体形成的欧姆接触   b) 金属和p型半导体形成的欧姆接触

图 4-10　欧姆接触

当金属和半导体形成欧姆接触，半导体的多数载流子累积在半导体一侧，少数载流子通过界面，累积在金属一侧，形成较低的势垒和较小的内建电场 F。在热平衡状态，少数载流子的扩散和多数载流子的漂移达到平衡。

因为势垒较小，在黑暗中，正向外加电压（$V>0$）或反向外加电压（$V<0$）的欧姆接触

都可以形成一定的电流 J，伏安特性是线性的，类似于具有较小电阻的导体，不具有整流作用。因为内建电场 F 较小，在光照下，光生载流子的漂移和扩散的差别较小，光生电压 V_{ph} 和光生电流 J_{ph} 较小，所以欧姆接触几乎没有光伏效应。

为了实现光伏效应，半导体结需要一定的条件。欧姆接触不能满足这些条件，不能实现光伏效应；而肖特基接触和 pn 结等半导体结满足这些条件，可以实现光伏效应。这些实现光伏效应的条件是：

1）不同性质的材料具有不同的功函数 Φ。接触后，多数载流子通过界面形成空间电荷区，在界面形成较大的内建电场 F，可以实现载流子的分离。

2）半导体结的空间电荷区形成对多数载流子的势垒。在光照下，内建电场 F 和势垒使光生载流子发生漂移，多数载流子浓度大大增加。

3）多数载流子浓度的增加使费米能级 E_F 更加接近能带边，半导体结两极的费米能级差 ΔE_F 形成光生电压 V_{ph}。

欧姆接触不具有整流作用，也不能实现光伏效应，但是在太阳能电池中，重掺杂的欧姆接触具有较大的载流子浓度，是连接半导体和金属电极的结构。

4.4　半导体-半导体接触

4.4.1　pn 结与 pin 结

半导体-半导体接触（semiconductor-semiconductor junction）是最典型的半导体结，而 pn 结（p-n junction）是最典型的半导体-半导体接触，也是大多数太阳能电池的主要结构。

我们知道，磁铁具有南极和北极，而人为构造的 pn 结也类似于磁铁，通过 n 型半导体和 p 型半导体的连接，实现特定的电学性能。

pn 结也称为 pn 同质结，是相同材料不同掺杂半导体形成的结。在 pn 结形成前，p 型半导体的功函数大于 n 型半导体，即 $\Phi_p > \Phi_n$，n 型半导体的费米能级高于 p 型半导体，即 $E_F^n > E_F^p$。在 pn 结形成后，电子从 n 型半导体向 p 型半导体扩散，n 型半导体的费米能级 E_F^n 降低，p 型半导体的费米能级 E_F^p 升高，达到费米能级一致的热平衡状态，$E_F^n = E_F^p$，如图 4-11 所示。与肖特基接触一样，pn 结的空间电荷区也会耗尽自由电子和自由空穴，对多数载流子形成势垒，对少数载流子形成低阻抗路径（low resistance path）。空间电荷区上从 n 型半导体指向 p 型半导体的内建电压 V_{bi} 相当于功函数差 $\Delta\Phi = \Phi_p - \Phi_n$，也相当于 n 型半导体费米能级 E_F^n 和 p 型半导体费米能级 E_F^p 的差。

$$V_{bi} = \frac{1}{q}(\Phi_p - \Phi_n) = \frac{1}{q}(E_F^n - E_F^p) \tag{4-30}$$

在光照下，内建电压 V_{bi} 使光生电子向 n 型半导体运动，使光生空穴向 p 型半导体运动，形成光生电流 J_{ph}。但是，当光生电子向 n 型半导体漂移，n 型半导体的费米能级 E_F^n 会升高；当光生空穴向 p 型半导体漂移，p 型半导体的费米能级 E_F^p 会降低，从而形成光生电压。

$$V_{ph} = \Delta\mu = \mu_c - \mu_v = E_F^n - E_F^p \tag{4-31}$$

式中，$\Delta\mu$ 为化学势差；μ_c 和 μ_v 分别为导带化学势和价带化学势。

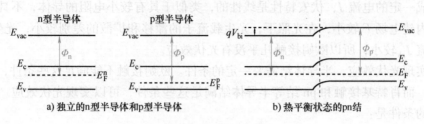

图 4-11   pn 结的形成

类似于正向外加电压（$V>0$），光生电压 V_{ph} 又会带来电子和空穴的进一步扩散，这就形成了和光生电流 $J_{ph}=J_{sc}$ 方向相反的暗电流 J_{dark}。

$$J(V) = J_{sc} - J_{dark}(V) \tag{4-32}$$

相对肖特基接触，pn 结的优势是：

1）避免了金属-半导体接触界面的表面态。

2）可以控制掺杂浓度 N_d、N_a。

3）内建电压 V_{bi} 更大，而不会形成反型层。

同样作为半导体-半导体接触，pin 结（p-i-n junction）与 pn 结很相似，只是在 p 型半导体和 n 型半导体之间多了一层没有掺杂的 i 型层（i layer），或称本征层（intrinsic layer）。pin 结形成的内建电压 V_{bi} 比相同掺杂程度的 pn 结更长，但是电场强度 F 更小，如图 4-12 所示。

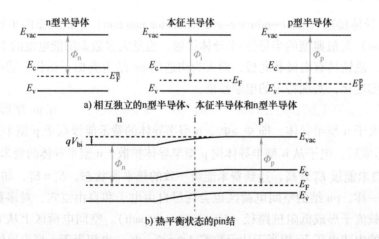

图 4-12   pin 结的形成

如果用 pn 结制备非晶硅薄膜太阳能电池，少子寿命 τ_n、τ_p 和少子扩散长度 L_n、L_p 都很短，光生载流子产生后很快地发生复合，限制了光生电流 J_{ph}。i 型层的少子寿命 τ_n、τ_p 和少子扩散长度 L_n、L_p 比掺杂的 p 型层（p layer）或 n 型层（n layer）更长，所以 pin 结适合于非晶硅薄膜太阳能电池。

但是，pin 结也有局限性：

1）i 型层的导电性比掺杂的 p 型层或 n 型层低，增加了串联电阻 R_s。

2）i 型层的电子浓度 n 和空穴浓度 p 相近，不能区分多数载流子或少数载流子，会增

加复合率 U。

3）i 型层的带电杂质（charged impurity）可以降低电场强度 F。

4.4.2 同质结与异质结

pn 结的两边是用同一种材料做成的，称为同质结。pp^+ 结和 nn^+ 结都是同型同质结。

在晶体硅太阳能电池的制备中，若在常规 n^+p 型电池的背面增加一 p^+，构造一个背面高低结 pp^+，即形成背表面场，它对提高电池的开路电压、n^+p 结的收集效率、降低电池暗电流和背表面复合速度以及制作良好的欧姆接触均有很好的作用。

具有背表面场结构的太阳能电池一般是在 pn 同质结电池的背面用扩散法或合金法制备一层与基区导电类型相同的重掺杂区，然后再在重掺杂区上面制作金属电极。由于重掺杂的 p^+ 区和轻掺杂的 p 区之间载流子的浓度差，就形成了由 p 区指向 p^+ 区的内建电场，这是一个阻止 p 区的电子向 p^+ 区运动的势垒。热平衡时 n^+pp^+ 结构的电池能带图如图 4-13 所示。

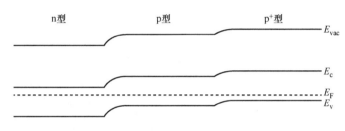

图 4-13 热平衡时 n^+pp^+ 结构的电池能带图

不同半导体材料制备的异质结，也可以形成 pn 结或 pin 结。异质结可以有效地增强载流子的收集。而有一些半导体材料具有特殊的掺杂性质，必须用异质结来实现光伏效应。由于异质结中不同半导体材料的带隙 E_g 不同，导带底 E_c 和价带顶 E_v 会不连续，出现能带不连续性（band edge discontinuity）。如果异质结中 n 型半导体的带隙 E_g 比 p 型半导体的带隙 E_g 窄（宽），不连续的能带形成低阻抗路径，会增强电子（空穴）的输运；但是同时不连续的能带会形成势垒，减弱空穴（电子）的输运，如图 4-14 所示。能带不连续性会增加空间电荷区的载流子复合。

异质结的能带不连续性是普遍的，但也是可以避免的，可以通过改变电子亲和势 χ 和功函数 Φ，减小能带不连续性。

n 型单晶硅上沉积 a-Si 的 i 型层和 p 型层制备的本征薄层异质结（heterojunction with intrinsic thin layer，HIT），作为典型的异质结太阳能电池，由日本三洋电气（Sanyo Electric Co.）实现了产业化。

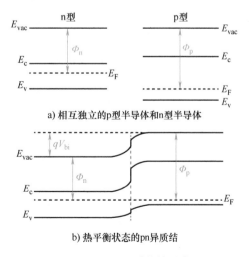

a) 相互独立的p型半导体和n型半导体

b) 热平衡状态的pn异质结

图 4-14 pn 异质结的形成

4.5 表面态和界面态

本章已经讨论了各种半导体结：肖特基接触、欧姆接触、pn 结、pin 结、同质结、异质结，我们一直假设半导体的界面是理想的。但是，真实的固体表面会有缺陷和杂质。半导体中出现不规则的晶体结构形成缺陷，半导体也会在制备过程中吸收各种杂质原子。缺陷或杂质会在带隙内引入外加的能级。如果是在半导体的表面，这样的能级称为表面态（surface state）；如果是在半导体结的界面，这样的能级称为界面态。表面态或界面态都会俘获载流子，由式（4-33），被俘获的载流子可以改变表面上或界面上原来由功函数 Φ 决定的电场强度 F 分布。

$$\frac{\mathrm{d}}{\mathrm{d}x}(\varepsilon_s F) = q\rho(x) \tag{4-33}$$

4.5.1 表面态

在能带结构中，表面态和界面态存在于带隙内。如果表面态或界面态靠近价带顶 E_v，会俘获电子，成为受主；如果表面态或界面态靠近导带底 E_c，会俘获空穴，成为施主。表面态或界面态的受主或施主特性，与掺杂半导体的受主能级或施主能级差不多。

还可以用类似于费米能级 E_F 的中性能级（neutrality level，Φ_0，eV），描述表面态或界面态被载流子占据的程度。如果表面是中性的，当温度 $T = 0\mathrm{K}$ 时，中性能级 Φ_0 以下的表面态都被电子占据，中性能级 Φ_0 以上的表面态都空缺。中性能级 Φ_0 和半导体的费米能级 E_F 之间的能级差，会引起电子和空穴的漂移，直到热平衡状态。如果 $\Phi_0 < E_F$，表面态或界面态俘获电子，表现为受主；如果 $\Phi_0 > E_F$，表面态或界面态俘获空穴，表现为施主。

如果 n 型半导体的表面满足 $E_F^n > \Phi_0$，电子从 n 型半导体向表面扩散，直到形成足够大的内建电压 V_{bi} 和空间电荷区。n 型半导体表面的空间电荷区中，作为受主的表面态一侧累积了负电荷，n 型半导体一侧累积了正电荷，形成势垒，在单一方向上具有一定的电阻，如图 4-15 所示。

a) 假设表面态是独立的　　　　　　　　b) 热平衡状态的表面态

图 4-15 n 型半导体的表面态

在表面上累积的负电荷为

$$-Q_s = -q\int_{\Phi_0}^{E_d - qV_{bi}} g_{surf}(E)\,\mathrm{d}E \tag{4-34}$$

$$E_d = E_c - E_n \tag{4-35}$$

式中，Q_s 为表面电荷密度（surface charge density，C/cm^2）；$g_{surf}(E)$ 为表面态状态密度（density of surface states，cm$^{-2} \cdot$ eV^{-1}）；E_d 为 n 型半导体的施主能级；E_n 为 n 型半导体的施主电离能，描述了导带底 E_c 和施主能级 E_d 的能级差；V_{bi} 为内建电压反映了表面态引起的能带弯曲程度，需要和泊松方程、n 型半导体内累积的正电荷 Q_s 方程联立的方程组求得。

同样可以形成势垒、内建电压 V_{bi} 和单一方向上电阻的是 $E_F^p < \Phi_0$ 的 p 型半导体表面。$E_F^n > \Phi_0$ 的 n 型半导体表面态和 $E_F^p < \Phi_0$ 的 p 型半导体表面态类似于肖特基接触。但是，在 $E_F^n < \Phi_0$ 的 n 型半导体的表面上或 $E_F^p > \Phi_0$ 的 p 型半导体表面上，表面态不能形成明显的势垒，电阻不高，类似于欧姆接触。

4.5.2　界面态

与表面态一样，界面态也可以俘获电荷，产生势垒和内建电压 V_{bi}。因为电势能差 $q\int F dx$ 是由功函数差 $\Delta\Phi$ 决定的，界面态确实不能改变半导体结电势能差 $q\int F dx$ 的净值，但是界面态的存在会使电势能差 $q\int F dx$ 在界面的两侧重新分布。

pn 结的界面态对内建电场 F 的影响较为明显。如果 pn 结具有受主界面态，界面态会从 n 型半导体俘获电子，那么空间电荷区在 p 型半导体一侧累积的电子将减少，n 型半导体一侧累积的空穴将增加，势能差 $q\int F dx$ 和内建电场 F 将更多地分布在 n 型半导体中，导带底 E_c 更加接近费米能级 E_F，如图 4-16 所示。

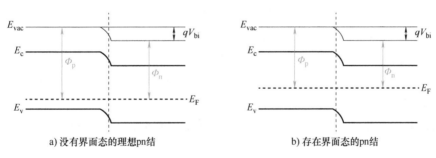

a) 没有界面态的理想pn结　　　　　b) 存在界面态的pn结

图 4-16　界面态对 pn 结的影响

pn 结的受主界面态可能产生两种极端情况：

1）如果界面态状态密度（density of interface states）足够大，会形成费米能级钉扎，费米能级 E_F 固定在界面态的中性能级 Φ_0，n 型半导体和 p 型半导体的功函数差 $\Delta\Phi$ 将不再对费米能级 E_F 产生影响。界面上高浓度的俘获电荷将对 n 型半导体和 p 型半导体产生屏蔽作用（screening）。

2）如果中性能级 Φ_0 相对受主电离能 E_p 足够低，n 型半导体中累积的空穴过多，会形成反型层。在金属-半导体接触中，金属和半导体之间的界面态对内建电场 F 不会有太大的作用，因为金属的自由电荷是无限多的，界面态的电荷会被屏蔽。但是，金属-半导体接触的界面容易形成一层氧化膜，形成金属-绝缘体-半导体接触（metal-insulator-semiconductor junction，MIS junction）。这种类似于平行板电容器（parallel plate capacitor）的金属-绝缘体-半导体接触，是集成电路器件互补金属氧化物半导体（complementary metal oxide semiconductor，CMOS）的基本结构。在金属-绝缘体-半导体接触中，电荷累积在绝缘体的两侧，使其具有界面电势（interface potential，V_{int}，V）。绝缘体的界面电势 V_{int} 重新分配由功函数差 $\Delta\Phi$ 引起的内建电压 V_{bi}。

$$\frac{1}{q}\Delta\Phi = V_{bi} + V_{int} \tag{4-36}$$

$$V_{int} = \frac{Q_{ins}}{\varepsilon_{ins}}d_{ins} \tag{4-37}$$

式中，Q_{ins} 为绝缘体表面电荷密度（surface charge density of insulator，C/cm^2）；ε_{ins} 为绝缘体介电常数（insulator permittivity，F/cm）；d_{ins} 为绝缘体厚度（thickness of insulator layer，cm）。

类似于图 4-16 的情况，金属-绝缘体-半导体接触的 n 型半导体和绝缘体之间存在受主界面态，那么带负电荷的界面态将具有负的界面电势 $V_{int}<0$，n 型半导体中出现更大的内建电压 $V_{bi}>\frac{1}{q}\Delta\Phi$。

如果金属-半导体接触的界面态状态密度过高，会达到巴丁极限（Bardeen limit）。巴丁极限使费米能级 E_F 钉扎在中性能级 $\Delta\Phi$ 上，界面态的电荷在金属和半导体之间产生屏蔽作用，电压 V_{bi} 也将不受金属功函数 Φ_m 的影响。如果金属-半导体接触的界面态状态密度非常低，甚至于接近没有界面态的理想情况，会达到肖特基-莫特极限（Schottky-Mott limit）。由式（4-38），忽略界面 $V_{int}=0$ 时，肖特基-莫特极限的功函数差对应内建电压，$V_{bi}=\frac{1}{q}\Delta\Phi$。

美国物理学家约翰·巴丁（John Bardeen），分别因为晶体管效应和超导理论，在 1965 年和 1972 年两次获得诺贝尔物理学奖。肖特基是建立肖特基接触理论的德国物理学家。而英国物理学家内维尔·莫特（Nevill Mott），因为电子的磁性及无序结构的研究，获得 1977 年的诺贝尔物理学奖。

半导体-电解质接触的界面态与金属-半导体接触很相似，界面电势 V_{int} 会改变功函数差 $\Delta\Phi$ 引起的半导体电压 V_{bi} 和亥姆霍兹层电势 V_H。

$$\frac{1}{q}\Delta\Phi = V_{bi} + V_{int} + V_H \tag{4-38}$$

同样地，如果界面态状态密度过高，半导体-电解质接触也会出现费米能级 E_F 钉扎在中性能级 Φ_0 上，内建电压 V_{bi} 将不受电解质影响。

思 考 题

1. 施主浓度为 $10^{17} cm^{-3}$ 的 n 型硅，室温下的功函数是多少？如果不考虑表面态的影响，试画出它与金接触的能带图，并标出势垒高度和接触电势差（自建电势）的数值。已知硅的电子亲和势 $\chi=4.05eV$，金的功函数为 5.1eV。

2. 在金属和 n 型半导体接触中，半导体的施主浓度 $N_D = 10^{16} cm^{-3}$，相对介电常数 $\varepsilon_r = 10$，电子亲和势

$\chi = 4.0\text{eV}$，导带有效状态密度 $N_c = 10^{19}\text{cm}^{-3}$，金属的功函数为 5.1eV。试在室温下（300K）求出：

（1）零偏压下的势垒高度和自建电势。

（2）反向偏压为 10V 时的势垒宽度和单位面积的势垒电容。

3. 在受主浓度为 $1.5 \times 10^{15}\text{cm}^{-3}$ 的 p 型硅片上，外延生长施主浓度为 $1.5 \times 10^{17}\text{cm}^{-3}$ 的 n 型层，形成突变 pn 结。试在 300K 温度下求出：

（1）在 n 型区和 p 型区的费米能级位置。

（2）pn 结的接触电势差。

4. 一个硅突变 pn 结，n 区的施主浓度 $N_D = 1 \times 10^{15}\text{cm}^{-3}$，p 区的受主浓度 $N_A = 4 \times 10^{17}\text{cm}^{-3}$。硅的相对介电常数 $\varepsilon_r = 12$。试在室温情况下，计算零偏压时的势垒宽度和最大电场强度。

5. 一个用铟和 n 型锗合金制成的 pn 结二极管，其结面积为 1mm^2。试回答下面的问题：

（1）在测量这个二极管的结电容时，得到零偏压时的结电容 $C_0 = 300\text{pF}$，1V 的反向偏压下 $C_1 = 180\text{pF}$。求 pn 结的自建电势。

（2）锗的相对介电常数 $\varepsilon_r = 16$，求零偏压时的势垒宽度。

（3）设电子迁移率 $\mu_n = 3600\text{cm}^2/(\text{V}\cdot\text{s})$，求衬底材料的电阻率。

参 考 文 献

［1］　张宝林，董鑫，李贤斌. 半导体物理学［M］. 北京：科学出版社，2020.

［2］　王东，杨冠东，刘富德. 光伏电池原理及应用［M］. 北京：化学工业出版社，2013.

［3］　NELSON J. 太阳能电池物理［M］. 高扬，译. 上海：上海交通大学出版社，2011.

［4］　陈凤翔，汪礼胜，赵占霞. 太阳电池：从理论基础到技术应用［M］. 武汉：武汉理工大学出版社，2017.

［5］　熊绍珍，朱美芳. 太阳能电池基础与应用［M］. 北京：科学出版社，2009.

第 5 章

太阳能电池基本原理

■ 本章学习要点

1. 了解光生电流和光生电压的产生机制，学习量子效率的定义，掌握肖克莱方程及其在太阳能电池工作原理中的应用。

2. 学习开路电压、短路电流、填充因子的物理含义及光电转化效率的测量方法。

3. 掌握寄生电阻的概念、分类及其对太阳能电池性能的影响。

4. 理解细致平衡原理及太阳能电池理论效率极限的计算。

5. 学习太阳光谱和材料带隙对太阳能电池效率的影响规律。

5.1 太阳能电池工作机理

5.1.1 光生电流和量子效率

当 pn 结吸收入射光，空间电荷区和电中性区都会产生电子-空穴对，内建电场使电子-空穴对分离，少数载流子通过空间电荷区成为多数载流子，载流子的定向移动产生光生电流（photocurrent density，J_{ph}，A/cm^2）。光生电流由入射光强 b_s 和太阳能电池性能共同决定。光生电流 J_{ph} 和短路电流 J_{sc} 相等，可以表示为

$$J_{sc} = J_{ph} = q\int_0^\infty \mathrm{QE}(E) b_s(E, T_s) \mathrm{d}E \tag{5-1}$$

式中，q 为电子电荷（elementary charge），$q = 1.6\times10^{-19}$ C；QE 为量子效率（quantum efficiency，%），是光子能量（photon energy，E，eV）的函数，描述能量为 E 的光子，产生电子跃迁，并进入外部电路的概率；b_s 为太阳光子通量或入射光强，描述单位时间内，单位面积上，能量在 E 到 $E+\mathrm{d}E$ 范围内的太阳辐射光子数，$b_s(E, T_s)$ 与太阳温度 T_s 有关。

量子效率 $\mathrm{QE}(E)$ 可以反映太阳能电池的结构和材料性质。$\mathrm{QE}(E)$ 可以是光子能量 E 的函数，也可以是波长（wavelength，λ，nm）的函数。光子能量 E 和波长 λ 的关系为

$$E = \frac{hc}{\lambda} \tag{5-2}$$

式中，h 为普朗克常数（Plank constant），$h = 4.135\times10^{-15}$ eV·s $= 6.625\times10^{-34}$ J·s；c 为真空光速（speed of light in vacuum），$c = 3.0\times10^{10}$ cm/s $= 3.0\times10^8$ m/s。

将 h、c 的数值代入式（5-2）可以得到光子能量和波长的直接转换关系为

$$E = \frac{1240}{\lambda} \tag{5-3}$$

式中，E 的单位为 eV；λ 的单位为 nm。

量子效率 $\mathrm{QE}(E)$ 不依赖于太阳光谱，取决于三个因素：

1）材料对光子的吸收效率。

2）载流子的分离效率。

3）载流子的输运效率。

由式（5-1），通过太阳光子通量 $b_s(E)$ 和量子效率 $\mathrm{QE}(E)$ 乘积的积分，可以得到短路电流 J_{sc}。为了得到较高的短路电流 J_{sc}，除了要太阳光子通量 $b_s(E)$ 和量子效率 $\mathrm{QE}(E)$ 尽可能大，还要求太阳能电池的量子效率 $\mathrm{QE}(E)$ 尽量和太阳光子通量 $b_s(E)$ 匹配，如图 5-1 所示。

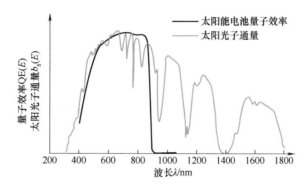

图 5-1　砷化镓太阳能电池的量子效率 $\mathrm{QE}(E)$ 和太阳光子通量 $b_s(E)$ 的比较

5.1.2　光生电压和肖克莱方程

当加上负载连通外电路，太阳能电池的接触电极之间形成电压 V。由于太阳能电池的二极管特性，产生暗电流（dark current density，J_{dark}，$\mathrm{A/cm^2}$），与光生电流 J_{ph} 方向相反。与单向导通的二极管一样，黑暗中的太阳能电池，在电压 V 下具有整流特性，在正向电压（forward voltage 或 forward bias）（$V>0$）下的电流 J 远大于在反向电压（reverse voltage 或 reverse bias）（$V<0$）下的电流 J。非对称结构 pn 结分离载流子，使太阳能电池具有这种整流特性。在正向导通的情况下，二极管的电阻随电压 V 变化，电流 J 和电压 V 呈指数关系。如果二极管或太阳能电池的温度 T 与环境温度 T_a 相同，处于热平衡状态，暗电流 J_{dark} 满足肖克莱方程（Shockley diode equation）：

$$J_{dark}(V) = J_0 \left[\exp\left(\frac{qV}{k_B T_a} \right) - 1 \right] \tag{5-4}$$

式中，J_0 为反向饱和电流（reverse saturation current density，$\mathrm{A/cm^2}$），是二极管在反向电压下，但还没有达到击穿电压时的电流；k_B 为玻尔兹曼常数（Boltzmann constant），$k_B = 8.62 \times 10^{-5}\mathrm{eV/K} = 1.38 \times 10^{-23}\mathrm{J/K}$；$T_a$ 为环境温度，室温下 $T_a = 300\mathrm{K} = 27℃$，因此 $k_B T_a = 0.0259\mathrm{eV}$。

肖克莱方程描述的理想二极管模型（ideal diode model），适合于达到击穿电压（breakdown voltage）之前的情况，如图 5-2a 所示。

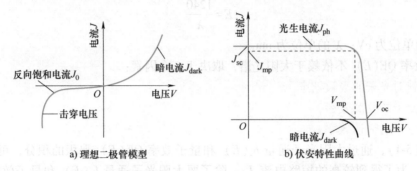

a) 理想二极管模型   b) 伏安特性曲线

图 5-2　肖克莱方程描述的理想二极管模型和伏安特性曲线

太阳能电池伏安特性中的电流 J，是光生电流 $J_{ph} = J_{sc}$ 和方向相反的暗电流 J_{dark} 的叠加，如图 5-2b 所示。

$$J(V) = J_{sc} - J_{dark}(V) \tag{5-5}$$

将式（5-4）代入式（5-5）可得太阳能电池电流为

$$J(V) = J_{sc} - J_0 \left[\exp\left(\frac{qV}{k_B T_a} \right) - 1 \right] \tag{5-6}$$

式（5-5）可以与太阳能电池的等效电路（equivalent circuit）对应。等效电路是把稳定的电流源和单向导通的二极管并联，如图 5-3 所示。与入射光强 b_s 成正比的光生电流 J_{ph}，分配在负载电阻 R 和二极管上。如果负载电阻 R 变大，更多的光生电流 J_{ph} 会分配到二极管，负载上的电流 J 变小，电压 V 变大，这与伏安特性曲线的特性相吻合。

与电子学中的规定不同，在太阳能电池的伏安特性中，习惯把光生电流 J_{ph} 的方向作为电流的正方向。伏安特性曲线中，电压 V

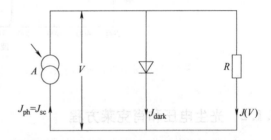

图 5-3　不考虑寄生电阻的太阳能电池等效电路

在 0~V_{oc} 之间时，电压 V 和电流 J 的乘积为正值，表明太阳能电池产生电能；当 $V<0$ 时，电压 V 和电流 J 的乘积为负值，器件消耗功率。二极管单向导通的特性决定反向饱和电流 J_0 很小，光生电流 J_{ph} 与电压 V 无关，但光生电流 J_{ph} 仍然与入射光强 b_s 成正比，可以运用这一特性制成辐照度探测器。当 $V>V_{oc}$ 时，暗电流 J_{dark} 大于光生电流 J_{ph}，电流 J 为负值，电压 V 和电流 J 的乘积也为负值，器件开始发光，消耗功率。

5.2　太阳能电池的主要参数

图 5-2b 给出了光照下 pn 结的电流-电压关系，包含光生电流和暗电流曲线，其中分别标出了开路电压 V_{oc}、短路电流 J_{sc}、最大输出电压 V_{mp} 和最大输出电流 J_{mp}。通常来说，表征太阳能电池的参数有开路电压 V_{oc}、短路电流 J_{sc}、填充因子 FF 和光电转化效率效率 η。

5.2.1 开路电压

当电路断开时，即负载电阻 $R \to \infty$，$J(V) = 0$，此时太阳能电池接触电极之间的电压达到开路电压（open circuit voltage，V_{oc}，V），即光生电压 V_{ph}（photovoltage，V）。这相当于暗电流 J_{dark} 和光生电流 $J_{ph} = J_{sc}$ 相等，是伏安特性曲线在电压轴上的截距。对理想的 pn 结电池，由式（5-6）得到

$$V_{ph} = V_{oc} = \frac{k_B T_a}{q} \ln\left(\frac{J_{sc}}{J_0} + 1\right) \tag{5-7}$$

由式（5-1），短路电流 J_{sc} 与入射光强 b_s 成正比。那么，由式（5-7），开路电压 V_{oc} 与入射光强 b_s 的对数成正比。

为了得到最大的 V_{oc}，J_0 必须尽可能小。计算 V_{oc} 上限的一种方法是为式（5-7）中半导体的每个参数赋予合适的值，而这些值仍必须保持在生产高品质太阳能电池所要求的取值范围内。对于硅而言，所得到的最大 V_{oc} 约为 700mV，相应的最高填充因子为 0.84。

与半导体材料的选择关系最大的参数是本征载流子浓度的二次方 n_i^2。由此可知

$$n_i^2 = N_c N_v \exp\left(-\frac{E_g}{kT}\right) \tag{5-8}$$

可以得到最小饱和电流密度与禁带宽度之间关系的经验公式为

$$J_0 = 1.5 \times 10^5 \exp\left(-\frac{E_g}{kT}\right) \ (\text{A/cm}^2) \tag{5-9}$$

这一关系式保证 V_{oc} 的最大值随禁带宽度的减小而减小。这一趋势与 J_{sc} 的变化趋势相反。

这些最高效率在数值上较低的主要原因是：电池所吸收的每一个光子，无论它的能量多么大，最多只能产生一个电子-空穴对。电子和空穴迅速弛豫回到带隙边缘，同时放出声子。即使光子能量比带宽度大很多，实际上所产生的电子和空穴也只相隔一个禁带宽度。仅这一效应就将可能获得的最高效率大约限制在只有 44%，面向此问题，开发出热载流子太阳能电池（详见 8.3 节）。另一个主要原因是，即使所产生的载流子被相当于禁带宽度的电势差所分离，pn 结电池所能得到的输出电压也仅是这一电势差的一部分。以硅为例，这个部分的最大值是 $0.7/1.1 \approx 63.6\%$。

5.2.2 短路电流

将太阳能电池短路，即负载电阻 $R \to 0$，负载上的电压 $V \to 0$，此时的电流称为短路电流密度（short circuit current density，J_{sc}，A/cm^2），简称短路电流，是伏安特性曲线在电流轴上的截距。计算任何种类材料的太阳能电池短路电流的上限，都是相对容易的。在理想条件下，入射到电池表面能量大于材料禁带宽度的每一个光子，会产生一个流过外电路的电子。因此，为了计算最大值，必须知道阳光的光子通量。这个数值可以根据阳光的能量分布（见第 1 章）计算得到。将已知波长的能量值除以该波长单个光子的能量（$h\nu$ 或 hc/λ）即为光子通量。

J_{sc} 的最大值可以通过求光子能量分布的积分得出，积分从短波长进行到刚能在给定半导体中产生电子-空穴对的最长波长［光子能量（以 eV 为单位）与其波长（以 μm 为单位）

的关系是 $E(\mathrm{eV}) = 1.24/\lambda\ (\mu\mathrm{m})]$。硅的禁带宽度约为 1.1eV，因此，相应的波长 λ 是 1.13μm。当禁带宽度减小时，短路电流密度将会增加。这并不足为奇，因为禁带宽度减小使得具有足以产生电子-空穴对能量的光子变多了。

5.2.3 填充因子

在最佳工作点（operating point, maximum power point），太阳能电池达到最大功率（maximum power density, P_m, W/cm²）或称额定功率（rated power density），对应最佳工作电压（optimum voltage, V_m, V）、最佳工作电流（optimum current density, J_m, A/cm²）和最佳负载电阻（optimum load, R_m, Ω）。应该根据最佳负载电阻 R_m 使用太阳能电池：

$$R_m = \frac{V_m}{A J_m} \tag{5-10}$$

填充因子（fill factor, FF, %）定义为

$$\mathrm{FF} = \frac{P_m}{J_{sc} V_{oc}} = \frac{J_m V_m}{J_{sc} V_{oc}} = \frac{P(V_m)}{J_{sc} V_{oc}} \tag{5-11}$$

图 5-2b 中，小长方形面积表征最大功率 $P_m = J_m V_m$，大长方形面积表征 $J_{sc} V_{oc}$，填充因子 FF 反映了两个长方形面积的接近程度。

5.2.4 光电转化效率

太阳能电池的转换效率（efficiency, η, %），是最大功率 P_m 和太阳辐射到达地面的太阳辐照度（irradiance from sun to earth, P_s）的比值：

$$\eta = \frac{P_m}{P_s} = \frac{J_m V_m}{P_s} = \frac{P(V_m)}{P_s} \tag{5-12}$$

转换效率 η 与短路电流 J_{sc}、开路电压 V_{oc}、填充因子 FF，存在如下关系：

$$\eta = \frac{J_{sc} V_{oc} \mathrm{FF}}{P_s} \tag{5-13}$$

对太阳能电池而言，短路电流 J_{sc}、开路电压 V_{oc}、填充因子 FF 和转换效率 η 是 4 个最重要的参数。就现在的工艺水平，单结晶体硅太阳能电池的开路电压 V_{oc} 约为 0.6V，V_m 约为 0.5V，短路电流 J_{sc} 为 5~8.5A，J_m 为 4~8A，P_m 为 2~4W，转换效率 η 为 15%~17%，FF 为 65%~80%。

根据实验室转换效率记录（laboratory record for efficiency），开路电压 V_{oc} 和短路电流 J_{sc} 具有相关性，开路电压 V_{oc} 大的太阳能电池类型短路电流 J_{sc} 小，开路电压 V_{oc} 小的太阳能电池类型短路电流 J_{sc} 大，见表 5-1。这是因为带隙 E_g 大的半导体材料 pn 结内建电场大，开路电压 V_{oc} 大，而电子从价带向导带跃迁更难，短路电流 J_{sc} 小。

表 5-1　各种太阳能电池的实验室转换效率记录

太阳能电池类型	单晶硅	GaAs	a-Si	CIGS	CdTe
带隙 E_g/V	1.12	1.42	1.75	1.21	1.44
太阳能电池面积 A/cm²	4.0	3.9	1.0	1.0	1.1

（续）

太阳能电池类型	单晶硅	GaAs	a-Si	CIGS	CdTe
开路电压 V_{oc}/V	0.706	1.022	0.887	0.669	0.848
短路电流 J_{sc}/(mA/cm^2)	42.2	28.2	19.4	35.7	25.9
填充因子 FF（%）	82.8	87.1	74.1	77.0	74.5
转换效率 η（%）	24.7	25.1	12.7	18.4	16.4

5.2.5 寄生电阻

在真实的太阳能电池中，部分能量被耗散在接触电阻和太阳能电池边缘的漏电电流（leakage current）上，效果相当于两种寄生电阻（parasitic resistance）：

1）串联电阻（series resistance，R_s，Ω）。

2）分流电阻（shunt resistance，R_{sh}，Ω）或称并联电阻（parallel resistance）。

在图 5-3 所示理想模型基础上，考虑串联电阻 R_s 和分流电阻 R_{sh} 对太阳能电池的影响，得到的等效电路如图 5-4 所示。串联电阻 R_s 来源于引线、前表面和背表面的接触电极、衬底和顶层的电阻以及 pn 结对多数载流子电流的电阻。当电流 J 很高时，串联电阻 R_s 特别明显，高电流常见于聚光太阳能电池中。晶体硅太阳能电池容易出现漏电，如太阳能电池边沿的漏电或制作金属化电极时太阳能电池的微裂纹、划痕等处形成的金属电桥漏电，漏电会使一部分本应通过负载的电流短路，影响整流效果，可以用分流电阻 R_{sh} 来等效这种漏电短路。

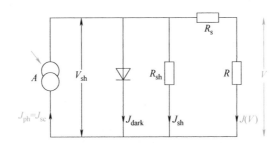

图 5-4 考虑寄生电阻的太阳能电池等效电路

从图 5-4，我们得到一些关系：

$$J_{sh} = \frac{V_{sh}}{AR_{sh}} \tag{5-14}$$

$$J = J_{sc} - J_{dark} - J_{sh} \tag{5-15}$$

$$V_{sh} = V + AJR_s \tag{5-16}$$

式中，J_{sh} 为分流电流（shunt current density，A/cm^2）；V_{sh} 为分流电压（shunt voltage，V）。

把肖克莱方程式（5-4）和式（5-14）代入式（5-15），得

$$J = J_{sc} - J_0 \left[\exp\left(\frac{qV_{sh}}{k_BT_a}\right) - 1 \right] - \frac{V_{sh}}{AR_{sh}} \tag{5-17}$$

把式（5-19）代入式（5-17），得

$$J(V) = J_{sc} - J_0\left\{\exp\left[\frac{q(V+AJ(V)R_s)}{k_B T_a}\right] - 1\right\} - \frac{V+AJ(V)R_s}{AR_{sh}} \tag{5-18}$$

考虑了串联电阻 R_s 和分流电阻 R_{sh} 后，光伏效应在负载上产生的伏安特性，体现在电流 J 和电压 V 的关系上，如式（5-18）所示。这是一个电流 $J(V)$ 和电压 V 的隐函数，不容易表达成显函数形式。

串联电阻 R_s 会降低电压 V，分流电阻 R_{sh} 会降低电流 J，因此它们都降低填充因子 FF 和转换效率 η，如图 5-5 所示。在实验或生产中，要尽量减小串联电阻 R_s，并提高分流电阻 R_{sh}，从而提高转换效率 η。

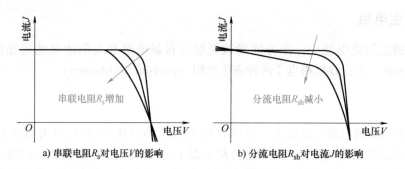

a) 串联电阻 R_s 对电压 V 的影响　　　　　b) 分流电阻 R_{sh} 对电流 J 的影响

图 5-5　寄生电阻 R_s 和 R_{sh} 对伏安特性 $J(V)$ 的影响

5.2.6　理想因子

为了更真实地描述太阳能电池的特性，除了需要考虑串联电阻 R_s 和分流电阻 R_{sh}，还要用理想因子（ideality factor，m）来修正肖克莱方程。非理想二极管模型（non-ideal diode model）与理想的肖克莱方程相比，暗电流 J_{dark} 对电压 V 的依赖较弱。修正后的肖克莱方程为

$$J_{dark}(V) = J_0\left[\exp\left(\frac{qV}{mk_B T_a}\right) - 1\right] \tag{5-19}$$

$$J(V) = J_{sc} - J_0\left[\exp\left(\frac{qV}{mk_B T_a}\right) - 1\right] \tag{5-20}$$

理想因子 m 的数值在 1~2 之间。

伏安特性方程式（5-20）进一步改写为

$$J(V) = J_{sc}\left[1 - \frac{\exp\left(\frac{qV}{mk_B T_a}\right) - 1}{\exp\left(\frac{qV_{oc}}{mk_B T_a}\right) - 1}\right] \tag{5-21}$$

随着理想因子 m 增大，非理想二极管模型的最佳工作电压 V_m、最佳工作电流 J_m、最大功率 P_m、填充因子 FF 和转换效率 η 都减小。

考虑理想因子 m 后，带有寄生电阻的伏安特性式（5-18）修正为

$$J(V) = J_{sc} - J_0\left\{\exp\left[\frac{q(V+J(V)AR_s)}{mk_B T_a}\right] - 1\right\} - \frac{V+J(V)AR_s}{AR_{sh}} \tag{5-22}$$

5.3 肖克利-奎伊瑟（Shockley-Queisser）极限

5.3.1 细致平衡原理

太阳能电池的光电转换过程，涉及由太阳、电池周围环境及电池三部分组成系统中各子系统之间能量的交换。这里电池周围环境通常认为是地球环境。在这一系里，各子系统之间能量的交换是相互的，不仅有太阳的辐射、电池与环境的吸收，也有电池及地球环境的光发射，只是电池及地球环境的温度较低，发射光子的波长较长。最终三部分组成的宏观体系处于平衡态。在此，我们将从一个由太阳、地球环境及电池三个子系统组成的宏观体系所满足的平衡条件出发来讨论太阳能电池光电转换的效率极限。统计理论指出，一个系统宏观平衡的充分必要条件是细致平衡条件，细致平衡是讨论宏观体系的基础。

热平衡态是指无外场（电、光、热、磁）条件下的稳定状态。对电池而言，这里主要是指无太阳光照条件，此时只有太阳能电池子系统（标记为 c）和周围环境（标记为 a）两个子系统之间的相互作用。若把太阳能电池与周围环境看成分别具有温度为 T_c 和 T_a 的黑体，电池与周围环境处于热平衡状态的条件是 $T_c = T_a$。在此条件下，太阳能电池从周围环境子系统的光吸收率将与电池辐射到周围环境的光发射率平衡。

首先讨论环境的光子发射，当环境温度为 T_a，环境辐射几何因子为 F_a 时，周围环境辐射到太阳能电池表面的光子流谱密度为

$$Q_a(E) = \frac{2F_a}{h^3 c^2} \left(\frac{E^2}{e^{\frac{E}{k_B T_a}} - 1} \right) \tag{5-23}$$

能量流谱密度为

$$M_a(E) = \frac{2F_a}{h^3 c^2} \left(\frac{E^3}{e^{\frac{E}{k_B T_a}} - 1} \right) \tag{5-24}$$

为区别太阳的高能量光子的发射，由于环境温度低，称从环境辐射到电池表面的光子为热光子。若一个光子产生一个电子-空穴对，且设电池中光生载流子的分离及输运到电接触端的过程均没有载流子的损失，在此理想情况下，电池从环境吸收的热光子所产生的等效电流密度可表示成

$$J_a(E) = q[1 - R(E)] \alpha(E) Q_a(E) \tag{5-25}$$

式中，$R(E)$ 为电池的反射系数；$\alpha(E)$ 为电池对光子能量为 E 的吸收系数。在具体计算电流时，由于环境对电池的辐照是双面的，吸收面积应是电池面积（A）的两倍。电池从环境吸收热光子产生的等效电流应是 $2Aq[1 - R(E)] \alpha(E) Q_a(E)$。若电池背面材料是折射率为 n_s 的材料，电池相应的等效电流是 $A(1 + ns)^2 q[1 - R(E)] \alpha(E) Q_a(E)$。然而，若光照从电池正面入射，在电池背面有一个理想的反射镜，吸收面积则与电池面积相同。

随后考虑电池对环境的辐射作用。固体中电子从高能态到低能态的跃迁，有两种能量的释放方式：一种是电子、声子相互作用，能量转化为晶格的热运动，称为非辐射跃迁或非辐射复合；另一种是电子与空穴复合发射光子，称为辐射跃迁或辐射复合。鉴于光发射有自发发射和受激发射两种模式，那些不受外来因素影响的辐射复合释放能量的

方式为自发发射（跃迁），自发发射是材料的固有性质，是随机性的。而受激发射是固体在外界光的作用下的光发射，它与激发光的强度有关。电池的受激光发射主要是与其周边环境的自发发射相联系的热光子的发射。电池的这种受激光发射是可忽略的。原因是，虽然电池接受环境的热光子的辐射，但环境所辐射的热光子强度是很弱的。此外，在热平衡下电池内处于激发态的电子数极少，故可不考虑电池的受激光发射，仅考虑电池的自发发射。

当电池与环境处于热平衡状态，满足条件 $T_c = T_a$，温度为 T_c 的电池向环境自发发射的光子流谱密度具有与温度为 T_a 的环境辐射相同的特征，谱密度表示为

$$Q_c(E) = \frac{2F_c}{h^3 c^2}\left(\frac{E^2}{e^{\frac{E}{k_B T_c}} - 1}\right) \tag{5-26}$$

该式与式（5-23）相比，差别是几何因子 F_c。相应地，电池表面光发射到环境的相应的等效电流密度为

$$J_c(E) = q[1 - R(E)]\varepsilon(E)Q_c(E) \tag{5-27}$$

式中，$\varepsilon(E)$ 为能量为 E 的光子的发射概率。应用热平衡条件 $T_c = T_a$，此时电流密度平衡，得到以下的关系：

$$J_a(E) = J_c(E), Q_a(E) = Q_c(E), \alpha(E) = \varepsilon(E)$$

这就是所谓的细致平衡原理，即在热平衡条件下，环境辐射到太阳能电池表面的光子流谱密度，或能量流谱密度与电池向环境发射的光子流谱密度或能量流谱密度是谱相等的，即太阳能电池从周围环境子系统的光吸收率与电池辐射到周围环境的光发射率相等。

太阳光照射到电池，讨论的系统包括太阳光照、太阳能电池和周围环境。引入太阳光照系统（标记为 s），太阳能电池的光吸收来自太阳光照系统的光子辐射及周围环境系统的热光子辐射总和，因此太阳能电池的等效电流密度为从太阳光照系统吸收太阳光子所产生的等效电流密度和从周围环境系统吸收热光子所产生的等效电流密度之和，其等效电流密度可表示成

$$J_{abs}(E) = q[1 - R(E)]\alpha(E)\left[Q_s(E) + \left(1 - \frac{F_s}{F_c}\right)Q_a(E)\right] \tag{5-28}$$

式中，第一项 $q[1 - R(E)]\alpha(E)Q_s(E)$ 代表对太阳光照系统中光子的吸收，第二项 $q[1 - R(E)]\alpha(E) + \left(1 - \frac{F_s}{F_c}\right)Q_a(E)$ 代表对周围环境系统中热光子的吸收，第二项由式（5-25）推导得到，系数 $\left(1 - \frac{F_s}{F_c}\right)$ 额外考虑并扣除了引入太阳光照系统后环境总辐射中太阳辐射的占比。

另外，受光照的电池，有一部分载流子跃迁到高的能态，增加了处于高激发态的电子和空穴密度及它们的电化学势 $\Delta\mu$。在此情况下，光生载流子从高能态跃迁到低能态自发发射一个光子的辐射复合成为重要的过程。

电子从高能态 E_a 跃迁到低能态 E_b 的自发发射率可表示成

$$R_{a \to b}^{sp, cm}(h\nu) = N(h\nu)\iint\limits_{E_a E_b} B_{E_a \to E_b} n(E_a) n'(E_b)\delta(E_a - E_b - h\nu)dE_a dE_b \tag{5-29}$$

式中，$N(h\nu)$ 为光子态谱密度；B 为电子从高能态 E_a 自发发射到低能态 E_b 的发射概率；

$n(E_a)$ 与 $n'(E_b)$ 分别为处于高能态的电子浓度及处于低能态的空穴浓度。式（5-29）表明电池的自发发射随光照的增加而增加。此处假设，在理想条件下非辐射复合是忽略的。

由电池向环境的光子发射，需要考虑光子所通过的电池材料的折射率 n_s。根据式（5-26）从温度为 T_c、化学势为 $\Delta\mu$ 的电池向 (θ, φ) 方向、单位面积、单位立体角发射的光子流谱密度表示为

$$P_{ce}(E, r, \theta, \varphi, \Delta\mu) = \frac{2n_s^2}{h^3 c^2}\left(\frac{E^2}{e^{\frac{E-\Delta\mu}{k_B T_c}} - 1}\right) \tag{5-30}$$

电池的光发射是由折射率为 n_s 的光密介质射入到折射率为 n_0 的光疏介质（这里是大气）。在它们的界面处入射光有反射与折射，它们的反射角与折射角由斯涅耳（Snell）定律（光的折射定律）确定。如入射角为 θ_s，折射角为 θ_0，反射角为 θ_R，则 $\theta_s = \theta_R$ 并满足 $n_s \sin\theta_s = n_0 \sin\theta_0$。如果入射角 θ_s 大于某一临界角 θ_c，折射角的正弦等于1，此时不存在折射光，只有反射光，称 θ_c 为全反射临界角，θ_c 值由 $\sin\theta_c = n_0/n_s$ 决定。因此电池光发射的角度 θ 应在 $0 \sim \theta_c$ 范围内才可能发射到周围环境。另外，考虑到电池体内光子发射后逸出表面前，有可能被电池再吸收，由此实际上只有离表面距离为 $1/\alpha$ 范围内的电子才能离开电池发射出去，α 是电池对辐射光子的吸收系数。对 $0 < \theta < \theta_c$ 立体角积分，导出垂直于电池表面向环境发射的光子流谱密度及等效电流密度分别为

$$Q_{ce}(E, \Delta\mu) = \frac{2n_s^2 F_c}{h^3 c^2}\left(\frac{E^2}{e^{\frac{E-\Delta\mu}{k_B T_c}} - 1}\right) \tag{5-31}$$

$$J_{辐射}(E) = q[1-R(E)]\varepsilon(E)Q_{ce}(E, \Delta\mu) \tag{5-32}$$

式中，F_c 为电池光发射的几何因子，由 $F_c = \pi\sin^2\theta_c$ 确定。在太阳能电池中，若电池表面环境是空气，则 $n_0 = 1$，$F_c = \pi(1/n_s)^2$，$F_a = F_c n_s^2 = \pi$。

考虑了电池的光发射后，电池实际的等效电流密度应是它从太阳及环境的吸收式（5-28）与电池光发射式（5-32）的差。应用细致平衡条件 $\alpha(E) = \varepsilon(E)$，电池的等效电流密度为

$$J(E) = q[1-R(E)]\alpha(E)\left[Q_s(E) + \left(1 - \frac{F_s}{F_c}\right)Q_a(E) - Q_{ce}(E, \Delta\mu)\right] \tag{5-33}$$

该式由两部分组成，一部分是净吸收，即

$$J_{abs}(E) = q[1-R(E)]\alpha(E)\left[Q_s(E) - \frac{F_s}{F_c Q_a(E)}\right] \tag{5-34}$$

另一部分是净辐射，即

$$J_{rad}(E) = q[1-R(E)]\alpha(E)[Q_{ce}(E, \Delta\mu) - Q_{ce}(E, 0)] \tag{5-35}$$

这里应用了热平衡条件 $Q_{ce}(E, 0) = Q_a(E)$。

5.3.2　太阳能电池极限效率的计算

1960年，肖克利（Shockley）和奎伊瑟（Queisser）在发表太阳能电池转换极限效率计算的文章中认为，根据热力学细致平衡原理的要求，辐射复合是不可避免的，在所建立的双能级转换的模型下，他们计算了简单 pn 结太阳能电池转换效率的极限。

太阳能电池将光能转化电能的过程是一个熵增加的过程，因此其效率必然存在极限。如果将太阳能电池看成一个热力学系统，可以借助热力学的概念表示出太阳能电池的效率极

限，下面给出了四种太阳能电池极限效率的表达式。

（1）卡诺效率

$$\eta_C \equiv 1 - \frac{T_a}{T_s} \tag{5-36}$$

（2）Gurzon-Ahlborn 效率

$$\eta_{GA} \equiv 1 - \left(\frac{T_a}{T_s}\right)^2 \tag{5-37}$$

（3）Landsberg 效率

$$\eta_L \equiv 1 - \frac{4T_a}{3T_s} + \frac{1}{3}\left(\frac{T_a}{T_s}\right)^4 \tag{5-38}$$

（4）源于 Mueser 的光热效率

$$\begin{cases} \eta_{PT} = \left[1 - \left(\frac{T_a}{T_c}\right)^4\right]\left(1 - \frac{T_a}{T_s}\right) \\ 4T_c^5 - 3T_aT_c^4 - 4T_aT_s^4 = 0 \end{cases} \tag{5-39}$$

以上四式中，T_c 为太阳能电池的温度；T_s 为太阳的温度；T_a 为环境温度。太阳的温度为 6000K 左右，选取环境温度为 300K，那么可以计算得到上述最高效率中的最小值为 $\eta_{GA} = 77.6\%$。

上述计算的效率只是简单地把太阳能电池作为一个热力学系统，而没有考虑到其具体特性。假设太阳能电池的温度为 0K，那么根据热力学计算出的最大效率为 100%，也就是说，此时太阳能电池内不存在能量损失，载流子不发生复合，包括辐射复合，入射光所有的能量均被转化为电势能输出。但实际上，入射光中很大一部分能量很难转化为电能。这是因为，半导体具有能隙，从而使得只有能量大于半导体能隙的光子才能被吸收，激发产生电子-空穴对；其次，对于能量大于半导体带隙的光子，其能量中只有等于半导体能隙的部分才能被有效利用，而其 $h\nu-E_g$ 的部分会转化为热而耗散。基于上述两点，实际太阳能电池的最大效率会远低于上述热力学计算所得到的最大效率。

下面，近似计算考虑半导体带隙以及入射光光谱后的太阳能电池最大效率，且假设太阳能电池的温度为 0K。当太阳光入射时，太阳能电池的效率等于电子跃迁获得的总能量除以太阳光入射的总能量。由于接近半导体带边的电子态密度很大，所以可以近似地认为电子跃迁以后，其最终都会位于导带底，同时认为能量大于带隙的光子全都被半导体有效吸收，使得电子跃迁至导带。由于太阳能电池的温度为 0K，不考虑复合，那么太阳能电池单位时间、单位面积最终获得的电势能为

$$\Phi = E_g \int_{E \geq E_g} b_s(E,s)\,\mathrm{d}E \tag{5-40}$$

式中，b_s 为本章初始介绍的太阳光光子流谱密度，也即单位时间、单位面积范围能量内入射太阳能电池的光子数，即

$$b_s(E,s)\,\mathrm{d}S\mathrm{d}E = \frac{2F_s}{h^3c^2}\left(\frac{E^2}{e^{\frac{E}{k_BT_s}}-1}\right) \tag{5-41}$$

同时入射太阳能电池的总能量为

$$E_s = \int_{E \geq 0} E b_s(E, s) \, \mathrm{d}E \tag{5-42}$$

由此可以得到太阳能电池效率的表达式为

$$\eta = \frac{\Phi}{E_s} = \frac{E_g \int_{E \geq E_g} \frac{2F_s}{h^3 c^2}\left(\frac{E^2}{e^{\frac{E}{k_B T_s}} - 1}\right) \mathrm{d}E}{\int_{E \geq 0} E \frac{2F_s}{h^3 c^2}\left(\frac{E^2}{e^{\frac{E}{k_B T_s}} - 1}\right) \mathrm{d}E} = \frac{E_g \int_{E \geq E_g} \frac{E^2}{e^{\frac{E}{k_B T_s}} - 1} \mathrm{d}E}{\int_{E \geq 0} \frac{E^3}{e^{\frac{E}{k_B T_s}} - 1} \mathrm{d}E} \tag{5-43}$$

式（5-43）也即 Shockley-Queisser 关系式中的极限效率项。上述表达式是理想的表达式，它忽略了半导体内载流子的复合、表面复合、太阳光的吸收率等影响因素。从式（5-43）便可以明显看出，半导体材料的带隙以及入射光光谱对太阳能电池最大效率有根本性的影响。取太阳温度为 6000K，半导体带隙为 2.2eV，通过式（5-43）得到的太阳能电池的极限效率约为 44%。

5.3.3 太阳光谱对电池极限效率的影响

实际情况中，太阳能电池的温度并不为 0K，因此任何等价于升高入射光光源温度的光谱改变，都可以增加太阳能电池的效率。例如，当太阳光光谱蓝移时，相当于太阳温度升高，太阳能电池效率增加，但是需要注意的是，此时太阳能电池的带隙也需要相应增加，才能使太阳能电池达到极限效率。如果太阳能电池的带隙保持不变，考虑极限情况，太阳能电池的效率可以降得很低。例如，假设入射光光子能量为无穷大，而半导体带隙保持不变为一个有限值，从而使得太阳能电池转化得到的电势能为有限值，因为入射光能量为无穷大，所以太阳能电池的效率趋于 0。当入射光谱红移时，相当于入射光光源温度降低，太阳能电池效率下降，太阳能电池的带隙也需要相应下降，才能使太阳能电池达到极限效率。

此外，如果入射光的能量集中在（E_g，$E_g+\mathrm{d}E$），其中 $\mathrm{d}E$ 为一个极小量，那么带隙对太阳能电池效率的影响就可以忽略，使得太阳能电池效率达到极大。入射光光谱越向上述能量范围集中，太阳能电池效率越大。

另外，对于聚光太阳能电池，其入射光强度增加，也可以等价于入射光光源温度增加，如果入射光的增强并没有使太阳能电池的温度升高，那么太阳能电池的效率将会增加。当然，在实际情况中，入射光强度增加时，太阳能电池的温度会增加，而且寄生电阻此时对太阳能电池效率的影响会增大。

图 5-6 给出太阳能电池半导体材料选取最优带隙时，太阳光的吸收能谱和太阳能电池最终所利用的能量的能谱。可以看出，对于能量小于 E_g 的光子，太阳能电池对其利用率为 0，而对于能量大于太阳能电池带隙的光子，其最终所能被利用的能量为 qV_{mp}。对于能量越大的光子，其能量的利用率 qV_{mp}/E 越低。

5.3.4 带隙与太阳能电池极限效率

对于固定的太阳光入射光谱，当太阳能电池半导体带隙增加时，虽然在一定范围内外电路开路电压会随之增加，但是由于半导体材料只能利用能量大于半导体带隙的光子，这就使得太阳能电池外电路的电流减小。因此，当半导体带隙过大时，太阳能电池的效率会下降。

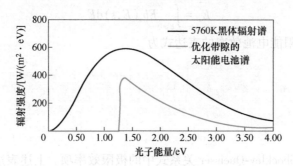

图 5-6　太阳能电池半导体材料选取最优带隙时对太阳光的吸收能谱

而当半导体带隙减小时，虽然能利用的光子数增加，短路电流增加，但是使得在一定的电流下，太阳能电池外电路电压减小。因此，当半导体带隙过小时，太阳能电池的效率也会下降。由此易理解，当入射光光谱一定时，太阳能电池总是存在着一个最优带隙，使得太阳能电池效率达到最大。

基于比式（5-43）更为实际的计算，图 5-7 给出了在入射光谱为 AM1.5G 时，太阳能电池效率与材料带隙的关系。从图 5-7 可以看出，当太阳能电池半导体材料带隙约为 1.4eV 时，太阳能电池有最大效率 33%。在实际制作太阳能电池的过程中，可以通过选择不同的半导体材料，使其带隙尽量接近于此最优带隙值。

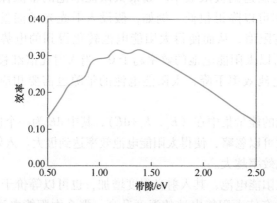

图 5-7　入射光谱为 AM 1.5G 时，太阳能电池效率与材料带隙的关系

思　考　题

1. 解释光生电流和量子效率的关系，并讨论如何提高太阳能电池的量子效率。

2. 肖克莱方程在描述太阳能电池工作机理中起到什么作用？请结合具体实例进行说明。

3. 如何通过优化开路电压和短路电流来提升太阳能电池的光电转化效率？

4. 结合实际案例，分析寄生电阻对太阳能电池性能的影响。

5. Shockley-Queisser 极限对太阳能电池设计有何指导意义？请讨论细致平衡原理在实际应用中的挑战。

6. 太阳光谱和带隙在决定太阳能电池极限效率中的作用是什么？请举例说明不同材料在这方面的表现。

参 考 文 献

［1］　LORENZO E. Solar electricity：Engineering of photovoltaic systems ［M］. Sevilla：Progensa，1994.

［2］　NELSON J. The Physics of Solar Cells ［M］. London：Imperial College Press，2003.

［3］　熊绍珍，朱美芳. 太阳能电池基础与应用 ［M］. 北京：科学出版社，2009.

［4］　SHOCKLEY W，QUEISSER H J. Detailed balance limit of efficiency of p-n Junction solar cells ［J］. Journal of Applied Physics，1961，32（3）：510-519.

［5］　王东，杨冠东，刘富德. 光伏电池原理及应用 ［M］. 北京：化学工业出版社，2013.

［6］　SAH C T，NOYCE R N，SHOCKLEY W. Carrier generation and recombination in p-n junctions and p-n junction characteristics ［J］. Proceedings of the IRE，1957，45（9）：1228-1243.

[1] LUBBERG O. Solid-state theory: an introduction of chemists[J]. Solar Energy, 1965.

[2] SPLISON J. The Physics of Solar Cells: ... to modern inorganic and Physics: [M]...
...

第 6 章

纳米半导体材料与太阳能电池表征

■ 本章学习要点

1. 掌握常见的结构形貌表征设备的工作原理，以及在纳米半导体材料中的具体应用。

2. 了解 X 射线相关测试表征技术、电子束相关表征技术、扫描探针表征技术在太阳能电池材料测试的应用场景。

3. 掌握不同元素分析设备的基本工作原理，并了解不同设备在太阳能电池材料表征中的优缺点。

4. 了解太阳能电池前沿表征技术。

5. 熟悉太阳能电池材料与器件的光学特性和电学特性表征技术的基本原理与测试方法。

6. 掌握太阳能电池组件的性能和稳定性测试方法，实现组件综合性能评估。

6.1　结构形貌表征

6.1.1　X 射线相关表征技术

1. X 射线衍射

X 射线于 1895 年 11 月 8 日被德国物理学家伦琴（Wilhelm C. Röntgen）在研究真空管中的高压放电现象时意外地发现。X 射线的发现与相关技术的成熟对纳米半导体材料的发展起了积极的推进作用。X 射线衍射技术是利用 X 射线在晶体物质中的衍射效应进行物质结构分析的技术，是一种快速、准确、高效的材料无损检测技术，常用于探究纳米材料的物相和晶体结构等性质。目前大部分国内外科研机构已引进了 X 射线衍射仪（XRD）用来分析纳米材料的结构特性。

X 射线的波长介于紫外线与 γ 射线之间，通常用埃（Å，$1\text{Å} = 10^{-10}\text{m}$）表示，频率范围在 $3\times10^{16} \sim 3\times10^{20}\text{Hz}$ 之间，波长范围为 $0.01 \sim 100\text{nm}$。原子和分子的距离通常为 $1 \sim 10\text{Å}$，刚好在 X 射线波长范围内，因此利用 X 射线衍射技术能够分析物质的微观结构。由于 X 射线具有极大的能量，当其照射晶体上时，会受到晶体中原子的散射，而散射波就像是从原子中心发出的，类似于源球面波。由于晶体中的原子在空间上呈周期性排列，这些散射球面波之间存在着固定的位相关系，会在空间产生干涉，导致在某些散射方向的球面波相互加强，而在某些方向上相互抵消，从而出现衍射现象。因此，晶体中的 X 射线衍射实质上就是大量原子散射波在空间上相互干涉的结果。

X 射线衍射仪由 X 射线源、样品台、测角及探测系统和数据处理分析系统 4 个基本部分组成，是利用 X 射线照射样品材料，并以辐射探测器记录衍射信息的衍射实验装置。当入射 X 射线照射到样品表面时，在满足衍射定律的方向上设置 X 光检测器，为了保证 X 光检测装置始终处于反射线的位置，X 光检测装置和样品台必须始终保持以 2：1 的角速度同步转动，在测量过程中记录衍射的强度和衍射角 θ（即入射线和反射面的夹角），最后得到衍射线相对强度随转动角度 2θ 的变化曲线。

布拉格方程［式（6-1）］是衍射分析中重要的基础公式，该公式将衍射峰的位置与材料中原子平面之间的距离联系起来，揭示了衍射与晶体结构的内在关系。

$$2d\sin\theta = n\lambda \tag{6-1}$$

式中，d 为原子平面之间的距离；θ 为入射 X 射线相对于原子平面的角度（也称为布拉格角）；λ 为 X 射线波长；n 是反射的阶数（整数）。如图 6-1 所示，当 X 射线照射到晶体中时，X 射线在照射到相邻两晶面的光程差是 $2d\sin\theta$。当光程差等于 X 射线波长的 n 倍时，晶面的衍射线将加强，此时满足布拉格方程。通过布拉格方程，可以用已知波长的 X 射线去求解晶体晶面间距 d，从而获得晶体结构信息；也可以用已知晶面间距的晶体来测量未知 X 射线的波长。

谢乐公式是 XRD 测量晶粒度的理论基础。X 射线的衍射谱带的宽化程度和晶粒的尺寸有关，当 X 射线入射到小晶体时，其衍射线条将变得弥散而宽化，晶体的晶粒越小，X 射线衍射谱的宽化程度就会越大。谢乐公式描述的就是晶粒尺寸与衍射峰半峰宽之间的关系：

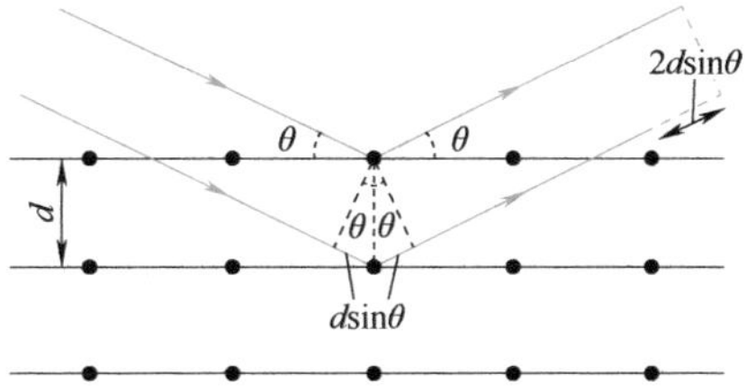

$$D = \frac{K\lambda}{B\cos\theta} \tag{6-2}$$

图 6-1　晶体材料原子面 X 射线的布拉格衍射示意图

式中，K 为谢乐常数；D 为晶粒垂直于晶面方向的平均厚度；B 为实测样品衍射峰的半峰高宽度或者积分宽度；θ 为布拉格角；λ 为 X 射线波长。但是在计算晶粒尺寸的过程中，还需要考虑仪器和应力宽化影响：当晶粒尺寸小于 100nm 时，应力引起的宽化与晶粒尺度引起的宽化相比可以忽略，此时谢乐公式适用；但晶粒尺寸较大时，应力引起的宽化会比较显著，此时必须考虑应力引起的宽化的影响，谢乐公式不再适用。

X 射线的物相分析是以衍射效应为基础的，不同晶体的结构及参数不同，衍射图像也就不同，所以晶体的衍射图像可以成为该物质特有的标志。对于多相物质，其衍射图像是各相衍射图像的叠加，各相的衍射图像对应了元素的组合状态，因此通过对比待测材料和已知材料的衍射图像，可以得到待测材料晶体内部物质结构信息。对于纳米半导体材料的结构与化学组成，特别是在晶体结构差异、晶格常数变化、元素种类不同等状况下，会因为原子排列不同而在 X 射线衍射实验中被反映出来。图 6-2 展示了 Cu_2ZnSnS_4（CZTS）纳米晶体的 X 射线衍射图，图中出现了多个衍射峰，不同位置的衍射峰代表不同的衍射晶面，衍射峰高越高，表示相应晶面的衍射强度越强。

2. 掠入射 XRD

常规 XRD 测量时，X 射线的穿透深度通常在几微米到几十微米的范围内，有时会超过被检查纳米半导体材料的厚度，导致测试信号受到衬底的影响。此外，随着衍射角的增大，X 射线照射到样品上的面积也会减小，X 射线只能辐射到部分样品，导致衍射信号减弱。掠入射 XRD（GIXRD）解决了这些限制，GIXRD 技术可使 X 射线掠过样品表面，从而更准确、更全面地表征纳米材料的微观结构。"掠入射"的含义为 X 射线的入射角 θ 很小，入射的 X 射线几乎与样品表面平行。使用常规 XRD 测量时，X

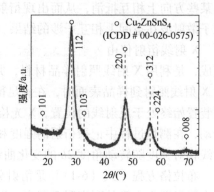

图 6-2　CZTS 纳米晶体的 X 射线衍射图

射线的穿透深度通常在几微米到几十微米的范围内，测试过程中，若被测纳米半导体材料的厚度较薄，X 射线可能会穿透整个材料层，进而受到衬底材料的干扰，影响测试信号的准确性。此外，随着衍射角的逐渐增大，X 射线照射到样品上的有效面积会相应减小，导致只有部分样品被 X 射线辐射，从而使衍射信号减弱。GIXRD 解决了这些限制，GIXRD 技术可使 X 射线掠过样品表面，从而更准确、更全面地表征纳米材料的微观结构。在 GIXRD 测试中，X 射线以非常小的角度（0.5°~2°）入射到样品材料上。由于入射角很小，X 射线几乎掠过样品表面，与样品表面的原子或分子发生相互作用，并发生衍射。衍射光束由检测器进行捕捉和分析，最终得到衍射图案的强度分布和衍射角等信息。因此，GIXRD 技术大幅度减小了基底信号对测试结果的干扰，提高了分析的准确性。通过调整入射角，可以精确控制 X 射线对薄膜的探测深度。当入射角变小时，入射深度变浅，有利于更准确地反映薄膜表层的结构信息。而当入射角适当增大时，虽然入射深度会有所增加，但照射面积也会相应增大，从而增强了薄膜的衍射信号强度。GIXRD 技术不仅适用于薄纳米材料的表征，还可用于研究材料的表面结构和界面效应。通过改变入射角，可以获取不同深度的结构信息，从而更全面地了解材料的微观结构。固定的入射角限制了 X 射线对薄膜的探测深度，X 射线的入射角变小时，入射深度变浅，有利于减小基底信号对结果的影响；同时随入射角变大，照射面积也增大，有利于增强薄膜信号的强度，入射角越大，穿透率越高。

GIXRD 技术在纳米半导体材料分析领域具有广泛的应用，可以对纳米材料的晶格结构、晶粒尺寸、结晶度等参数进行精确测量。掠入射 XRD 的一个重要应用是精确测量纳米薄膜材料内部的残余应力。残余应力源自晶格结构对其平衡状态的偏离以及微结构缺陷导致晶界非弹性形变，这些因素在薄膜沉积过程中不可避免地产生残余应力。薄膜内部的残余应力对电子器件和传感器的性能特性具有显著影响，因此其准确评估至关重要。从力学角度看，薄膜中的应力主要分为外应力和内应力两大类。外应力主要归因于薄膜与基底之间热膨胀系数的不匹配，这种不匹配在温度变化时引发应力积累；内应力则源自薄膜材料内部，特别是外来原子或杂质的嵌入对晶格完整性的扰别。

GIXRD 技术通过精细调控 X 射线入射方向与样品平面的夹角（即掠入射角），实现了对 X 射线在样品内部穿透深度的有效调节。GIXRD 测试残余应力的基本原理是测定样品表面附近由于应力引起的晶格变形使 hkl 峰值相对同种材料晶体标准晶格指数的漂移量。由布拉格方程只能粗略估计平面内某一选定方向（如 x 方向）的点阵应变或应力。因为 hkl 峰值的漂移量是材料表面的法向（y 方向）和衍射晶面的法向（在 x-y 平面内）间夹角 φ 的函数（图 6-3），一般采用 2θ-$\sin^2\varphi$ 方法进行测量。根据理论计算，薄膜内部的残余应力（σ）可以表示为

$$\sigma = -\frac{E}{2(1+\nu)}\frac{\pi}{180}\cot\theta_0\frac{\partial(2\theta)}{\partial\sin^2\varphi} \tag{6-3}$$

式中，E 为杨氏模量；ν 为泊松系数；θ_0 为无应力下的衍射角；θ 为实际测得的衍射角；φ 为衍射法线与样品法线的夹角。

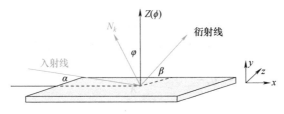

图 6-3 掠入射 X 射线衍射几何图像

图 6-4 展示了科研工作者在钙钛矿太阳能电池薄膜应力调控。图中给出了钙钛矿光伏薄膜角度依赖的 XRD 衍射结果。图 6-4a 中，衍射峰的位置随着 φ 角的增大向更高角度发生了移动，表明残余压应力的存在。通过拟合 2θ-$\sin^2\varphi$ 的线性关系（图 6-4b），可以得到斜率（应变 ε）为 0.2742，σ 约为 -112.2MPa。

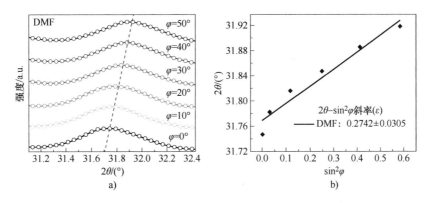

图 6-4 掠入射 XRD 用于钙钛矿光伏薄膜的残余应力研究典型结果

3. 掠入射广角 X 射线散射

掠入射 X 射线散射（GIXS）是以掠入射方式进行的小角散射实验，开发于 20 世纪 90 年代，是一种研究纳米半导体材料不同尺度微观结构信息的实验技术手段。散射是电磁波与材料的基本相互作用形式，当 X 射线经过纳米半导体材料的表面时，材料不同尺度的结构会对 X 射线产生不同方向的散射，从而产生一定的散射结构。GIXS 能够通过二维 X 射线探测器可以直接测量散射结构，形成二维图像，进而分析材料不同尺度的微观结构信息。掠入射广角 X 射线散射（GIWAXS）是最常用的掠入射 X 射线散射技术之一，用于探测纳米半导体材料的微观结构。

同步辐射光源是指产生同步辐射的物理装置，是一种利用相对论性电子（或正电子）

在磁场中偏转时产生同步辐射的高性能新型强光源。与传统光源发光相比，具有以下优点：①同步辐射光源的亮度高，能够提供极高的空间分辨率和时间分辨率；②能量范围很宽，具有从远红外、可见光、紫外直到 X 射线范围内的连续光谱；③高准直，张角非常小，几乎为平行光；④脉冲宽度窄，其宽度在几十皮秒至几十纳秒之间可调，脉冲间隔为几十纳秒至微秒量级，有利于进行原位过程的观测；⑤高偏振，在电子轨道平面上是完全的线偏振光，并且通过特殊设计的插入件可以得到任意偏振状态的光；⑥高纯度，同步辐射光是在超高真空环境下得到的，不存在杂质污染；⑦可精确预知，同步辐射光的光子通量、角分布和能谱等均可精确计算。

GIWAXS 实验的测量配置如图 6-5 所示。初始波矢量为 k_i 的 X 射线束以 α_i 的掠射角照射样品表面，散射波 k_f 由面探测器收集。散射波矢 $q = k_f - k_i$ 可以用以下分量表示：

$$q_x = \frac{2\pi(\cos\varphi\cos\alpha_f - \cos\alpha_i)}{\lambda} \tag{6-4}$$

$$q_y = \frac{2\pi(\sin\varphi\cos\alpha_f)}{\lambda} \tag{6-5}$$

$$q_r = \sqrt{q_x^2 + q_y^2} \tag{6-6}$$

$$q_z = \frac{2\pi(\sin\alpha_f + \sin\alpha_i)}{\lambda} \tag{6-7}$$

式中，q_z 是沿相对于样品表面的面外（OP）方向，q_x 和 q_y 都是面内（IP）方向，分别平行和垂直于入射平面。因此，镜面反射只发生在 q_z 方向上，可以通过反射率测试来探测。漫散射携带的结构信息则在平行于（q_x，q_y）的平面内获得。当材料内部高度结晶且堆积方向垂直于衬底时，能够在 q_z 方向观察到明显的布拉格峰；而当堆积方向无序时，二维图像中就会出现环形的布拉格峰；当堆积方向既有平行于衬底方向也有垂直于衬底方向时，在 q_x 和 q_y 方向将都会出现明显的布拉格峰。

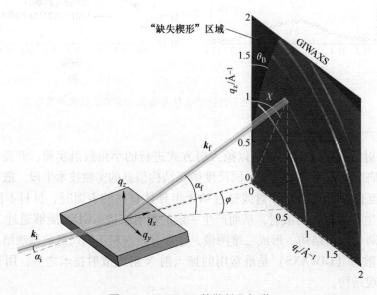

图 6-5　GIWAXS 的散射几何学

在 GIWAXS 测试中，一般通过调整入射光束的入射角来控制 X 射线的穿透深度，能够获得纳米半导体材料的晶体结构深度剖面。当折射率小于 1 时，所有临界角 α_c 都会发生全反射，临界角的大小主要取决于材料本身，此时在漫射散射的位置有一个极大值，称为 Yoneda 峰。当入射角接近或略高于临界角时，由于 X 射线的部分穿透作用，可以测量一定深度内的晶体结构。通过逐渐增大入射角，X 射线可以完全穿透整个纳米半导体材料，直至观察到基底信号，这反过来又探测了整个材料的平均结构信息。当入射角小于临界角时，X 射线的穿透深度只有几纳米，即只能探测到几纳米厚度的表面结构信息，因而具有较高的表面灵敏度。以钙钛矿纳米薄膜为例，根据基底信号的入射角和薄膜厚度，可以估算出一定能量的 X 射线探测到的相应薄膜临界角。在临界角以下，X 射线只能穿透薄膜表面几纳米，而更大的入射角则能使 X 射线完全穿透薄膜。因此，可以在不同的入射角度下进行 GIWAXS 测量，以研究整块薄膜沿垂直方向的均匀性。

GIWAXS 表征的一个优势是二维区域探测器，它可以同时采集面内和面外方向的信号，形成二维图像，提供多晶材料的取向顺序。对于在 IP 方向各向同性的样品材料，在二维 GIWAXS 图样中，$\boldsymbol{q}_r = \boldsymbol{q}_x + \boldsymbol{q}_y$。图 6-6 展示了高度取向钙钛矿薄膜的典型 GIWAXS 图样。沿 q_z 轴和 q_r 轴在 $q = 1.0 \text{Å}^{-1}$ 处出现的离散点可分别归因于平行于表面和垂直于表面的晶格平面，而它们都表现出相同的 d 间距值，$d = 2\pi/q = 6.3 \text{Å}$。在 $q = 1.0 \text{Å}^{-1}$ 处检测到一个 χ 值为 45° 的离散衍射点，其对应于 d 间距值为 4.4 Å 且相对于表面的倾角为 45° 的晶格平面。同样，在 $q = 1.7 \text{Å}^{-1}$ 观察到另一个 χ 值为 54.7° 的峰值来自 d 间距值为 3.6Å、倾角为 54.7° 的晶格平面。

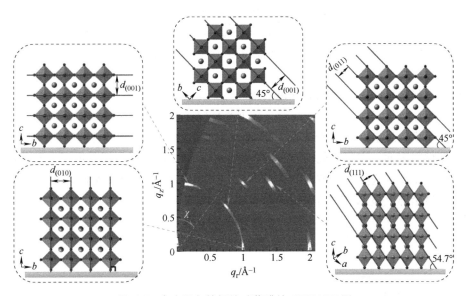

图 6-6　高度取向的钙钛矿薄膜的 GIWAXS 图

在高通量和高亮度同步辐射 X 射线束的配合下，可以在毫秒级曝光下测量到明亮 GI-WAXS 图样，从而实现对纳米半导体材料结晶过程的实时观察。原位 GIWAXS 表征已被广泛应用于监测多种纳米半导体材料的制备过程（图 6-7），如旋转、热退火等过程。与此同时，气密室允许研究人员操纵纳米半导体材料的制造环境（例如 N_2、O_2、水分和光），因此检查它们对材料形成途径的影响。

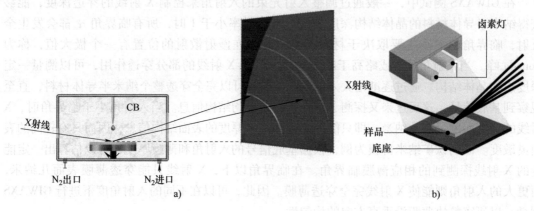

图 6-7 原位 GIWAXS 表征测试示意图

6.1.2 电子束相关表征技术

扫描电子显微镜（SEM）技术是一种常见的纳米半导体材料表面形貌分析手段，具有分辨率高、放大倍数大、景深、可对样品进行非破坏性测试等特点，满足了人们对材料微观结构研究的需求。光学显微镜的分辨率一般不超过 2000Å，放大倍数超过 1600 倍就很困难了。但是，电子被加速后其波长很短，所以用电子束作光源制成显微镜，分辨率和放大倍数都是很大的。SEM 的分辨率可以达到纳米级，能够清晰地反映出样品表面微观结构和细节，远超过传统光学显微镜的能力。其放大倍数变化范围广，可以连续可调，既能观察大范围的样品表面，又能在高放大倍数下获得清晰的高亮度图像，这对于观察微小结构和粗糙表面非常有益。

扫描电子显微镜的主要组成部分包括电子光学系统、信号收集处理系统、图像显示及记录系统、真空系统、电源及控制系统等，图 6-8 是扫描电子显微镜的成像原理。首先电子枪发射高能电子束，经电磁透镜聚焦后，形成一个细小的电子束斑，能够精确地轰击样品表面，同时在材料表面一定深度范围内激发各种信号，如二次电子、反射电子、吸收电子、俄歇电子、X 射线等，这些信号被探测器收集并转换为电信号，经放大器处理后传送至计算机，最终在显示屏上显示出样品表面的形貌和结构特征。

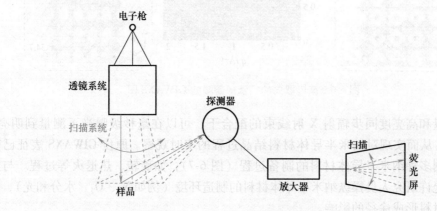

图 6-8 扫描电子显微镜的成像原理

扫描电子显微镜主要通过探测二次电子和背散射电子来分析样品材料的形貌和成分信息。二次电子成像原理如下：当原子的核外电子从入射电子获得了大于相应的结合能（临界电离激发能）的能量后，可离开原子变成自由电子，那些能量大于材料逸出功的自由电子可能从样品表面逸出，变成真空中的自由电子，即二次电子。其主要特点是：能量较低，一般不超过 50eV；分辨率较高，可探测纳米级别的表面细节。二次电子成像的分辨率高、无明显阴影效应、场深大、立体感强，是扫描电镜的主要成像方式，特别适用于粗糙样品表面的形貌观察。背散射电子是被样品中的原子核和核外电子反弹回来的一部分入射电子，所以又叫反射电子或初级背反射电子。其主要特点是：能量高，可以从 50eV 到接近入射电子的能量；穿透能力较强，可从样品中较深的区域逸出（微米级）。背散射电子像主要取决于原子序数和表面的凹凸不平，与二次电子像相比，背散射像的分辨率较低，主要应用于样品表面不同成分分布情况的观察，比如有机无机混合物、合金等。通过对比同一样品区域的二次电子像和背散射电子像，可以发现二次电子像主要反映样品的形貌特征，而背散射电子像在反映样品形貌特征的同时，还能提供有关样品化学组成的信息。

扫描电子显微镜目前广泛地应用在各种电子、金属或纳米半导体材料等领域的材料表面形貌与微结构的观察，观察到材料的晶体结构、颗粒分布以及表面缺陷等信息，为材料设计和改进提供重要参考。以下是扫描电子显微镜用于观测 $CuIn(S,Se)_2$ 吸光层的表面和横截面图像。图 6-9a 所示的表面图像直接展示了薄膜表面的微观结构，显示出 $CuIn(S,Se)_2$ 由相互交连的微米尺寸的大晶块组成；而图 6-9b 所示的横截面图像提供了薄膜在厚度方向上的结构信息、晶粒的垂直生长情况，展现了薄膜的致密性。

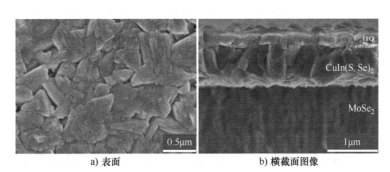

a) 表面　　　　　　　　　b) 横截面图像

图 6-9　硒化后的 $CuIn(S,Se)_2$ 吸光层的 SEM

6.1.3　扫描探针显微表征技术

1. 扫描隧道显微镜

扫描隧道显微镜（STM）作为一种新型表面分析仪器，与其他分析技术相比，主要特性在于能直接观察材料表面原子排列及原子结构。目前它已成功地应用于纳米半导体材料的原子或分子结构的直接观察与研究，成为材料结构分析最有效的实验设备之一。

扫描隧道显微镜的工作原理如图 6-10 所示。当针尖和样品的距离在几埃之间时，样品和针尖被非常薄的真空势垒隔开，两者的电子波函数可以发生交叠，发生量子隧穿效应。一般情况下针尖接地，样品一端加一定的电压，当样品与针尖间的距离小于一定值时，由于量子隧道效应，样品和针尖间会产生隧道电流，大概在皮安到纳安量级，通过记录针尖与样品表面隧道电流的变化就可得到样品的表面信息。STM 的分辨率很高（横向分辨率达 0.1nm，纵向分辨率达 0.01nm），能够后在实空间观测到样品表面的原子排布状态。

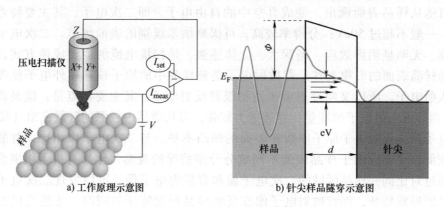

a) 工作原理示意图　　　　　b) 针尖样品隧穿示意图

图 6-10　STM 的工作原理

　　STM 主要有恒电流和恒高度两种工作模式。在恒电流模式（图 6-11a）下成像，首先要设定一个隧道电流参考值，当针尖开始扫描时，通过反馈回路控制系统使隧道电流与设定值一致，因而针尖到样品表面的相对距离保持不变，针尖会随着样品表面的起伏而跟着发生相同的起伏运动，因此针尖起伏的变化就反映了样品表面的形貌，可以通过采集针尖高度的变化这一信号得到样品表面的形貌图。由于针尖高度的调节实际上是通过调节扫描管内电极电压实现的，因此采集针尖高度变化的信号实际就是采集扫描管内电极电压的变化信号。恒电流扫描由于引入了反馈控制，因此针尖不容易损坏，可以用来扫描粗糙的样品表面，也可以进行更大范围的扫描。但是由于针尖每经过一点都要进行数次的反馈调节，才能使隧道电流最终稳定在设定值（这与反馈系统的调节精度有关），因此恒电流成像的速度很慢，不适合研究表面动力学变化过程。当探针在恒高度模式（图 6-11b）下扫描时，通过维持扫描管内电极电压恒定，使针尖高度保持不变，直接采集隧道电流信号而成像，这时隧道电流的起伏就反映了样品表面的电子态分布。由于在恒高度模式下扫描没有隧道电流的反馈，因此这种扫描模式只适合表面比较平坦的样品，因为如果样品表面比较粗糙，在没有反保护的情况下，针尖会被样品表面的颗粒所刮坏。在恒高度模式下，由于扫描成像不受反馈回路的时间限制，因此扫描速度可以很快，可以用来研究样品表面的化学反应、分子自组装以及生物大分子动态演变过程。

　　形貌测量是 STM 最常见的工作模式，它在 x、y 方向上的分辨率可达 0.1nm，在 z 方向上的分辨率可达 0.01nm，因此 STM 可以观察到半导体样品表面的原子排列。在反馈系统预先设置一个固定的电流值 I，x、y 方向的压电陶瓷控制针尖在样品表面进行扫描，在扫描的过程中通过反馈系统来调节针尖的高度，使得 I_m 值恒定，并在 (x, y) 二维平面内记录下针尖的高度，作为恒电流形貌像，可以较为准确地反映样品表面的原子起伏，也能一定程度上反映局域电子态密度的信息，对晶格结构、台阶高度、晶格缺陷、表面杂质也有很好的成像效果。图 6-12 为钙钛矿光伏薄膜的 STM 图像，图中清晰明亮的突起很可能形成了正方形晶格结构，突起的亮度略有不同，表明表面原子的高度不同。

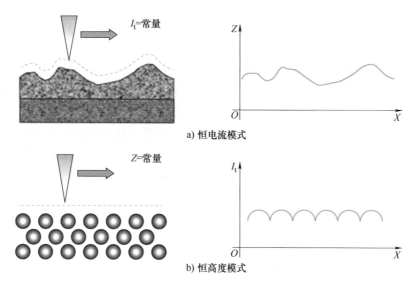

a) 恒电流模式

b) 恒高度模式

图 6-11 STM 的两种工作模式

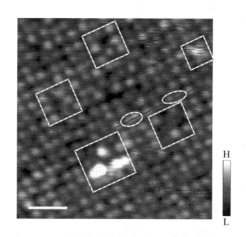

图 6-12 钙钛矿光伏薄膜的 STM 图像

除了表面成像功能外，扫描隧道显微镜还可以对原子或分子进行操纵。在利用扫描隧道显微镜观察样品表面时，一般需要保证样品和针尖之间的作用尽量微弱，从而避免改变样品的形貌结构，但是如果利用针尖对样品表面的原子施加一个可控的较强的相互作用（引力或斥力），通过控制针尖来移动原子，就可以构建所需的纳米结构。

2. 原子力显微镜

扫描探针显微镜包括原子力显微镜（AFM）、开尔文探针力显微镜（KPFM）、导电原子力显微镜（C-AFM）等，已被广泛应用于纳米半导体材料微观尺度上的局部物理或分子特性的研究。

最早，使用扫描式显微技术（STM）能够观察表面原子级影像，但是 STM 的工作原理决定了它只能对导电样品的表面进行研究，而不能对绝缘体表面进行检测，同时表面必须非常平整，因此限制了 STM 的使用范围。目前的各种扫描式探针显微技术中，原子力显微镜

（AFM）应用最为广泛。AFM 可以在真空、大气甚至液下操作，既可以检测导体、半导体表面，也可以检测绝缘体表面，因此迅速发展成研究纳米科学的重要工具。

　　AFM 主要由探针、扫描系统、信号检测系统、反馈控制系统和数据采集与处理系统五部分组成。AFM 工作的原理如图 6-13 所示，它利用探针和样品之间相互作用力的大小来获取样品表面形貌特征图像。在测试过程中，AFM 探针的一端被固定而另一端可以自由运动，自由的一端有一个尖锐的针尖。当探针不断靠近样品表面时，由于样品表面高度的不同，针尖与样品表面之间产生的相互作用力会发生改变，从而使探针的悬臂发生偏转。一束激光经悬臂的背面反射到光电检测器，可以精确测量悬臂的微小变化，经过反馈系统和数据采集系统处理后能够反映样品表面形貌和其他表面结构。

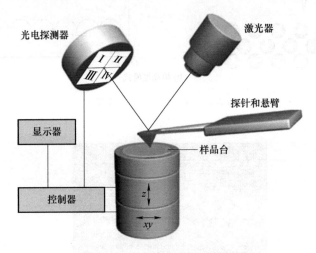

图 6-13　AFM 的工作原理示意图

　　AFM 有多种扫描方式：轻敲模式、接触模式和非接触模式。主要区别在于针尖与样品之间相互作用方式不同，因此不同的操作模式所获得的信息有重大差异，使用的应用场合也有所不同。轻敲模式是通过使用处于振动状态的探针针尖对样品表面进行敲击来生成形貌图像。扫描过程中，探针悬臂的振幅随样品表面形貌的起伏而变化，从而反映出形貌的起伏。轻敲模式的优点是针尖与样品表面接触时，利用其振幅来克服针尖与样品间的黏附力，能够在一定程度上减小样品对针尖的黏滞现象；由于轻敲模式作用力是垂直的，能够减少对样品造成的损伤并降低图像分辨率的横向力影响。所以对于较软以及黏性较大的样品，应选用敲击模式。

　　接触模式是 AFM 最直接的成像方式，它是一个排斥性的模式，AFM 在整个扫描成像过程中，探针针尖始终与样品表面保持接触。针尖位于弹性系数很低的悬臂末端。当扫描管引导针尖在样品上方扫过（或样品在针尖下方移动）时，接触作用力使悬臂发生弯曲，从而反映出形貌的起伏。其优点是可以达到很高的分辨率，缺点是有可能对样品表面造成损坏，横向的剪切力和表面的毛细力都会影响成像。

　　在非接触模式成像时，探针悬臂在样品表面附近处于振动状态。针尖与样品的间距通常在几纳米以内，样品与针尖之间的相互作用由范德华力控制，该模式下样品不会被破坏，而且针尖也不会被污染，适合研究柔嫩材料表面。其优点是对样品表面没有损伤，缺点是分辨率低，扫描速度慢，为了避免被样品表面的水膜粘住，往往只用于扫描疏水表面。

AFM 可以用来通过探针与样品间的作用力来表征材料表面的形貌，这是其最基础的功能。通过分析形貌图，可以得到材料表面的粗糙度、颗粒度、平均梯度、孔结构、孔径分布以及纳米颗粒尺寸等信息。图 6-14 为旋涂法制备的有机（PTQ10：PYF-T-o）薄膜的 AFM 图原子力显微镜图像，展示出了均匀致密的晶粒分布，从该图像中提取的均方根粗糙度为 1.87nm。

在测量沟槽或台阶的深度、高度或宽度时，SEM 需要进行切割材料暴露截面才能进行测量，而 AFM 则无须进行破坏性操作，能够无损地进行测量。在垂直方向的测量分辨率方面，AFM 可以达到约 0.01nm，这对于表征纳米半导体材料的厚度非常适用。图 6-15 显示了石墨烯样品的 AFM 图像和 6 个不同区域的厚度，其中厚度最小为 1.5nm，厚度最大为 4.0nm，可以根据单层石墨烯理论厚度（0.35nm）计算出样品中石墨烯的层数。

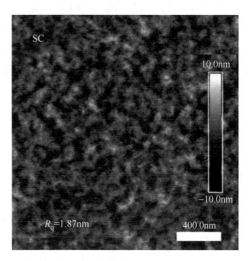

图 6-14　有机纳米薄膜的 AFM 图像

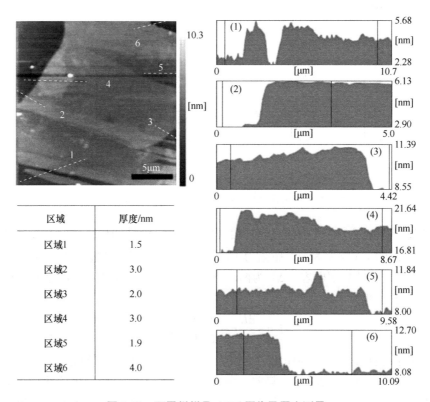

区域	厚度/nm
区域1	1.5
区域2	3.0
区域3	2.0
区域4	3.0
区域5	1.9
区域6	4.0

图 6-15　石墨烯样品 AFM 图像及厚度测量

相图是 AFM 轻敲模式下的一个重要扩展技术。在表面阻抗及黏滞力的作用下，振动探针的相位会发生改变。由于不同材料性质的差异会引起阻抗及黏滞力的变化，因此可以通过观察相位差来定性分析表面材质的分布状况。

3. 开尔文探针力显微镜

开尔文探针力显微镜（KPFM）是一种基于扫描探针显微镜的测量样品表面电势的方法，可在纳米尺度测量表面电势，具有很高的分辨率，是一种定量的测量方法。KPFM 基于 Kelvin 方法测量探针和样品间的电势差，当两个金属相互接触的时候，由于占据最高能级的电子能量不同，会发生电子的转移，它们的费米能级被拉平。电子在真空能级和费米能级的能量差称为功函数，当两个功函数不同的金属相互接触时，电子会从功函数低的金属流向功函数高的金属，在两个金属之间就会产生接触电势差（contact potential difference，CPD）。KPFM 测量导电 AFM 针尖和样品之间的 CPD。当原子力显微镜针尖靠近样品表面时，由于两者费米能级的差异，针尖和样品表面之间会产生电场力。图 6-16a 描述了针尖和样品表面相隔距离 d 且没有电接触时的能级，平衡状态要求费米能级在稳定状态下排列，如果针尖和样品表面足够近，可以进行电子隧穿。当电接触时，费米能级将通过电子流对齐，系统将达到平衡状态。图 6-16b 中，针尖和样品表面将带电，并形成表观的 V_{CPD}。由于 V_{CPD} 的存在，接触区域会受到电场力的作用。如图 6-16c 所示，如果施加的外部偏压（V_{DC}）与 V_{CPD} 的大小相同且方向相反，则施加的电压会消除接触区域的表面电荷，使 V_{CPD} 产生的电场力失效的外加偏压（V_{DC}）等于针尖和样品之间的功函数差；因此，在已知针尖功函数的情况下，可以计算出样品的功函数。

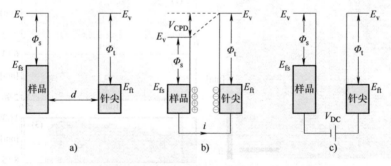

图 6-16 样品和 AFM 针尖在三种情况下的电子能级

在 KPFM 中，除了一个外加的直流补偿电压 V_{DC} 外，探针和样品之间需要施加一个引起探针振动的交变电压（频率为 ω，振幅为 V_{AC}）。平行板电容器的能量 $U = C(\Delta V)^2/2$，其中 C 为探针和样品之间的局部电容，ΔV 为两者之间的电势差。探针和样品之间的电场力可由能量对距离求导得到：

$$F = -\frac{\mathrm{d}U}{\mathrm{d}z} = -\frac{1}{2}\frac{\mathrm{d}C}{\mathrm{d}z}(\Delta V)^2 \tag{6-8}$$

式中，负号表示探针和样品间的作用力为引力；z 为样品表面法向的方向；$\mathrm{d}C/\mathrm{d}z$ 为针尖与样品表面之间的电容梯度；ΔV 为电势差，由直流补偿电压和交变电压两部分组成。交变电压部分为 $V_{AC} = \sin\omega t$，ω 一般设定在悬臂的共振频率附近，从而获得较大的振幅。ΔV_{DC} 包括施加的直流补偿电压和待测的接触电势差，$\Delta V = V_{DC} - V_{CPD}$。所以探针和样品之间总的电势差为 $\Delta V = \Delta V_{DC} + V_{AC}\sin\omega t$。

在轻敲模式中，悬臂在驱动频率处的响应与驱动电压振幅成正比关系。当补偿电势等于针尖和样品的接触电势差，即 $V_{DC} = V_{CPD}$ 时，ΔV_{DC} 为零。此时，在频率 ω 处，悬臂在振动过程中受到阻力，振幅也会衰减为零。KPFM 反馈回路的目的就是调节外加的补偿电势，使它等于探针和样品之间的接触电势差，此时悬臂的振幅为零。所以，通过检测悬臂振幅为零状态时的补偿电势，就可以得到样品的表面电势分布。图 6-17 为杂化钙钛矿薄膜的表面形貌和电势分布图，从 KPFM 图中观察到样品表面由清晰的台阶（或梯形边缘）组成，在对应的表面电势图中，台阶会引起强烈的电势差，在 $10 \sim 20nm$ 的高度差范围内，电势差高达 $50 \sim 100mV$。

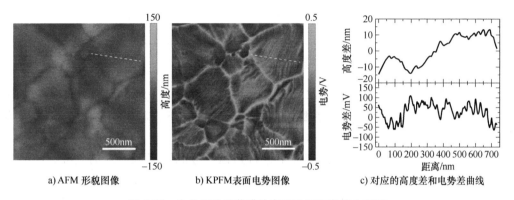

a) AFM 形貌图像　　　　b) KPFM 表面电势图像　　　　c) 对应的高度差和电势差曲线

图 6-17　杂化钙钛矿薄膜的表面形貌和电势分布图

4. 导电原子力显微镜

导电原子力显微镜（C-AFM）是一种先进的纳米测量技术，它结合了 AFM 的精确操作能力与电学性质的测量功能，能够对纳米尺度上的半导体材料进行全面、高分辨率的研究。迄今为止，C-AFM 作为一种先进的、高空间分辨率的非破坏性分析方法，已在纳米电子、太阳能电池、半导体等领域得到了广泛的应用。C-AFM 是由扫描隧道显微镜（STM）发展而来的一种新型的原子力显微镜，且采用了导电悬臂梁代替了金属丝。C-AFM 的电学测量是通过低噪声、高增益的悬臂梁进行的，而形貌的记录是通过悬臂梁的偏转来实现的。与 STM 中的相互依赖性相比，C-AFM 可以实现电学测量和形貌测量的完全独立。虽然，C-AFM 和 STM 都可以用来分析样品的表面电流信号，信号采集技术也相似，但在工作原理上有着根本的区别。同时，STM 需要导电衬底和/或超高真空环境，而 C-AFM 可以在没有导电衬底的环境或超高真空环境中使用。C-AFM 可以更方便地测量各种样品，如金属、半导体或绝缘体，如图 6-18 所示，在导电原子力显微镜中，当在样品表面扫描时，通过在导电针尖和样品之间施加偏置电压，在基底、样品和针尖之间能够形成回路，随后检测流经探针的电流，尖端和样品之间产生的静电力使悬臂梁不断弯曲，扫描过程由反馈控制，并采用锁相检测技术，以获得形貌和电学图像。

C-AFM 测量的实验设备和样品制备相对简单。其中，C-AFM 探针的针尖是唯一与样品相互作用和接触的部分，对实验结果的分辨率、可靠性和可重复性至关重要。探针具有较好的导电性能，和样品表面接触时可以进一步降低接触电阻的影响，常用的材料有铂、金、钨和导电金刚石。但是针尖的机械性能并不是由主材料决定的，而是由表面的涂层材料决定的。导电探针是非常脆弱的，导电探针作为电流的导体，在扫描过程中，不可避免的摩擦也

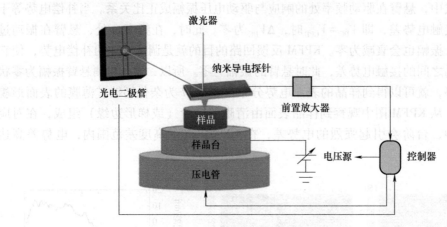

图 6-18　导电原子力显微镜工作原理图

会损坏探针和导电性能。此外，潮湿环境中形成的水膜和针尖上的碎屑会阻碍电流的传输，从而降低实验结果的可靠性，这就需要更大的相互作用力来实现精确测量。然而，大的作用力会加速探针的损坏，因此迫切需要开发强韧性的探针材料。

C-AFM 通常以接触模式在样品表面上进行扫描。考虑到接触形式的差异，C-AFM 测试主要有三种工作模式：接触模式、峰值力模式（PF 模式）和扭转共振模式（TR 模式）。在普通接触模式下，C-AFM 通过控制微悬臂梁探针与样品保持连续接触进行扫描。通常，微悬臂梁对力非常敏感。当探针非常接近样品时，由于探针与样品之间的原子相互作用，微悬臂梁将发生偏转，光杠杆能够放大微小偏转，然后反馈信号被四象限光电探测器检测，最后作为信号的内部调节，驱动扫描仪适当移动，保持针尖与样品之间的作用力恒定，从而获得样品的表面形貌和电流特性。与接触模式相比，PF 模式和 TR 模式具有尖端相对于扫描轴移动的振荡频率。PF 模式是垂直振荡，TR 模式是扭转振荡。PF 模式控制微悬臂梁探针与样品保持间歇接触，减少对样品的损伤。PF 模式和接触模式在测量安装方面略有不同，PF 模式的测量过程较为复杂，因为其所捕获的电流值是随时间变化的，而且针尖与样品之间存在相互作用。相应地，在 TR 模式下，尖端在样品表面附近以非常接近样品的距离移动。尖端和样品之间的相互作用影响扭转振荡，其充当反馈信号以监测尖端与样品的分离。与前两种模式相比，TR 模式依靠的是针尖-样品的相互作用，这主要取决于针尖-样品的分离、有效接触面积和时间。三种操作模式的对比见表 6-1。

表 6-1　C-AFM 操作模式

操作模式	电流范围	应用范围	振荡频率/kHz	尖端运动	接触模式
接触模式	nA 级至 μA 级	半导体金属	—	—	持续接触
PF 模式	pA 级至 μA 级	有机半导体	1	垂直振荡	动态接触
TR 模式	—	有机半导体	500	扭转共振	

C-AFM 常用功能主要是电流图像扫描和单点的电流-电压曲线测量。进行电流图像扫描时，需要先加一个足够大的恒定应力让针尖与样品表面进行紧密接触，以进一步减少针尖与

样品表面之间的接触电阻。由于 C-AFM 测试时针尖与样品是紧密接触的，如果测试样品的表面粗糙度较高，针尖会容易被刮到，从而影响测量的精度。因此最好先使用轻敲模式对样品表面形貌进行一次扫描，选取一个相对平滑的区域进行电流图像的扫描。单点电流-电压测试主要为了得到样品某点电流与电压之间的关系曲线，从而对薄膜的导电输运机制进行分析。

C-AFM 作为一种高灵敏度的表征技术，通过测量短路条件下的电流来探测电荷输运和电子性质。一般情况下，在相同的测试条件下，电流越大，样品的电导率越高，有利于电荷的传输。在此基础上，利用纳米级分辨率的 C-AFM 可以研究不同纳米半导体薄膜的电导率差异，区分晶粒内部和晶界处的输运行为。图 6-19 为无机钙钛矿（$CsPbI_3$）光伏薄膜的 AFM 图像和对应的 C-AFM 图像，显示了 200nA 范围内的电流变化，且晶界处电导率要比晶粒上的电导率低。

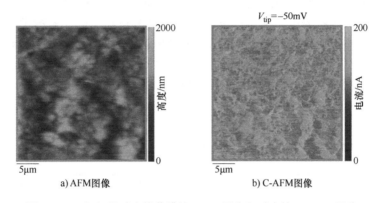

a) AFM图像   b) C-AFM图像

图 6-19　无机钙钛矿光伏薄膜的 AFM 图像和对应的 C-AFM 图像

除了最基本的表面形貌和导电特性测试，C-AFM 还可以用于介质特性分析（如超薄氧化物薄膜击穿特性分析）、纳米电容测量，甚至还可以用于纳米尺度的刻蚀。

<h2 style="text-align:center">6.2　元素成分表征</h2>

6.2.1　能谱分析表征技术

1. X 射线光电子能谱

X 射线光电子能谱仪（XPS）是一种非破坏性的分析方法，是用于研究物质表层元素组成与离子状态的表面分析技术，除了可以确定样品表层中原子或离子的成分和组成，还可以分析各成分的化学态，定量表征每种成分的相对含量。同时，该方法对样品要求不高，相对简单少量的样品便可以获得样品的表面元素组成、化学态等信息，是纳米半导体材料领域内的强大表面分析技术之一。

XPS 是一种超高真空技术，当一束特定能量的 X 射线辐照样品时，在样品表面会发生光电效应，产生与被测元素内层电子能级有关的具有特征能量的光电子，通过分析这些光电子的能量分布，便能得到光电子能谱图。XPS 的基本方程为

$$E_k = h\nu - E_B - \Phi \quad\quad\quad (6\text{-}9)$$

式中，E_k为光电子动能；E_B为电子结合能；h为普朗克常数；ν为 X 射线光子的频率；Φ为谱仪功函数。通过对电子能量进行分析，可以得到相应的电子结合能，由此可以推测出所测元素组成以及元素所处的化学状态等信息。

　　X 射线光电子能谱仪主要由 X 射线源、样品分析室、能量分析器、记录控制系统和超高真空系统等组成。图 6-20 是电子能谱仪的组成框图。从激发源（X 射线源）来的单色光束照样品时，当光子的能量大于材料中某原子轨道中电子的结合能时，样品中的束缚电子就被电离而逃逸。此后通过能量分析器对光电子的动能进行分辨，再通过电子探测器对电子进行计数，最后到达数据系统进行分析，最终得到 X 射线光电子能谱。XPS 中采用高能量的 X 射线源，常用 X 射线源是单色 Al（$K\alpha$，1486.7eV）和非单色 Mg（$K\alpha$，1253.6eV），波长分别为 8.34Å 和 9.89Å。这些特定的源具有低半峰宽，能够解析在 0.1~10eV 范围内变化的元素的不同化学状态。当激发源的能量固定时，其光电子的能量仅与元素的种类和所电离激发的原子轨道有关，根据光电子的结合能就可以定性分析物质的元素种类。XPS 是一种表面分析技术，超真空系统是进行现代表面分析和研究的主要部分，整个能谱仪的真空度通常在 10^{-9}~10^{-4}Pa 之间，良好的真空度能够防止材料表面被残留气体污染，同时也能减少电子在运动过程中同残留的气体发生碰撞而损失信号。

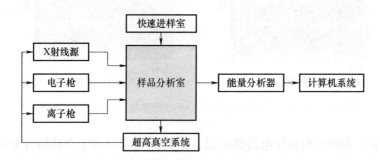

图 6-20　电子能谱仪的组成框图

　　XPS 能谱常用来对元素进行定性和定量分析。XPS 能谱对元素进行定性分析的原理如下：各种元素都具有一定特征的电子结合能，在能谱图中表现出特征谱线，XPS 宽谱可以测量除 H 和 He 元素以外的所有元素的主要特征能量的光电子峰，能够对材料进行全元素分析，探究材料表面样品组成和元素化学状态。

　　XPS 定量分析的关键是把所观测到的谱线的强度信号转变成元素的含量，即将峰的面积转变成相应元素的浓度，但需要注意的是，XPS 得到的是一种半定量的分析结果，即相对含量而不是绝对含量。图 6-21a 为 CdSe 纳米半导体的 XPS 全光谱，图 6-21b 展示了404.6eV 处 Cd $3d_{5/2}$ 和 411.4eV 处 Cd $3d_{3/2}$ 两个峰的精细谱，图 6-21c 所示为位于 53.6eV 处 Se 3d 的精细谱。

2. 紫外光电子能谱

　　紫外光电子能谱（UPS）可用于获得材料价电子的能量分布信息，是研究材料表面逸出功和价带结构（态密度）的有效方法，其能量分辨率可以达到约 100meV，在纳米半导体材料科学领域有重要应用。

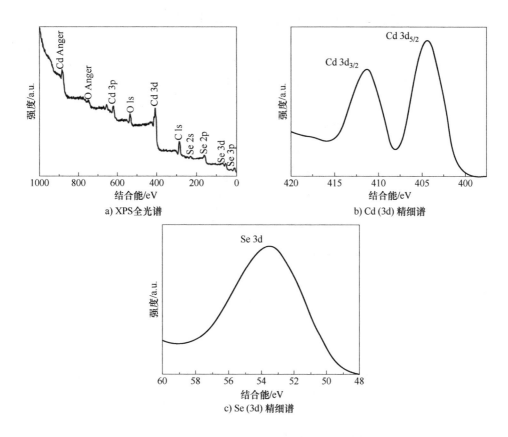

图 6-21 CdSe 纳米半导体的 XPS 光谱

紫外光电子能谱是以紫外光为激发源使样品光电离面获得的光电子能谱。与 X 射线光电子能谱不同，UPS 使用紫外线辐射范围来激发和产生电子光电子发射，发射的光电子主要来自价电子壳层，可用于研究固体和气体分子的价电子和能级结构及表面态情况。UPS 测量的基本原理与 XPS 相同，都是基于光电效应。但是所用激发源的能量远远小于 X 光，因此，光激发电子仅来自于非常浅的样品表面（10Å），反映的是原子费米能级附近的电子即价层电子相互作用的信息。

一般用于 UPS 测试的理想的激发源应能产生单色的辐射线且具有一定的强度，常采用惰性气体放电灯（如 He 共振灯），其中 HeI 线（波长为 584Å，光子能量为 21.22eV）的单色性好（自然线宽约 5meV）、强度高、连续本底低，是目前常用的激发源。当使用一定能量的紫外光照射样品材料表面时，可以激发出价带光电子，同时有大量的低能量的二次电子发射。根据光电发射的基本能量关系，从非弹性散射二次电子截止边到真空能级的能量间隔为光子的能量。通过测量非弹性二次电子截止边、价带顶或 HOMO（最高占据分子轨道）能级和费米能级可以计算样品逸出功、电离势以及电子亲和势等物理量。

相比于 XPS，UPS 的一个优势在于可以直接测量材料的功函数。在 UPS-结合能谱上可以直接看到由于功函数限制而产生的光谱截止，再根据截止能量和激发光子能量可以直接计算出材料的功函数（即费米能级位置）。

图 6-22 为全无机钙钛矿纳米半导体的 UPS 能谱图，从图中可以得到二次电子截止边（E_{cutoff}）对应被检测电子的最高结合能（即二次电子截止边的切线与基线交点对应的横坐标）和 E_{fermi} 费米能级的结合能值（费米台阶中点位置的检测值）。依据功函数公式：$\Phi_{sp} = h\nu - (E_{cutoff} - E_{fermi})$，可以得出该钙钛矿薄膜的功函数及能级排布位置。

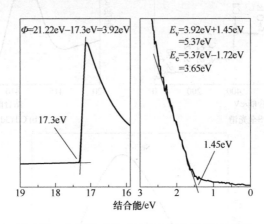

图 6-22　全无机钙钛矿纳米半导体的 UPS 能谱

3. 角分辨光电子能谱

角分辨光电子能谱（ARPES）能够直接观察纳米半导体材料的费米面表面和潜在的电子结构，描述固体所有电子性质和揭示关键电子相互作用性质，对理解纳米半导体材料的性质具有重要意义。ARPES 能在晶体的能量-动量空间中"看到"电子的实际分布。这种分布是由电子能带结构（电子与周期性晶体势能的相互作用）、电子与晶格的不均匀性（缺陷、杂质、热振动）以及电子之间的相互作用决定的。如果晶体表面受到一定能量的单色光照射，它将向不同方向发射具有不同动能的电子，作为能量函数的电子通量称为光电子能谱，如果加上对发射角的扫描，则称为 ARPES 谱。

ARPES 装置通常由一个电子透镜、一个半球形分析器和一个多通道探测器组成，如图 6-23 所示。在角分辨模式下，样品表面的一个聚焦紫外光激发光斑（直径通常为数百微米）能够与电子透镜的焦点重合，电子透镜将光电子投射到分析器的入口狭缝上，透镜通过沿狭缝形成电子的角度扫描，将光电子的角空间转换为坐标空间，这些电子在透镜轴线和狭缝形成的平面内飞行。当电子束进一步穿过分析仪时，其能量也会在垂直于狭缝的平面内扩散。因此，在二维探

图 6-23　ARPES 系统实物图

测器（如微通道板）上形成了二维光谱，即光电子发射强度是能量和发射角的函数。角分辨光电子能谱对光源的要求相对较高，一般要求光子能量高于样品的功函数，同时具备好的单色性和强度。目前常用的光源有 3 种：气体放电灯、同步辐射以及激光。气体放电灯是利用稀有气体由激发态向基态跃迁时发出的光，稀有气体中氦气用得最多，这种

光源的优点在于造价相对便宜，性能稳定。同步辐射是利用被加速到接近光速的电子被磁场偏转时沿其运行轨迹切线方向所发出的辐射，这种光源具有高亮度、高准直性、广阔且连续可调的光谱范围及良好的单色性和偏振性等优点。激光的单色性很好，光子能量一般只能到达 10eV。这样的光可以探测的布里渊区面积有限，但是优点是非表面敏感、能量分辨率好、光斑小。

角分辨光电子能谱功能强大，具有很高的能量动量精度，其基本核心原理是光电效应。在光电子激发的过程中，逃逸的光电子能量取决于入射光的频率，满足

$$E_0 = h\nu - \Phi \tag{6-10}$$

式中，E_0 为电子初动能；h 为普朗克常数；ν 为入射光频率；Φ 为样品功函数。并满足能量守恒定律：

$$E_K = h\nu - \Phi + E_B \tag{6-11}$$

式中，E_K 为光电子挣脱材料束缚后出射到真空时所具有的动能；E_B 为材料束缚能。ARPES 测定能量的原理就是测定出逸出光电子的动能，由于入射的光子能量 $h\nu$ 已知，通过这一能量守恒关系便可以得到电子本身在材料中的能量。ARPES 的几何结构如图 6-24 所示，光子入射打向样品，激发出的光电子部分被特定角度摆放能量分析器接收。

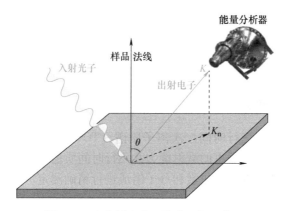

图 6-24 角分辨光电子能谱几何示意图

对于动量信息，动量守恒定律（准动量的转换）适用于平行于材料表面的动量分量，通常忽略沿表面的光子动量分量，利用平行方向上的动量守恒关系，可以得到

$$P_\parallel = \hbar k_\parallel = \sqrt{2mE_K}\sin\theta \tag{6-12}$$

式中，$P_\parallel$ 为出射光电子的面内动量分量；$k_\parallel$ 为电子在材料内部能带结构中的面内动量分量；m 为电子质量；θ 为出射电子与材料表面法线的夹角。

在垂直于材料表面的方向上，由于电子有与晶格产生非弹性散射的可能性，动量不再守恒。所以需要引入描述材料的内势能 V_0 来给出沿着 k_z 方向的动量。因此在垂直方向的动量 k_z 可以记为

$$k_z = \frac{\sqrt{2m(E_{kin}\cos^2\theta + V_0)}}{\hbar} \tag{6-13}$$

式中，E_{kin} 为光电子的动能。当测量某一具体材料时，V_0 是一个定值。因此可以通过改变测量光子能量的方式，使得样品被测量跨越一个或者多个布里渊区的区域，通过观察不同光子

能量采集的能谱周期性来判断该材料 V_0 的大小，以及不同能量下材料对应的 k_z。

典型的 ARPES 数据呈现能量与动量之间的色散图，其中颜色表示提取电子的能量和动量的概率。图 6-25 显示了钙钛矿纳米晶体的 ARPES 数据。图中的 ARPES 测量覆盖了表面布里渊区（BZ）$\overline{\Gamma M X}$ 平面，电子波矢量平行于表面的分量（k_x 和 k_y），而电子波矢量垂直于表面的分量（k_z）则取决于光电子动能。

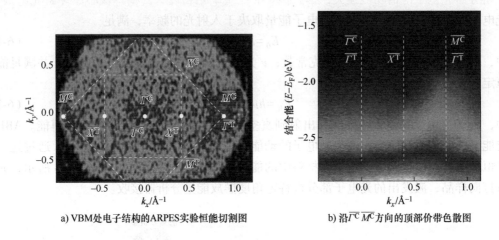

a) VBM处电子结构的ARPES实验恒能切割图 b) 沿 $\overline{\Gamma^C M^C}$ 方向的顶部价带色散图

图 6-25　钙钛矿纳米晶体的 ARPES 数据

6.2.2　质谱分析表征技术

在材料表面分析领域，飞行时间二次离子质谱（TOF-SIMS）已成为一种具有多项优势的强大技术，它结合了聚焦离子束的溅射能力和飞行时间质谱仪的高分辨率分析能力，可以对纳米半导体材料表面的元素、同位素和分子组成进行精确测定。

TOF-SIMS 主要由样品台、离子源、一次离子光学系统、二次离子提取系统、飞行时间检测器、数据分析系统组成（图 6-26）。工作时，离子源产生的一次离子束被加速聚焦后轰击样品表面，在样品表面发生溅射而产生二次离子，经过二次离子提取系统及聚焦后进入离子飞行管道。由于不同种类的离子其荷质比存在差异，它们在无场区中的飞行速度不同，实现了二次离子的分离。根据二次离子由样品表面被轰击而剥离产生以及到达检测器的时间信息，可以通过测量二次离子强度，实现对待测物质的成分分析。ToF-SIMS 是一种破坏性的测试方法，但是具有高透射率、高质量分辨率和高空间分辨率等优点，并且可以使用单离子计数探测器，达到最高的灵敏度，可检测浓度极低（小于 10^{-3}%）的样品。因此，一次离子剂量可以保持在 $<10^{12} \text{ions/cm}^2$，可以在不去除第一原子层（静态 SIMS）的情况下扫描材料表面约 100 次，获得表面敏感的化学相关信息，能够分析元素、同位素、分子等信息。与传统用于化学表面分析的技术相比，TOF-SIMS 结合了二次离子质谱和飞行时间器的功能，提高了检测样品元素成分和分布的准确性。

一般而言，TOF-SIMS 的强度可以表示为

$$I_s^x = I_P \times y_x \times a^\pm \times \theta_x \times \eta \tag{6-14}$$

式中，I_s^x 为二次离子电流；I_P 为一次离子电流；y_x 为溅射产率；$a^\pm$ 为电离概率（无论是正电

离还是负电离）；θ_x 为分析区域中物种 x 的浓度；η 为所使用的 SIMS 机器的透过率。由于电离概率通常是未知的，因此 TOF-SIMS 通常被认为是一种半定量的方法。

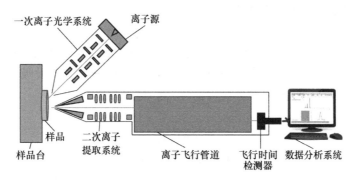

一次离子光学系统　　离子源
样品
样品台　　二次离子提取系统　　离子飞行管道　　飞行时间检测器　　数据分析系统

图 6-26　TOF-SIMS 原理图

TOF-SIMS 最基本的功能是质谱，通过质谱图分析样品表面的原子的元素和分布信息。二维成像分析也是 TOF-SIMS 的主要功能，使用离子源发射聚焦一次离子束"扫描"式照射在样品表面，采用质谱检测器收集并记录形成的二次离子，通过分析其离子强度就能得到二维像，二维成像可以分析元素分布强度和化学成分等信息。二维成像的横向分辨率<60nm，图像采集最高可达 50Hz 像素频率，成像区域从 μm^2 到 cm^2 量级。TOF-SIMS 还可以进行深度剖析，通过对样品施加低能量的离子束，对样品进行刻蚀，从而形成一个微小的溅射凹坑，同时采用脉冲式离子束对溅射凹坑中心进行分析，这便是深度分析。通过深度分析，可以得到样品随深度变化

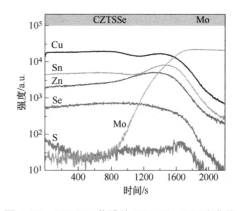

图 6-27　CZTSSe 薄膜的 TOF-SIMS 深度曲线

的离子强度分布。深度分析可以达到优于 1nm 的分辨率，深度溅射速度可以达到 $10\mu m/h$。图 6-27 为 Mo 基底的 CZTSSe 薄膜的飞行时间二次离子质谱，图中展示了 CZTSSe 样品中各元素的位置分布。

6.3　光学特性表征

6.3.1　稳态光学表征技术

1. 紫外-可见吸收光谱

紫外可见光谱法又称电子吸收光谱法，其原理是测量样品中电子跃迁所吸收的光，通过测量纳米半导体材料对光的吸收和反射等性质，可以研究其光学性质，如带隙、激子吸收峰等，对理解纳米半导体材料的电子结构和光学行为具有重要意义。

紫外-可见分子吸收光谱法（UV-Vis）由紫外区和可见光波长的氘和钨灯光源、单色器、

样品室和检测器组成。光源发出的复合光通过单色器被分解成单色光，当单色光通过样品室时，一部分被样品吸收，未被吸收的光到达检测器被转变为电信号，经电子电路的放大和数据处理后，通过显示系统输出测量结果。

电子跃迁所需的光波长（λ）通常位于电磁辐射光谱的紫外线（$200 \sim 390$ nm）和可见光（$390 \sim 780$ nm）区域。紫外可见光谱法研究的是样品对光的反应，在紫外可见光谱中，测量的是穿过样品的光强（I）。当光束穿过样品时，其中一部分可能会被吸收，而其余部分则会透过样品。在特定波长下，入射光强度（I_0）与透射光强度（I_t）之比被定义为透射（T），表示为

$$T = I_t / I_0 \tag{6-15}$$

而透射率的负对数称为吸收率，$A = -\lg T$。被吸收的辐射能量等于电子的基态和高能态之间的能量差。一般来说，从最高占位分子轨道到最低未占位分子轨道的电子跃迁更受青睐。

测量吸收光谱的原理遵循朗伯-比尔吸收定律，即当单色光束通过吸收样品时，吸光度（A）与吸收物质的浓度（C）和路径长度（L）成正比，它描述的是物质对入射光吸收的定量关系：

$$A = \lg\left(\frac{I_0}{I_t}\right) = \varepsilon C l \tag{6-16}$$

式中，ε 为给定化合物在特定条件下（波长、溶剂和温度）的摩尔吸收或消光系数；C 为样品的摩尔浓度；l 为样品吸收层的厚度。利用吸光光谱还可以计算纳米半导体材料的带隙，通常采用 Tauc plot 法。Tauc plot 法主要是基于 Tauc、Davis 和 Mott 等人提出的公式：

$$(\alpha h\nu)^{1/n} = B(h\nu - E_g) \tag{6-17}$$

式中，α 为吸光系数；h 为普朗克常数；ν 为入射光子的频率；B 为常数；E_g 为半导体禁带宽度；指数 n 的值与半导体材料的类型有关，当半导体材料为直接带隙时 $n = 1/2$；当半导体材料为间接带隙时 $n = 2$。图 6-28 为钙钛矿纳米半导体的紫外-可见吸收光谱，右上角图为用于计算材料带隙的 Tauc 图。

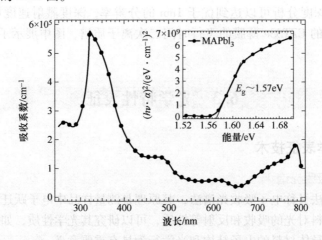

图 6-28　钙钛矿纳米半导体的紫外-可见吸收光谱

2. 荧光光谱

荧光光谱法又称荧光测定法或光谱荧光测定法，是一种用于纳米半导体材料性质表征的常用光学表征手段，一般用于研究半导体最低激发态或者位于禁带内的杂质能级或激子能级的性质。

图 6-29 所示 Jablonski 图展示了荧光的主要原理。当纳米结构材料吸收光子时，分子中的电子从基态（S_0）跃迁到激发态（S_1，S_2）。激发态电子不稳定，会从激发态（S_1，S_2）回到基态（S_0），从而发射出波长与两个电子态之间能量差相对应的光。根据 Jablonski 图，发射的能量低于激发的能量，因此荧光发射相对于吸收光谱向更高的波长移动，激发波长和发射波长之间的差异称为斯托克位移。不同的分子将吸收的光子转化为荧光发射的能力不同，这种效率用量子产率或量子效率（φ）来描述，$\varphi = \dfrac{发射光子数}{吸收光子数}$，$\varphi$ 值越高，化合物的荧光越强。非荧光分子的量子效率为零。

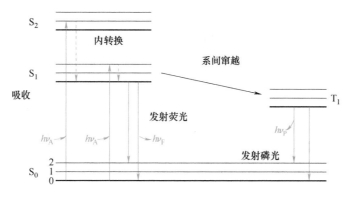

图 6-29　Jablonski 图谱

荧光光谱仪包含光源、用于选择激发波长的单色器和/或滤光器、样品架、用于选择发射波长的单色器和/或滤光器、光电探测器，以及用于数据采集和分析的装置。荧光光谱仪是将具有单色波长的光聚焦到样品上，样品发出某种波长的光，并传播到检测器。检测器通常与光源成 90°角，以最大程度避免透射激发光的干扰。光源发出的光子传播到光检测器，与检测器相连的计算机软件生成光谱。原理如图 6-30 所示。

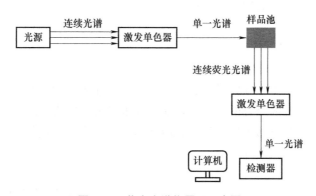

图 6-30　荧光光谱仪原理示意图

荧光光谱分为激发光谱与发射光谱。研究分子的激发光谱时，使用不同波长的激发光源激发荧光物质使之发生荧光，并以固定的发射波长照射到检测器上，然后以激发光波长为横坐标，以荧光强度为纵坐标所绘制的图，即为荧光激发光谱，因此激发光谱反映的是荧光强度对激发波长的依赖关系。图 6-31 为 CdS/CdTe 异质结的激发光谱，在激发波长为 470nm 时会出现一个尖锐的峰值，说明该激发波长处的荧光强度最强。

发射光谱是不同发射波长处荧光强度随发射波长变化的光谱。发射光谱是使激发光的波长和强度保持不变，而让荧光物质所发出的荧光通过发射单色器照射于检测器上，以荧光波长为横坐标，以荧光强度为纵坐标作图，即为荧光光谱。图 6-32 为不同 TiO_2 基底钙钛矿薄膜的发射光谱，发光强度可以评估电荷是否能有效地从光活性层提取到介孔 TiO_2 层。$Ce-TiO_2$ 基底制备的钙钛矿薄膜展现出更明显的光致发光（PL）猝灭，说明其电荷提取能力更强。

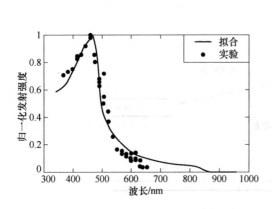

图 6-31　CdS/CdTe 异质结的激发光谱

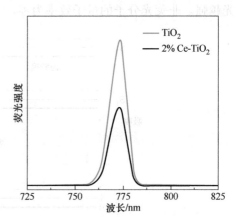

图 6-32　不同 TiO_2 基底钙钛矿薄膜的发射光谱

影响样品荧光强度的因素包括荧光猝灭和样品的局部环境。荧光猝灭是指通过分子内或分子间相互作用导致激发分子失活从而导致样品荧光强度降低的过程。样品的局部环境如溶剂、温度、pH 等都会对荧光强度产生影响。例如，溶液温度的升高会增强分子的运动，因此，分子之间的碰撞会导致荧光强度的降低。入射光的散射会影响荧光信号，特别是在混浊溶液中，散射和反射光量会对测量产生很大影响。

6.3.2　瞬态光学表征技术

时间分辨光致发光（TRPL）光谱是研究纳米半导体材料和分子体系中受激发载流子复合的一种强有力的技术。当半导体材料吸收光子之后，光生电荷会经历电荷复合以及输运过程，荧光便是电荷直接辐射复合的结果。辐射过程来自电荷的直接跃迁，是材料能级性质的直接体现。荧光强度及其寿命可以反映材料内部的复合动力学，进而用于探究半导体材料中载流子寿命、扩散系数等关键性质。

时间分辨光谱是一种瞬态光谱，是激发光脉冲截止后相对于激发光脉冲的不同延迟时刻测得的荧光发射，反映了激发态电子的运动过程。在典型的 TRPL 实验中，样品被极短的激光脉冲激发后会产生初始过剩载流子，随后由于界面上的重组和载流子萃取而衰减。一般测量的是荧光衰减谱，即固定检测的激发波长和发射波长，记录荧光强度随时间的变化。

在针对荧光寿命或荧光衰减的检测中，光子计数法是目前测量荧光寿命的主要技术，这种技术的时间分辨率高、灵敏度高、精度准确、响应范围大、输出数据方便。单光子计数法是在某一时间 t 检测到发射光子的概率，与该时间点的荧光强度成正比。如图 6-33 所示，令每一个激发脉冲最多只得到一个荧光发射光子，记录该光子出现的时间，并在坐标上记录频次，经过大量的累计，即可构建出荧光发射光子在时间轴上的分布概率曲线，即荧光衰减曲线。单光子计数法仪器中一个重要的部件称作时幅转换器（TAC），它可以将两个电信号间的时间间隔长度记录下来。激发光源发射一束短的脉冲光，同时被转换为一个电信号，启动 TAC 的记录；样品被脉冲光激发后，放出的光子同样被转换为一个电信号，终止 TAC 的记录。这样被 TAC 记录下来的时间间隔信号会以电脉冲的形式传达给多通道分析器（MCA），并在对应的时间通道内记录一个点。经过大量的累计，就会形成荧光衰减曲线。计数越多，得到曲线的精确度越高，通常衰减曲线的峰值计数要达到 $10^3 \sim 10^4$。

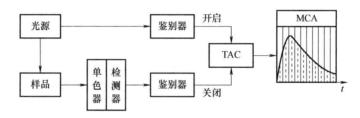

图 6-33 单光子计数法荧光时间分辨测量仪器示意图

发光材料分子受到光脉冲激发后，在激发态停留的平均时间，称为荧光寿命。荧光发射强度的衰减可以表达为 e 指数函数：

$$I(t) = I_0 \exp\left(-\frac{t}{\tau}\right) \tag{6-18}$$

式中，$I(t)$ 为光脉冲激发分子后时刻的荧光发射强度；I_0 为 $t=0$ 时的荧光强度；τ 为平均寿命。从统计学角度讲，在发射荧光的过程中，只有极小部分发光材料分子恰好在 t 时刻受激发射，因此，荧光寿命其实是反映荧光强度从初始强度耗散至其 $1/e$ 所需要的时间。荧光寿命是用来表征材料中激发态载流子处于某一特定的激发状态的时间长短的一个物理量。由于 TRPL 具有复杂的指数形状，因此通常采用单指数、双指数和拉伸指数函数进行拟合。图 6-34 为玻片基底上制备 $MAPbI_3(Cl)$ 薄膜的时间分辨光致发光光谱，通过指数拟合计算出薄膜的平均载流子寿命>1000ns。在短时间内，PL 衰减可能接近单指数，但在较长时间内则偏离单指数衰减。

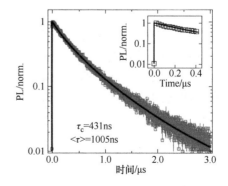

图 6-34 杂化钙钛矿的 TRPL 光谱

6.4　电学特性表征

6.4.1　稳态电学表征技术

量子效率（quantum efficiency，QE）是表征太阳能电池器件性能的重要参数，是指某一特定波长下单位时间内产生的电荷载流子数目与入射光子数目之比。太阳能电池量子效率与太阳能电池对照射在电池表面的各个波长的光的响应有关，即与入射光的波长或者能量有关。

量子效率原理示意图如图 6-35 所示。量子效率测试仪主要由光源、单色仪、斩波器、电流前置放大器、锁相放大器等组成，主要是利用单色仪将光源发出的白光分解成不同波长的单色光，单色光通过斩波器后变成脉冲光，这些不同波长的脉冲单色光照到样品上，产生出脉冲光电流。用锁相放大器接收这些微弱脉冲光电流信号并加以放大，同时测一个已知 QE 值的标准太阳能电池相应的脉冲光电流信号，然后将两个信号进行比较，便可以计算出待测样品的 QE 值。

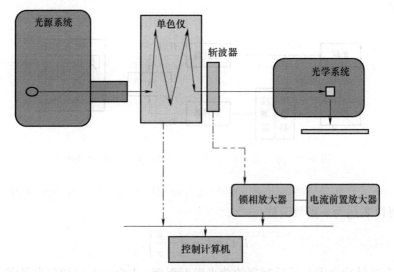

图 6-35　量子效率原理示意图

太阳能电池试剂测试过程中，QE 与光捕获效率、电子注入量子效率及注入电子在纳米晶膜与导电玻璃的后接触面上的收集效率三部分有关。对于一定波长的入射光，太阳能电池完全吸收了所有光子，并且也收集到由此产生的所有载流子，那么太阳能电池在此波长的量子效率为 1。对于能量低于带隙的光子，太阳能电池的量子效率为 0。理想中的太阳能电池的 QE 图形是一个正方形，即各个波长的太阳能电池 QE 是一个常数。但是，绝大多数太阳能电池的 QE 会由于再结合效应而降低。

量子效率分为内量子效率和外量子效率，两者的差异在于是否考虑器件表面的光反射损失，内量子效率（interal quantum efficiency，IQE）是太阳能电池的电荷载流子数目与外部入射到太阳能电池表面被太阳能电池吸收的光子数目之比。外量子效率（external quantum efficiency，EQE）是太阳能电池的电荷载流子数目与外部入射到太阳能电池表面的光子数目，即

$$\eta = \frac{n_e}{n_p} \tag{6-19}$$

式中，n_e 为单位时间内太阳能电池输出到外电路的电子个数；n_p 为单位时间内入射到太阳能电池的光子个数。如果已知入射单色光的辐射能量，入射到太阳能电池后，测得所产生的电流，通过单位换算即可得到器件在此波长下的 EQE，连续改变不同波长，就可得到 EQE 光谱。外量子效率测量结果与光源光谱分布无关，可信度高，它能反映电池对各波长入射光的响应情况。

根据 EQE 光谱，可以计算在标准光谱下的短路电流密度 J_{sc}。EQE 量子效率光谱对 AM1.5G 标准光谱进行积分：

$$J_{sc}(EQE) = \int EQE(\lambda) \cdot S(\lambda)_{AM1.5G} d\lambda$$

$$(6-20)$$

J_{sc}（EQE）即此器件吸收全部光可以达到的短路电流密度。EQE 光谱可以转换成光谱响应 SR（λ），其单位是 A/W；而 AM1.5G 光谱的单位是 W/m^2，所积分出来的单位 A/m^2，就是电流密度单位；EQE 量子效率光谱是在短路条件下，因此，积分结果就是短路电流密度 J_{sc}（EQE）。图 6-36 为钙钛矿太阳能电池的外量子效率曲线，根据 EQE 曲线可以计算出该电池的积分电流密度，通过与 $J\text{-}V$ 测试的电流密度对比可验证其准确性。

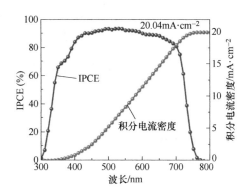

图 6-36　钙钛矿太阳能电池的
外量子效率曲线

6.4.2　瞬态电学表征技术

瞬态光电测量技术用于研究纳米半导体材料光伏器件中电荷载流子动力学过程，重点是研究光伏器件在光照下的瞬态变化，它可以获得半导体体内光生载流子产生、俘获、复合、分离过程的重要微观信息，能够帮助人们理解光伏器件的原理，区分陷阱效应和电荷复合不同的损失机制，为优化器件工艺、提升器件性能提供理论支持。

图 6-37 所示为瞬态表征系统的简化图。激光器主机通过触发信号线给示波器传递脉冲信号，激光器发射出纳秒宽度的激光脉冲，示波器接收到触发信号后进行测量并记录数据；当激光照射到太阳能电池上时，太阳能电池吸收激光光子，经过一系列的光电转换过程，自由电荷会迅速向两边电极漂移扩散。当电池和外电路组成回路，回路中就产生电流响应，其电流响应的大小和电池中定向移动的电荷有关，也和回路的阻抗有关。当示波器输入阻抗调节至 1MΩ 时，电池相当于和一个大电阻串联，相当于开路，这种测量方法叫作瞬态光电压（TPV）测量。TPV 揭示了器件的复合和并联电阻的信息，适合于研究太阳能电池中的载流子再复合和陷阱动力学。当示波器输入阻抗调节至 50Ω 时，电池相当于和一个小电阻串联，近似于短路，这种测量方叫作瞬态光电流（TPC）。测量 TPC 通常在不同的偏置电压、偏置光或光脉冲强度下进行测试。

瞬态光电压经常被用于确定太阳能电池中电荷载流子的寿命，描述的是少数电荷载流子在掺杂体材料中平均存活时长。为了探测少数载流子的重组寿命，需要向器件施加额外的微小光脉冲，并测量在大负载电阻上产生的相应瞬态感应电压。然后记录这个小光电电压的衰

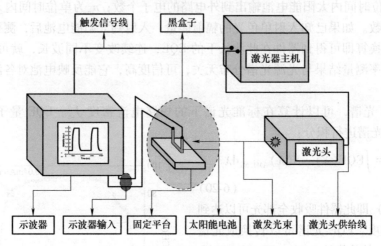

图 6-37　瞬态表征系统的简化示意图

减，从中提取 TPV 的寿命。少数电荷载流子寿命 τ 的一般定义是

$$\tau = \frac{n}{R} \tag{6-21}$$

式中，n 为电荷载流子密度（电子或空穴）；R 为复合率。在具有高均匀的掺杂浓度（多数电荷载流子）的器件中，少数电荷载流子的寿命在空间和时间上是恒定的。假设光生载流子密度变化与光电压增加（$\Delta n \sim \Delta V$）成正比，电压衰减为

$$V(t) = V_{oc} + \Delta V \cdot \exp\left(-\frac{t}{\tau}\right) \tag{6-22}$$

式中，V_{oc} 是偏置光下的开路电压；ΔV 是由于微小光脉冲引起的电压增量；τ 是少数载流子寿命。通过 TPV 实验，可以直接从指数电压衰减计算出偏置光下的电荷载流子寿命。图 6-38 为不同基底和光老化条件下的有机太阳能电池的 TPC 和 TPV 曲线。TPC 寿命短，表明光生电荷在界面处抽取过程快，意味着太阳能电池具有较好的电荷传输性能。TPV 寿命长，表明光生载流子在器件中的寿命较长，复合过程较弱，这通常意味着太阳能电池具有较好的电荷收集能力。

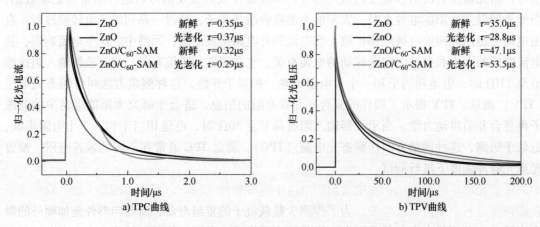

图 6-38　有机太阳能电池的瞬态电学表征曲线

但是这种传统 TPC/TPV 方法只能测量器件短路状态下的瞬态光电流和开路状态下的瞬态光电压，无法实现器件在任意工作下电荷动力学测量。中科院物理所孟庆波团队发展了可调控瞬态光电（m-TPC/TPV）测试系统，如图 6-39 所示，通过滤波电路的引入，实现了在不同偏置光、不同偏置电压的实际工作状态下瞬态光电压和瞬态光电流测量。

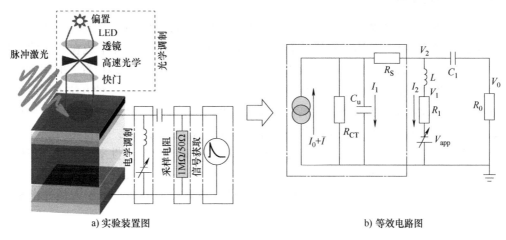

图 6-39　可调控瞬态光电测试系统

m-TPC/m-TPV 还可以在给器件施加电学或光学调控的同时实现其内部瞬态光电性质的实时原位测量，因此在测量电池慢响应以及监测器件稳定性等方面有重要应用。图 6-40 为钙钛矿太阳能电池在慢响应过程中 TPC 和 TPV 演化结果。当在电池上施加外部电压时，电池给出的是负的瞬态光电流和光电压信号，这表明电池内部存在反向电场，由此证明电池内部已经存在较为严重离子堆积，而这些离子堆积是由异质结内建电场驱使的。

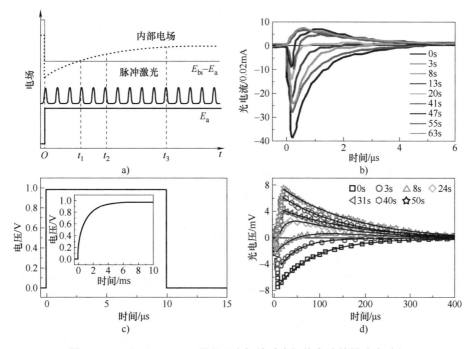

图 6-40　m-TPC/m-TPV 用于研究钙钛矿太阳能电池的慢响应过程

6.5 太阳能电池组件性能测试

6.5.1 光伏性能测试

光伏性能测试是太阳能光伏产业中非常重要的一项技术，通过对太阳能电池的 J-V 曲线进行测量，可以评估太阳能电池的性能和效率。J-V 测量是在自然阳光下或在封闭的实验室环境中借助太阳模拟器进行的。由于太阳辐射的强度和光谱分布、地理位置、时间、一年中的一天、气候条件、大气组成、海拔变化和天气条件等因素有关，第一种方法不可取，借助太阳光模拟器测试操作简单、重复性高，是现在主要的测试手段。太阳光模拟器是一种人造光源，可以产生或模拟具有与太阳光相似的光谱分布及发光强度的光（图 6-41），利用太阳模拟器代替自然光对太阳能电池或者组件进行可重复、准确的 J-V 特性室内测试。理想的太阳模拟器应该在进行 J-V 测量时间段内发光强度的变化少于 ±1%，在高于测试平面几厘米处的入射光的辐照强度的空间差别少于 ±1%，在测试电池和标准电池之间引入的光谱不匹配少于 1%。

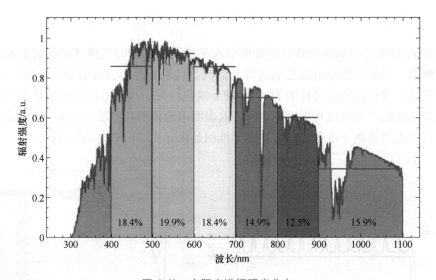

图 6-41 太阳光谱辐照度分布

用于评估太阳能模拟器性能的三个标准：光谱分布、空间差异和时间恒定性。在应用中，用于太阳能电池组件测试的空气质量被标准化为 AM 0、AM 1 和 AM 1.5G。大气层外的光谱，近似于 5800K 黑体，称为"AM 0"，意思是"零大气"。用于太空电力应用的太阳能电池，如通信卫星上的太阳能电池，通常使用 AM 0 光谱来表征。"AM 1"是太阳直接从头顶垂直穿过大气层到达海平面的光谱，这意味着"一个大气"。AM 1.5G 为 1.5 个大气厚度，对应于太阳天顶角 $\theta = 48.2°$，AM 1.5G 下的日光照度为 109870lx（对应于 AM 1.5G 光谱 1000.4W/m^2）。

太阳能模拟器主要由三部分组成：光源和电源、改变光束特性以满足要求的滤光器以及操作模拟器的控制元件。光源的选择是模拟太阳光及其强度的太阳模拟器设计中最重要的部分，光源的光谱特性、照明模式、准直性、光流稳定性和光程是选择时要考虑的因素。通常采用卤素灯、氙光灯、发光二极管（LED）等作为太阳光模拟器的光源，通过精确控制光源的电流和电压，可以模拟太阳光的强度和光谱分布。其中，卤素灯功耗高、成本高，光谱与AM1.5G差异较大，其主要用于光伏组件的光致衰减、热斑、温升等实验测试。氙灯光谱与AM1.5G具有与太阳光匹配、光强高、光谱好等优点，是常规太阳模拟器常用的光源，但是氙灯具有功耗高、需要持续维护和生命周期短的缺点。LED灯具有低成本、低功耗、脉冲时间长的优点，在消除高容性光伏组件电容效应时具有优势。LED灯光谱由光照模块中的多个LED灯实现，但因为是不连续光谱，仍旧与AM1.5G存在较大差异。此外，还包括反射镜、凸透镜、滤光片等，用于调整和匹配模拟太阳光的光谱、方向性和空间分布等特性。

太阳能电池是利用光电效应将太阳光转化为电能的器件。当太阳光照射到太阳能电池表面时，光子能量被吸收，激发电子从价带跃迁到导带，形成电子-空穴对。在电场作用下，电子和空穴被分离，从而产生电流。太阳能电池的J-V特性（即伏安特性）是指在一定光照和温度的条件下，电流和电压的函数关系。

由单个二极管、光生成电流发生器、串联电阻（R_s）和并联电阻（R_{sh}）组成的电路可以模拟一个工作的太阳能电池（图6-42），太阳能电池输出电压（V）和终端电流密度（J）的关系式为

$$J(V) = J_{sc} - J_0 \exp\left[\frac{q(V+R_sJ)}{nk_BT}\right] - \frac{V+R_sJ}{R_{sh}}$$ （6-23）

式中，J_0为二极管反向饱和电流密度；J_{sc}为短路电流密度；n为理想因子；q为电子电荷；k_B为玻尔兹曼常数；T为工作温度。

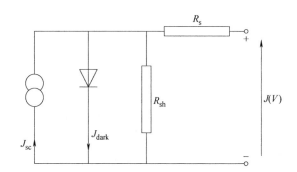

图6-42　考虑寄生电阻的单二极管模型等效电路

当R很大时，由J-V曲线模型变换可得

$$-\frac{dV}{dJ} = \frac{nk_BT}{q}(J_{sc}-J)^{-1} + R_s$$ （6-24）

$$\ln(J_{sc}-J) = \frac{q}{nk_BT}(V+R_sJ) + \ln(J_0)$$ （6-25）

基于上述两个方程，研究人员可以从电池J-V曲线中得到反映电池电荷损失机制的理想因子参数和反映电池电荷复合程度的饱和电流密度参数。测量太阳能电池的J-V特性曲线可以获得电池的一系列参数，如短路电流密度J_{sc}、开路电压V_{oc}、填充因子FF、电池效率PCE等，这些参数能够直接反映电池性能。图6-43a展示15cm×15cm的FAPbI$_3$太阳能电池组件

照片，该组件的反扫效率为 18.54%，V_{oc} 为 34.3V，J_{sc} 为 0.748mA/cm²，FF 为 72.22%。

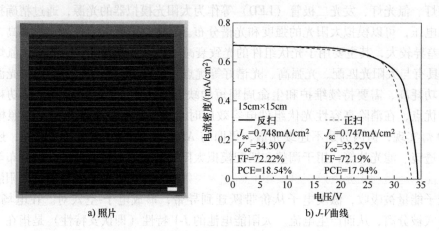

a) 照片　　　　　b) J-V 曲线

图 6-43　太阳能电池组件照片及其 *J-V* 曲线

6.5.2　稳定性测试

太阳能电池能够通过光电效应将光能转化为电能，但在实际使用中，它们可能会面临高温、湿度变化、机械应力等恶劣环境条件的挑战。稳定性测试能够验证太阳能电池在实际使用中的耐久性和稳定性，从而保证其可靠的能源输出。

1. 湿冷测试

光伏组件湿冷测试，也称为冷热循环、湿度-温度循环测试，是评估光伏组件在差异气候条件下耐久性能的一种测试方法。其原理是在特定的温度和湿度环境条件下进行多次循环，模拟光伏组件的老化过程，以检测组件在长期使用过程中是否能够保持高效稳定的性能。

在一个可以实现自动温湿度控制的气候，对组件进行图 6-44 所规定的湿-冷循环试验。在室温下将组件装入气候室，温度传感器置于组件中部的前方或后方，并且将组件与连续性测试仪、绝缘检测仪连接。关闭气候室，完成如图 6-44 所示的 10 次循环。在整个测试过程中，最高和最低温度应保持在所设定值的±2℃以内，相对湿度应稳定在所设定值的±5%以内。整个实验操作过程中，需记录组件的温度变化并监测实验过程中可能产生的任何断路或漏电现象。

2. 湿热测试

光伏组件湿热试验是一种模拟光伏组件在高温、高湿环境下的稳定性和耐久性的测试。它将光伏组件置于特定的环境条件下，通过长时间的暴露和监测，来评估组件在极端环境下的稳定性。

光伏组件湿热试验是在室温下将组件装入恒定湿热实验箱，将实验箱的温度在不加湿的条件下升到 85℃，以对实验样品进行预热，待组件温度稳定后，再将湿度增加至 85%，以免组件产生凝露。实验结束后，将测试组件在室温下恢复 2~4h，以便组件恢复到稳定状态，随后对组件进行外观检查以及标准实验条件的性能测试。

3. 热循环测试

热循环试验也称为温度循环试验、高低温循环试验，是将试验样品暴露于预设的高低温

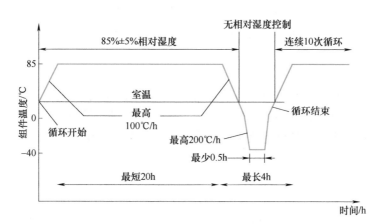

图 6-44　湿-冷循环实验

交替的试验环境中所进行的试验，如图 6-45 所示。组件的热循环测试实在室温下将组件装入有自动温度控制的气候室，使组件周围空气的循环速度不低于 2m/s，组件的温度保持在 (−40±2)℃ 和 (85±2)℃ 之间，并且温度变化速率应不超过 100℃/h。在每个极端温度下，应至少保持 10min，以便充分模拟实际使用中的温度变化过程；一次循环时间不超过 6h，一般测试 200 个循环。在整个实验过程中，记录组件的温度，热循环实验结束后在室温下将组件至少恢复 1h，然后对其进行外观检查及标准实验条件的性能测试。

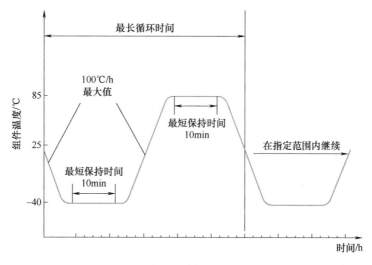

图 6-45　热循环实验

4. 冰雹实验

冰雹实验是通过人工制作的冰球或者用钢球代替冰雹从不同角度以一定的动量撞击组件，检测组件产生的外观缺陷、电性能衰减率，以确定组件承受冰雹撞击的能力。

组件冰雹实验通常使用气动发射装置或特制的冰雹试验设备，通过人工制作的冰球模拟自然环境下的冰雹，以恒定的速度撞击光伏组件的不同位置。试验过程中，需要严格控制冰球的直径、质量、撞击速度和撞击角度等参数，以模拟真实的冰雹冲击环境。试验过程中，冰球的直径通常在 25~45mm 之间，速度通常设定在 23~30.7m/s 之间。组件受试点经冰球撞击后，需要经外观检查和 *J-V* 测试，评估其是否受到冰雹影响。

5. 紫外老化实验

紫外老化实验用于检测太阳能光伏组件暴露在高湿和高紫外辐射场地时是否具有抗衰减能力。可通过紫外老化实验箱进行，该设备能够模拟不同条件下的太阳辐射，如不同波长的紫外线、可见光和红外线，并通过紫外线灯管对光伏组件进行持续照射，加速其老化过程。通过比较试验前后的数据，评估光伏组件在紫外线照射下的老化情况。

思 考 题

1. 纳米材料的表征主要包括哪些方面？请至少列举三项，并简要说明每项表征的意义。

2. 简述导电原子力显微镜（C-AFM）的基本原理，并说明它如何同时获取样品的表面形貌和局域电导信息。

3. 简述扫描隧道显微镜（STM）在纳米表征中的应用，并指出它与传统显微镜相比的一个主要优势。

4. 说明在纳米材料成分测试表征中 X 射线光电子能谱法（XPS）与飞行时间二次离子质谱仪之间的区别及其优缺点。

5. 请解释太阳能电池瞬态光电流（TPC）测试与瞬态光电压（TPV）测试的区别，并简述 TPC 测试的主要目的。

6. 太阳能电池组件稳定性的测试方法有哪些？

参 考 文 献

［1］ TAN W L, MCNEILL C R. X-ray diffraction of photovoltaic perovskites：Principles and applications ［J］. Applied Physics Reviews，2022，9（2）：021310.

［2］ FRANCKEVIČIUS M, PAKŠTAS V, GRINCIENĖ G, et al. Efficiency improvement of superstrate CZTSSe solar cells processed by spray pyrolysis approach ［J］. Solar Energy，2019，185：283-9.

［3］ ZHOU B, SHANG C, WANG C, et al. Strain engineering and halogen compensation of buried interface in polycrystalline halide perovskites ［J］. Research，2024（7）：0309.

［4］ QIN M, CHAN P F, LU X. A systematic review of metal halide perovskite crystallization and film formation mechanism unveiled by in situ GIWAXS ［J］. Advanced Materials，2021，33（51）：2105290.

［5］ BAKER J L, JIMISON L H, MANNSFELD S, et al. Quantification of thin film crystallographic orientation using X-ray diffraction with an area detector ［J］. Langmuir，2010，26（11）：9146-9151.

［6］ WU S P, JIANG J J, YU S T, et al. Over 12% efficient low-bandgap CuIn（S, Se）2 solar cells with the absorber processed from aqueous metal complexes solution in air ［J］. Nano Energy，2019，62：818-822.

［7］ HOFFMAN J E. Spectroscopic scanning tunneling microscopy insights into Fe-based superconductors ［J］. Reports on Progress in Physics，2011，74（12）：124513.

［8］ MIRONOV V L. Fundamentals of scanning probe microscopy ［M］. Nizhniy Novgorod：Russian academy of sciences institute for physics of microstructures，2004.

［9］ ZHAO H, MA K, LI J, et al. Surface characterization of the solution：Processed organic-inorganic hybrid perovskite thin films ［J］. Small，2022，18（47）：2204271.

［10］ KIM Y, KIM W, PARK J W. Principles and applications of force spectroscopy using atomic force microscopy

[J]. Bulletin of the Korean Chemical Society, 2016, 37 (12): 1895-1907.

[11] BERTHELIER V, WETZEL R. Screening for modulators of aggregation with a microplate elongation assay [J]. Methods in enzymology, 2006, 413: 313-325.

[12] MACHUI F, LUCERA L, SPYROPOULOS G D, et al. Large area slot-die coated organic solar cells on flexible substrates with non-halogenated solution formulations [J]. Solar Energy Materials & Solar Cells, 2014, 128: 441-446.

[13] LIN L Y, KIM D E, KIM W K, et al. Friction and wear characteristics of multi-layer graphene films investigated by atomic force microscopy [J]. Surface and Coatings Technology, 2011, 205 (20): 4864-4869.

[14] MELITZ W, SHEN J, KUMMEL A C, et al. Kelvin probe force microscopy and its application [J]. Surface science reports, 2011, 66 (1): 1-27.

[15] JIANG Q, TONG J H, XIAN Y M, et al. Surface reaction for efficient and stable inverted perovskite solar cells [J]. Nature, 2022, 611: 278-283.

[16] BENSTETTER G, HOFER A, LIU D P, et al. Fundamentals of CAFM operation modes [J]. Conductive Atomic Force Microscopy: Applications in Nanomaterials, 2017: 45-77.

[17] SI H N, ZHANG S, MA S C, XIONG Z Z, et al. Emerging conductive atomic force microscopy for metal halide perovskite materials and solar cells [J]. Advanced energy materials, 2020, 10 (10): 1903922.

[18] SUN H R, ZHANG J, GAN X L, et al. Pb-reduced $CsPb_{0.9}Zn_{0.1}I_2Br$ thin films for efficient perovskite solar cells [J]. Advanced energy materials, 2019, 9 (25): 1900896.

[19] VALASTRO S, SMECCA E, BONGIORNO C, et al. Out-of-glovebox integration of recyclable europium-doped $CsPbI_3$ in triple-mesoscopic carbon-based solar cells exceeding 9% efficiency [J]. Solar RRL, 2022, 6 (8): 2200267. 1-2200267. 8.

[20] KRISHNA D N G, PHILIP J. Review on surface-characterization applications of X-ray photoelectron spectroscopy (XPS): Recent developments and challenges [J]. Applied surface science advances, 2022, 12: 100332.

[21] WEN J S, MA C C, HUO P W, et al. Construction of vesicle CdSe nano-semiconductors photocatalysts with improved photocatalytic activity: Enhanced photo induced carriers separation efficiency and mechanism insight [J]. Journal of environmental sciences, 2017, 60: 98-107.

[22] AAMIR M, KALWAR K A, MEKHILEF S. Review: Uninterruptible power supply (UPS) system [J]. Renewable & sustainable energy reviews, 2016, 58 (May): 1395-1410.

[23] DAMASCELLI A. Probing the electronic structure of complex systems by ARPES [J]. Physica scripta, 2004, 2004 (T109): 61.

[24] KORDYUK A. ARPES experiment in fermiology of quasi-2D metals [J]. Low temperature physics, 2014, 40 (4): 286-296.

[25] 李佳俊. 铁基超导体和非晶碲化铋的角分辨光电子能谱研究 [D]. 北京: 中国科学院大学 (中国科学院物理研究所), 2023.

[26] 居赛龙. 含铋材料的角分辨光电子能谱研究 [D]. 合肥: 中国科学技术大学, 2018.

[27] CHENG F Y, WANG P D, XU C Z, et al. The dynamic surface evolution of halide perovskites induced by external energy stimulation [J]. National science review, 2024, 11 (4): nwae042.

[28] LOMBARDO T, WALTHER F, KERN C, et al. ToF-SIMS in battery research: Advantages, limitations, and best practices [J]. Journal of vacuum science & technology A. 2023, 41 (5).

[29] 高钦, 葛英勇, 管俊芳. 飞行时间二次离子质谱 (TOF-SIMS) 在矿物加工中的应用进展 [J]. 金属矿山, 2019 (12): 5.

[30] BENNET F, MÜLLER A, RADNIK J, et al. Preparation of nanoparticles for ToF-SIMS and XPS analysis

[J]. JoVE (Journal of visualized experiments), 2020, 163: e61758.

[31] WANG L C, LIN Y C, HSU H R. Improving the efficiency of a $Cu_2ZnSn(S,Se)$ (4) solar cell using a non-toxic simultaneous selenization/sulfurization process [J]. Materials science in semiconductor processing, 2018, 75.

[32] 孙尔康, 张剑荣, 陈国松, 等. 仪器分析实验 [M]. 3 版. 南京: 南京大学出版社, 2009.

[33] ABDOLKARIMI-MAHABADI M, BAYAT A, MOHAMMADI A. Use of UV-Vis spectrophotometry for characterization of carbon nanostructures: A review [J]. Theoretical and experimental chemistry, 2021, 57: 191-198.

[34] BHANDARI K P, LAMICHHANE A, MAENLE T, et al. Optical properties of organic inorganic metal halide perovskite for photovoltaics [C]. 2019 IEEE 46th photovoltaic specialists conference (PVSC). Chicago, USA: IEEE, 2019.

[35] LAKOWICZ J R. Principles of fluorescence spectroscopy [M]. Berlin: Springer, 2006.

[36] MOORE J E, WANG X F, GRUBBS E K, et al. Photoluminescence excitation spectroscopy characterization of cadmium telluride solar cells [C]. 2016 IEEE 43rd photovoltaic specialists conference (PVSC). Portland, USA: IEEE, 2016.

[37] LU H L, ZHUANG J, MA Z, et al. Crystal recombination control by using Ce doped in mesoporous TiO_2 for efficient perovskite solar cells [J]. RSC advances. 2019, 9 (2): 1075-1083.

[38] BALOCH A A, ALHARBI F H, GRANCINI G, et al. Analysis of photocarrier dynamics at interfaces in perovskite solar cells by time-resolved photoluminescence [J]. The journal of physical chemistry C, 2018, 122 (47): 26805-26815.

[39] PÉAN E V, DIMITROV S, DE CASTRO C S, et al. Interpreting time-resolved photoluminescence of perovskite materials [J]. Physical chemistry chemical physics, 2020, 22 (48): 28345-28358.

[40] QUILETTES D D, VORPAHL S, STRANKS S, et al. Impact of microstructure on local carrier lifetime in perovskite solar cells [J]. Science, 2015, 348 (6235): 683-686.

[41] XU C, ZHANG S, FAN W, et al. Pushing the limit of open-circuit voltage deficit via modifying buried interface in $CsPbI_3$ perovskite solar cells [J]. Advanced materials, 2023, 35 (7): 2207172.

[42] XU X, XIAO J Y, ZHANG G C, et al. Interface-enhanced organic solar cells with extrapolated T80 lifetimes of over 20 years [J]. Science bulletin, 2020, 65 (3): 208-216.

[43] SHI J J, LI D M, LUO Y H, et al. Opto-electro-modulated transient photovoltage and photocurrent system for investigation of charge transport and recombination in solar cells [J]. Review of scientific instruments, 2016, 87 (12): 123107.

[44] ESEN V, SAĞLAM Ş, ORAL B. Light sources of solar simulators for photovoltaic devices: A review [J]. Renewable and sustainable energy reviews, 2017, 77: 1240-1250.

[45] AMIRY H, BENHMIDA M, BENDAOUD R, et al. Design and implementation of a photovoltaic IV curve tracer: Solar modules characterization under real operating conditions [J]. Energy conversion and management, 2018, 169: 206-216.

[46] KIM Y, KIM G, PARK E Y, et al. Alkylammonium bis (trifluoromethylsulfonyl) imide as a dopant in the hole-transporting layer for efficient and stable perovskite solar cells [J]. Energy & environmental science: EES, 2023, 16 (5): 2226-2238.

第 7 章

纳米半导体太阳能电池前沿材料

■ 本章学习要点

1. 了解纳米半导体材料及其在太阳能电池中的应用。
2. 了解硅基材料的结构、光电特性及其制备方法。
3. 掌握铜铟镓硒的结构特性及光电特性。
4. 掌握有机太阳能电池的工作原理。
5. 掌握量子点的定义及基本性质。
6. 掌握钙钛矿材料的结构、光电特性及其在太阳能电池中的应用和优势。
7. 了解纳米半导体太阳能电池面临的技术挑战和未来的发展方向。

纳米半导体太阳能电池前沿材料是当前光伏技术研究的热点领域。这些材料通过纳米级的结构设计和优化，显著提升了太阳能电池的光电转换效率和稳定性。纳米半导体材料，如硅、铜铟镓硒、铜锌锡硫、量子点和钙钛矿等，具有独特的光学和电学性质，使其在捕获和利用太阳能方面表现出色。此外，这些材料的低成本和可加工性为大规模生产和应用提供了可能。随着研究的深入，纳米半导体太阳能电池有望在未来的能源市场中占据重要地位，推动可再生能源的发展。本章将详细介绍几种纳米半导体太阳能电池前沿材料的物理结构及特性，以及相应太阳能电池的基本结构、工作原理、制备工艺以及界面修饰。

7.1 硅基薄膜太阳能电池

在太阳能光伏器件的研究与发展中，全球光伏市场在很大程度上由硅基太阳能电池主导（占比超过 90%）。这一现象主要归因于以下几个因素：首先，硅的带隙处于有效光伏转换的最佳范围内；其次，硅是地壳中第二丰富的元素；此外，硅无毒且化学性质稳定，半导体工业对其技术掌握成熟。自硅被发现以来，凭借其耐高温和储量丰富的特点，逐渐取代锗，成为电子工业中常见的半导体材料。"光伏效应"的发现，使得能够直接将太阳光转换为电能的太阳能电池应运而生。单晶和多晶硅薄膜在太阳能电池中的应用日益广泛，特别是在当前大力倡导新型能源替代传统能源的背景下，晶硅薄膜在光伏发电领域展现出广阔的应用前景。

自 20 世纪 80 年代以来，微纳米技术的兴起推动了半导体器件和柔性电子的发展。在纳米尺度下，电子元器件的研究涉及化学、电子、材料、物理等多个学科，是电子产品发展的重要方向。硅薄膜在纳米级应用中将大放异彩。每种硅薄膜制造方法各有优劣，通常几种方法结合使用，以相互补充，从而获得性能更优的硅薄膜。

硅基薄膜太阳能电池具有如下优势。第一，材料成本低。第二，弱光性能好，发电量大。第三，高温的耐受性好。第四，其能量回收周期短，适用面广。非晶硅（a-Si:H）太阳能电池是目前发展最为成熟的一种薄膜太阳能电池。第一个薄膜太阳能电池是由 Carlson 和 Wronski 研制的 p-i-n 结构硅薄膜太阳能电池。

7.1.1 硅基薄膜材料的结构特征和光电性质

1. 单晶硅薄膜

单晶硅是各向异性的，具有完整的点阵结构。单晶硅的吸收光谱与太阳光的可见光波段高度吻合，具有高的光学吸收系数，且其制备技术成熟，太阳能转化效率高，因此在太阳能电池领域占有重要的地位。但由于单晶硅的制造成本很高，因此，为了降低成本，节省材料，单晶硅薄膜开始被用于太阳能电池，开启了薄膜太阳能电池的研究时代。

2. 多晶硅薄膜

多晶硅薄膜材料是硅晶圆的一种节省材料的替代品，可以通过廉价的大面积制备工艺实现高质量电子材料。多晶硅膜是由晶体颗粒按照一定的顺序和周期排列而成的一种薄膜，其内部有过渡区，也就是俗称的"晶界"。当前，对多晶硅薄膜性质的研究发现，晶粒尺寸、晶界和择优取向对其性质有很大的影响，此外，基底中的杂质和表面形貌也对其性质有很大的影响。从有关数据可以看出，大晶粒、小晶界、择优取向的柱状结构才能被称为高质量的多晶硅薄膜。多晶硅薄膜太阳能电池不但具有传统晶硅太阳能电池的高转换效率，而且还具有较高的能量转化效率、材料毒性低、原料来源广泛等优势，除此之外，还具有节省晶体硅资源、降低新型薄膜太阳能电池材料生产成本的优势。

3. 非晶硅薄膜

与单晶硅比较，非晶硅具有短程有序和长程无序的特征。非晶硅中含有大量的以悬挂键为主的结构缺陷，是制约其工业应用的主要因素，而通过添加氢（H）元素可以有效地改善该缺陷，提高其光学性质，这是目前国内外非晶硅材料的主要研究热点。图 7-1 示出了 a-Si:H 薄膜的价键结构。自 Wronski 发明非晶硅太阳能电池以来，世界各地都对非晶硅薄膜进行了广泛的研究，并在此基础上，发现了各种不同性质的非晶硅薄膜，如非晶碳化硅（a-SiC:H）、非晶硅锗（a-SiGe:H）等。

7.1.2 硅太阳能电池的制备

到 2020 年为止，大多数硅太阳能电池都是基于 p 型硼掺杂晶片，其 pn 结通常是通过磷扩散获得的，在 2016 年之前，它们主要使用全面积 Al-BSF（图 7-2），如 1972 年首次描述的那样。从那时起，成本不断下降，效率不断提高，随之而来的是多次小而重要的改进，主要包括金属触点网印、表面织构、带正电荷的氮化硅表面钝化和选择性发射体。

c-Si 技术的一个主要挑战在于如何应用金属电极来提取载流子。由于金属-半导体直接界面处的高缺陷密度，接触是复合的重要来源。有两种主要的选择来限制它们的影响，从而产生如图 7-2 所示的各种器件结构。

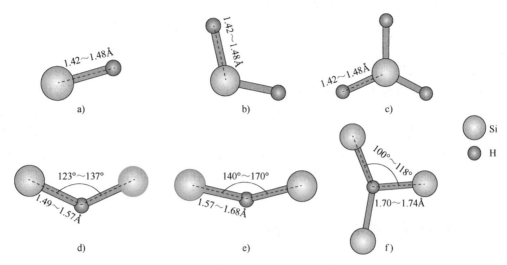

图 7-1　a-Si:H 薄膜中 Si_yH_x 组态的结构示意图

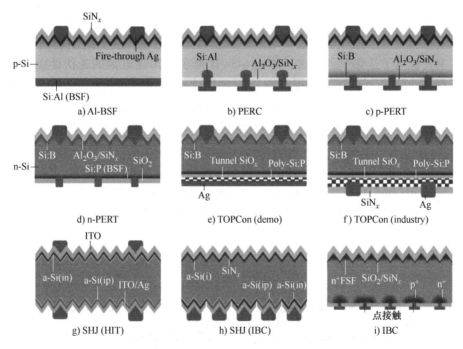

图 7-2　典型的硅基太阳能电池结构示意图

第一种选择是减少金属-硅的接触面积。剩余的金属区域应具有低接触电阻率，并且触点之间的表面应钝化。利用光刻技术来定义覆盖分数，并控制晶圆片相邻区域的掺杂分布，这一概念在 1999 年产生了第一个指定区域效率为 25% 的硅太阳能电池，通常称为 PERC，这种设计的简化版本如图 7-2b 所示，是当前大规模生产的核心。

第二种选择是将金属电极与硅晶片分离。在这种情况下，在硅和金属之间插入一层钝化膜（以减少界面缺陷的密度）和一层掺杂膜（以选择性地只传导一个极性的电荷）。平衡钝化特性和接触电阻是这些"钝化触点"最困难的方面。最广泛使用的堆叠由本构和掺杂的非晶硅（图 7-2g、h）或氧化硅和多晶硅（图 7-2e、f）组成。钝化触点使最近的效率纪录超过了 25%。

　　硅基薄膜太阳能电池作为一种重要的光伏技术，具有广阔的发展前景。与传统的晶硅太阳能电池相比，硅基薄膜电池具有材料消耗少、生产成本低、重量轻和柔性好等优点。这些特性使其在光伏建筑一体化（BIPV）、便携式电源和可穿戴设备等领域具有独特的应用优势。随着制造工艺的不断改进和新型材料的引入，硅基薄膜太阳能电池的光电转换效率和稳定性将进一步提升。此外，结合纳米技术和先进的薄膜沉积技术，有望实现更高效、更稳定的硅基薄膜太阳能电池。未来，硅基薄膜太阳能电池将在推动可再生能源普及和实现低碳经济方面发挥重要作用。

7.1.3　硅基薄膜太阳能电池的器件结构

　　迄今为止，硅基薄膜太阳能电池的基本结构为 pin 型结构，其中 p 为入射光层，i 为本征吸收层，n 为衬底。在这种电池结构中，当入射光穿过 p 型入射光层后将在 i 层中产生电子-空穴对，从而在两侧的 p 型层和 n 型层之间产生一个横跨 i 层的内建电势。该电势将光生电子与空穴分离并分别收集到电极，此时电荷在电极上的积累就会产生光生电动势。如果这两个电极被外电路连接起来，就会有光生电流产生。由于 a-Si:H 薄膜中的空穴迁移率要比电子迁移率低很多，所以 a-Si:H 薄膜太阳能电池的光伏性能在很大程度上依赖于空穴的收集效率。为了提高空穴的收集效率，太阳光通常是从 p 层一侧入射，产生的空穴大部分不需要经过整个 i 层，这可以减小空穴在电池中跨越的距离，从而降低空穴的复合概率。对于 μc-Si:H 薄膜太阳能电池，Gross 等发现 μc-Si:H 薄膜中电子与空穴的迁移率-寿命乘积比 a-Si:H 薄膜的要大，太阳光的入射方向对电池的性能影响较小。根据 p、i、n 层的沉积顺序，Si 基薄膜太阳能电池可以分为 pin 型和 nip 型两类。经常使用的结构则是 Al/nip/TCO/玻璃基板太阳能电池和 TCO/pin/金属基板太阳能电池，分别如图 7-3a、b 所示。对于实际的结构设计，需要考虑透明导电膜、pin 层以及串联电阻效应等诸多因素。

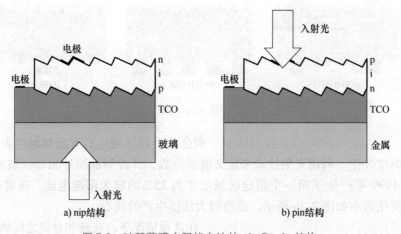

图 7-3　硅基薄膜太阳能电池的 nip 和 pin 结构

7.2　铜铟镓硒薄膜太阳能电池

$Cu(InGa)Se_2$铜铟镓硒（CIGS）基太阳能电池在太阳能发电方面受到全世界的关注。它们是高效薄膜太阳能电池，效率与基于晶体硅（c-Si）晶圆的太阳能电池相当。$CuInSe_2$太阳能电池始于贝尔（Bell）实验室 20 世纪 70 年代早期的工作。首个 $CuInSe_2$ 太阳能电池是在 p 型单晶 $CuInSe_2$ 上蒸发 n 型 CdS 制作的。高效 $CuInSe_2$ 基的太阳能电池已经在全球范围被至少 10 个小组制备出来。这些小组使用了不同的制备技术，所有的电池都拥有相同的基本结构，基本上是以 Mo 为背电极、以 $Cu(InGa)Se_2/CdS$ 为结的下衬底结构。目前实验室最高效率已达 23.64%。

7.2.1　铜铟镓硒的物理结构和特性

在黄铜矿 $Cu(In,Ga,Al)(Se,S)_2$ 合金体系中，带隙可以从 $1.04eV(CuInSe_2)$ 变化到约 $3.5eV(CuAlS_2)$，几乎覆盖可见光谱。典型的黄铜矿化合物为 $CuInSe_2$、$CuInS_2$ 和 $CuGaSe_2$，带隙分别为 1.0eV、1.5eV 和 1.7eV。各种黄铜矿化合物具有较高的光吸收和不同的晶格常数和带隙，如图 7-4 所示。可以通过合金的方式将不同的黄铜矿，化合物组合在一起，制备具有中间带隙的黄铜矿化合物。

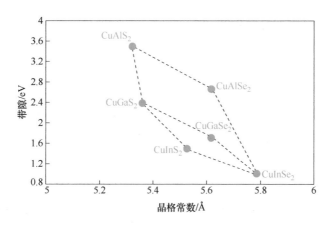

图 7-4　不同黄铜矿化合物的带隙和晶格常数

在 CIGS 层中，高效太阳能电池需要低 Ga 原子比 $x=Ga/(Ga+In)<0.3$ 和 $Cu/(In+Ga)$ 比率在 0.88~0.92 范围内。当 Ga 原子比约为 $x=0.3$ 时，CIGS 中的体缺陷最小。当 Ga 原子（$x>0.3$）比率较高时，薄膜中的缺陷数量随着 Ga 含量的增加而增加。在 CIGSSe 薄膜中，当 $S/(S+Se)$ 比为 40 时，由于串联电阻的增加，填充因子急剧下降。

$Cu(InGa)Se_2$ 的突出特性之一是可以适合成分的大范围变化，而不会引起光电性能的变化，这是 $Cu(InGa)Se_2$ 可以作为低成本光伏器件材料的基础。高性能太阳能电池中 $Cu/(In+Ga)$ 的比率可以从 0.7 到 1.0，这个特性可以从缺陷化合物 $2V_{Cu}+In_{Cu}$ 的理论计算中获得，$2V_{Cu}+In_{Cu}$ 是两个 Cu 空位缺陷和一个 Cu 位 In 替位缺陷，有非常低的形成能，并且具有电学惰性。因此，可以在 $CuInSe_2$ 中允许贫铜/富铟的化合物缺陷，而不会影响光伏性能。

$CuInSe_2$ 的吸收系数 α 非常高，大于 $3×10^4/cm$，有 1.3eV 或更高的光子能。在太阳光谱中吸收的总光子分数是膜厚的函数，高吸收系数意味着仅 $1\mu m$ 厚的薄膜吸收了约 95% 的入射太阳光。大量研究表明，能量（E）与能带的基础吸收边 E_g 有关，对于直接带隙半导体，吸收系数可以近似表示为

$$\alpha = \frac{A\sqrt{E-E_g}}{E} \tag{7-1}$$

式中，A 为比率因子，它与光子吸收的态密度有关。

富 Cu 的 $CuInSe_2$ 薄膜通常显示为 p 型，但富 In 的膜可以有 p 型和 n 型两种，取决于 Se 的量。n 型材料在硒过压下退火，可以转换成 p 型，相反 p 型材料在低硒压下退火，可以转换成 n 型。相比之下，$CuGaSe_2$ 通常显示为 p 型。器件使用的 $Cu(InGa)Se_2$ 薄膜通常在过量硒条件下制备，为 p 型，载流子浓度为 $10^{15} \sim 10^{16}/cm^3$。对 $CuInSe_2$ 的迁移率值有大量的报道，在 $Cu(InGa)Se_2$ 的空穴浓度为 $10^{17}/cm^3$ 时，报道的外延薄膜空穴迁移率最高值为 $200cm^2/(V \cdot s)$，而在纯 $CuGaSe_2$ 中高达 $250cm^2/(V \cdot s)$。块状晶体的空穴迁移率值范围为 $15 \sim 150cm^2/(V \cdot s)$，电子迁移率范围为 $90 \sim 900cm^2/(V \cdot s)$。多晶薄膜样品的电导和霍尔效应测试是在晶粒的横截面进行的，但是对于器件来说，通过晶粒会更准确，因为单个晶粒可以从背表面延伸到结区。因此可以用电容技术来测量工作电池的迁移率，得到的值为 $5 \sim 20cm^2/(V \cdot s)$。

7.2.2　铜铟镓硒吸收层的制备方法

CIGS 吸收层在 450~600℃ 之间生长，以获得高质量的吸收层。尽管沉积方法多种多样，但在实验室和大规模（工业）生产中占主导地位的方法却很少。这些沉积方法可分为三大类，即共蒸发、前体金属薄膜的顺序硒化/硫化以及非真空技术，主要是通过在基底上印刷合适的墨水，随后进行退火来进行颗粒沉积。对于实验室规模和大规模生产，不同沉积技术之间的选择标准不同。对于实验室制备，主要关注点是精确控制 CIGS 薄膜成分和电池效率。而对于工业生产来说，除了效率之外，低成本、可重复性、高产量和过程耐受性也非常重要。

1. 共蒸发 $Cu(InGa)Se_2$

通过使用共蒸发技术，CIGS 太阳能电池已被开发出来。生长过程可以根据生长阶段的数量进行分类，其中元素以不同的沉积速率和基板温度沉积为薄层（在真空下）（图 7-5）。在真空室中，使用固态单质的 Cu、In、Ga、Se 作为蒸发源，每种材料的纯度均需达到 99.99%，甚至更高。由于 Cu、In、Ga 金属材料具有很高的沸点，因此选用石墨坩埚作为蒸发源。而 Se 在真空中的蒸发温度较低，蒸发源温度在 ±10℃ 以内的变化对 Se 的蒸发速率有很大的影响，因此，蒸发源温度系统需要精确控制 Se 的蒸发温度。原子吸收光谱用于控制元素通量，X 射线荧光用于

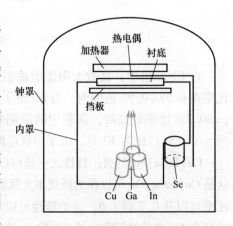

图 7-5　共蒸发沉积系统设备

CIGS 薄膜成分的在线检测。

图 7-6 显示了各种类型的共蒸发过程。根据级数，生长过程通常被分为：①单级过程，其中每个阶段仅包含一种蒸发元素，并且在整个过程中都缺乏 Cu；②称为 Boeing 工艺的双阶段过程，其中在第一阶段利用富 Cu 生长，在沉积的第二阶段通过减少 Cu 通量进行贫 Cu 生长；③三阶段工艺，其中在第一阶段中沉积 In 和 Ga，在第二阶段中沉积 Cu，在第三阶段中沉积 In 和 Ga，三阶段工艺中还采用了渐变 Ga/In 剖面（换句话说，三阶段工艺是贫 Cu、富 Cu 和渐变 Ga/In 剖面的组合）；④多级过程，即为了获得分级吸收层，改变 In/Ga/Cu 通量。三步法是目前制备高效率 CIGS 太阳能电池最有效的工艺，所制备的薄膜晶粒尺寸大，薄膜内部致密均匀，表面平整光滑，且存在 Ga 的双梯度带隙。

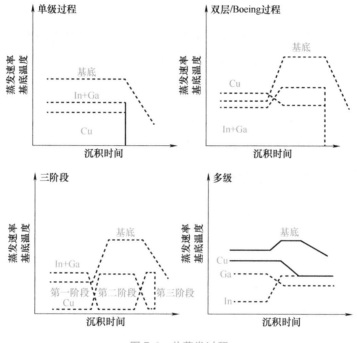

图 7-6 共蒸发过程

虽然三步共蒸法工艺比较成熟，制作的小面积太阳能电池效率也比较高，但这种方法也有缺点：蒸发工艺的精确控制对设备要求严格，因此设备昂贵；无法精确控制每种元素的蒸发速率及蒸发量；材料利用率偏低；难以实现大面积上均匀成膜，因此难以实现产业化。

2. 预制后硒化法

预制后硒化法是指首先将 Cu/In/Ga 元素溅射到基板上，然后在含硫族元素（Se 和/或 S）气氛中退火，以得到符合化学计量比的薄膜。该方法的优点是易于精确控制薄膜中各元素的化学计量比、膜的厚度和成分的均匀分布，且对设备要求不高，因此是产业化生产的首选工艺。但与蒸发法相比，后硒化过程中无法控制 Ga 的含量及分布，很难形成双梯度结构。

金属预制层的制备方法有：溅射 Cu、In、Ga，蒸发 Cu、In、Ga，电沉积 Cu、In、Ga 等。硒化法有固态硒化、气态 H_2Se 硒化等不同的方法。其中溅射预制层是目前比较成熟的技术，通过控制工作气压、溅射功率、Ar 气流量等参数，可依次溅射 Cu、Ga 和 In。这种方法制备的 CIG 层成膜均匀、致密，沉积速率高，产量大，材料利用率高，在产业化方面具有很好的优势。硒化工艺则是后硒化法的难点，目前多采用 H_2Se 气体或固体单质 Se 作为硒源。气态 H_2Se 一般用 N_2 或 Ar 稀释后使用，并精确控制流量。硒化过程中，H_2Se 能分解为原子态的硒，通过热扩散进入预制层 CIG 中，从而反应生成高品质的 CIGS 薄膜。H_2Se 作为硒源的缺点是有剧毒易挥发、易燃易爆、运输困难、对保存和操作的要求非常高，需要用高压容器存储。若采用固体单质 Se 源硒化，虽然成本低，设备简单可靠，操作也相对安全，但硒蒸气压难以控制，Se 原子活性差，易造成 In 和 Ga 元素的损失，降低材料利用率，同时导致 CIGS 薄膜偏离化学计量比，硒化工艺的可控性和重复性较差。

3. 其他沉积方法

除了以上讨论的方法之外，$CuInSe_2$ 基薄膜还可以用一系列具有潜在成本优势的非真空溶液方法制备。非真空技术基本上是一个两步过程，涉及低温前体沉积，然后在硫族气氛中高温退火。与真空技术相比，非真空方法的主要优点是：①更高的材料利用率；②低成本；③更好的化学计量控制；④低能量输入；⑤高生产量；⑥卷对卷兼容制备。此外，也可以通过反应溅射，Cu、In、Ga 混合溅射同时蒸发 Se，封闭空间升华，化学浴沉积（CBD），激光蒸发，喷雾热解等方法来制备 CIGS 吸收层。

7.2.3 铜铟镓硒太阳能电池的设计

CIGS 太阳能电池的典型器件结构如图 7-7 所示。传统上，它是从金属背接触开始在衬底上制备的。

1. 基底

CIGS 既可以采用刚性衬底，也可以使用柔性衬底。基底的选择必须满足光伏组件应用的几个要求。它作为薄膜太阳能电池的机械支撑，同时也是底部的封装层，表面粗糙度必须足够平滑，以保证后续层的良好覆盖性，并避免前后触点之间的分流。此外，热膨胀系数（CTE）必须与下层的热膨胀系数相似，以避免开裂或黏合问题。以下所有步骤的工艺条件，如温度、大气和化学物质，必须与衬底兼容，并且不会导致任何腐蚀或不良反应，特别是在腐蚀性的 Se 气氛中。除了化学和机械稳定性外，还必须避免有害元素扩散到设备中。

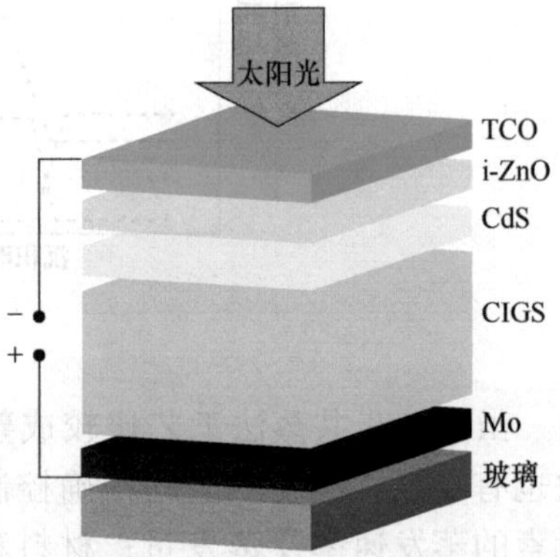

图 7-7　CIGS 太阳能电池的典型器件结构

最广泛使用的刚性基板是标准的钠钙玻璃（SLG），典型的厚度为 1~3mm。玻璃化转变温度约为 570℃，这在一定程度上限制了工艺温度。目前，平板 SLG 的生产能力远远超过了光伏组件所需的产能。因此，目前还不可能以具有竞争力的价格大量获得特殊的定制玻璃组合物。尽管实验室研究报道了利用高应变点特种玻璃实现更高工艺温度的潜在优势，但其商业化应用仍面临挑战。SLG 的一大优点是它含有 15%~20% 的 Na_2O，这是钠的来源，在生长过程中向外扩散到 CIGS 层，将会导致太阳能电池性能的改善。在其他因素中，玻璃成分决定了玻璃中钠的流动性。由于玻璃生产的地点和所用材料的来源会影响玻璃的成分，而且玻璃的老化和储存条件也会影响钠的扩散，因此对工业生产来说，确保衬底的恒定性能是很重要的。减少对来自玻璃的钠供应的依赖的一种选择是使用阻挡层并提供外部钠供应，例如通过氟化钠或掺钠钼背触点的掺杂层。

柔性基底具有几个明显的优势，比如重量较轻，同时能够弯曲。因此，它们对于消费品或光伏建筑一体化等特定市场具有吸引力，使其能够在不太稳定的平屋顶或弯曲的立面上使用。此外，也为卷对卷或卷对张的生产工艺提供了新的可能性，这可能降低生产成本。金属箔和聚合物是两种柔性基底类型，这两种类型的工艺和机器已经发展到生产规模。

聚合物是 CIGS 太阳能电池和组件的合适柔性基底。具体来说，聚酰亚胺（PI）是一个很好的选择，因为它具有真空和温度稳定性，通常使用 $20\sim30\mu m$ 厚度的箔。它像 SLG 一样具有电绝缘性，这使得组件可以采用相同的单片互连方式。但是它们不会提供钠，并且需要像带有阻挡层的 SLG 一样的替代来源。PI 的热稳定性以及一些 PI 的 CTE 将工艺温度限制在约 450℃，比通常用于 SLG 上的 CIGS 要低 100℃ 以上。

金属基底如不锈钢或钛可以承受至少与 SLG 一样高的温度。虽然这对于吸收层的生长是可取的，但要开发适合的隔离层来避免金属基底中有害元素的扩散也是一个挑战。具体而言，Fe、Cr 和 Ni 即使数量很少，也被认为是对 CIGS 吸收层有害的元素。如果要采用单体互连，扩散阻挡层也必须是电绝缘的。

对于柔性太阳能电池和组件，所有额外的屏障层、扩散阻挡层或碱金属掺杂层也必须与整个器件的加工条件兼容。它们必须足够薄和柔韧，以满足柔性组件的预期使用和预期的弯曲半径。

2. 背接触

其他材料已经作为 CIGS 太阳能电池的背接触进行了测试，溅射的钼，具有几百纳米的厚度，始终表现为最佳选择。CIGS 的生长过程发生在高腐蚀性的 Se/S 环境中，在这种环境中，与其他选择相比，Mo 比较稳定。在 CIGS 生长过程中，在 Mo/CIGS 界面形成的一层薄 $MoSe_2$ 如果具有正确的取向，则可以改善与 CIGS 的黏附和电接触性质。即使使用 500nm 或更厚的 $MoSe_2$ 层，也可以产生性能优良的太阳能电池。Mo 沉积过程影响最终膜的密度和玻璃中碱金属元素通过 Mo 向生长的 CIGS 层扩散的性质。因此，可以通过 Mo 处理参数控制 CIGS 生长过程中的碱金属元素的供应。在柱状 Mo 颗粒之间可以检测到一种非晶相，由 MoO_3 和 Na_2MoO_4 的混合物组成。这一结果清楚地表明 Mo 层中存在钠，也为晶粒结构中钠从玻璃中传输提供了通道。通过溅射条件（主要通过压力）可以调节 Mo 膜的应力和钠含量。

3. 异质结形成

CIGS 层本身是具有合适带隙的 p 型吸收层，与 n 型前接触结合形成 pn 异质结。在这一层中吸收的光子产生可被收集为光电流的自由载流子。与所有太阳能电池一样，吸收的标准是光子通过窗口层到达，它们的能量高于带隙，并且根据吸收系数薄膜足够厚。由于局部带隙取决于局部组成，因此可以设计提高效率的剖面，使得产生的电流和电压实现最大化。

4. 缓冲层

CdS 经常被用作蒸发的厚 n 型半导体层，与共蒸发的 Cu-Se 形成异质结，后来因为 CdS/

CuSe 组合不够稳定被 $CuInSe_2$ 所取代。然而，CdS 的带隙仅为 2.4eV，导致吸收损失。只有在包含几十纳米厚度的 CdS 缓冲层时，基于 ZnO 的 n 型层的实验才会导致较好的器件性能，从而形成目前常用的典型 CIGS 太阳能电池结构。这种非常薄的 CdS 层现在通常是通过化学浴沉积（CBD）工艺沉积的，这导致非常薄且符合形状的涂层，正如图 7-8 中 CIGS/CdS 横截面的扫描电子显微镜图像所示。薄 CdS 层的作用主要是在钝化 CIGS 表面的同时，提供 CIGS 与窗口层之间的合适带间隙对准，并为 pn 结的形成提供 n 型载流子。此外，它也可以保护 CIGS 界面免受随后处理步骤中的溅射损坏。

5. 透明窗口层

n 型前触点，即所谓的窗口层，一般为由高导电的透明层完成，具有足够高的带隙和适当的带阶对齐。在可能满足这些条件的材料中，透明导电氧化物（TCO）已被广泛使用。通常使用双层结构，其中包括一个薄的绝缘层，例如 ZnO，一方面提供对局部物理缺陷（如小孔）的部分分流保护，另一方面作为对顶部导电层处理的保护层，例如减少溅射损伤。

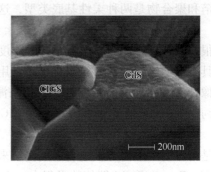

图 7-8 CIGS/CdS 异质界面的 SEM 横截面图像

窗口层必须在电导率和透明度之间找到最佳平衡。通过使用较厚的薄膜或更高掺杂水平和更高载流子密度，可实现更高的导电性，从而降低串联电阻并在组件中实现更高的填充因子。另外，较厚的薄膜或更多的自由载流子将导致透射率降低，从而使组件中的光电流降低。

7.3 铜锌锡硫太阳能电池

薄膜光伏器件正在晶体硅（c-Si）光伏市场的庞大背景下崛起。具有商业代表性的 $Cu(In,Ga)(S,Se)_2$（CIGSSe）和 CdTe 薄膜太阳能电池已经实现了高效率，并占光伏市场的 5%。然而，由于稀缺的 In、Te 和有毒的 Cd、Ga 元素，会限制大规模生产，从而阻碍可持续发展。近年来，$Cu_2ZnSn(S,Se)_4$（CZTSSe）光吸收薄膜作为一种有前景的候选者，具有低毒性和地球储量丰富等优势，有潜力引领薄膜光伏产业。

最近，该领域取得系列进展，目前已经将电池效率提升到 14.9%以上。材料多样化的需求、研究方向的优化和资源整合必然会为 CZTSSe 的研究提供更大的动力。基于此，本节主要介绍 CZTSSe 材料的物理化学性质、吸收层的制备方法以及相关太阳能电池的设计，为该类材料的研究提供更完善的认识基础。

7.3.1 铜锌锡硫半导体材料的物理结构和特性

1. 晶体结构

CZTSSe 源自 CIGSSe（图 7-9a），是通过用 Sn^{4+} 和 Zn^{2+} 替代 CIGSSe 中的 In^{3+} 和 Ga^{3+} 而得到的。CZTSSe 具有可调谐的带隙，可以通过调整 S/（S+Se）比例来定制，从 1.0eV（CZTSe）到 1.5eV（CZTS），类似于 CIGSSe。如图 7-9b 的伪三元相图所示，CZTSSe 只能在密闭区域内合成。吸收层中经常存在各种各样的杂质相，包括 Zn（S,Se）、Cu_2（S,Se）、Sn

$(S,Se)_2$、SnO_2 和 $Cu_2Sn(S,Se)_3$。

锌黄锡矿结构（空间群 I4）和黄锡矿结构（空间群 I42m）在 Cu 和 Zn 排序上有区别，如图 7-9a 所示。将黄铜矿中每两个Ⅲ族原子分别替换为一个Ⅱ族和一个Ⅳ族原子，便可得到 CZTS 结构。如图 7-9b 的伪三元相图所示，CZTSSe 只能在有限的区域内合成。将 Cu_2Zn-SnS_4 和 $Cu_2ZnSnSe_4$ 的 ICDD（国际衍射数据中心）数据进行比较，硫化物更易出现在锌黄锡矿结构中，而硒化物更易出现在黄锡矿结构中。

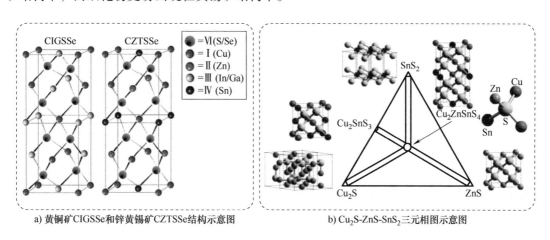

a) 黄铜矿 CIGSSe 和锌黄锡矿 CZTSSe 结构示意图   b) Cu_2S-ZnS-SnS_2 三元相图示意图

图 7-9 晶体结构

虽然 CZTS 一直被视为太阳能电池中 CIGS 的完美替代品之一，但它们之间也存在一些主要的材料水平差异，其中之一可能是化学缺陷。CZTS 中的缺陷和缺陷团簇如图 7-10 所示，包括空位、反位、间隙和配合物。CZTS 的两种主要缺陷是铜空位和锌铜反位空位。铜空位缺陷在 CZTS 和 CIGS 两种类型的太阳能电池中都很常见，其中最突出的是铜锌反位缺陷，铜锌反位缺陷的形成能为负，表明这些缺陷是自发形成的。

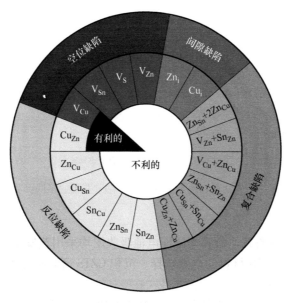

图 7-10 CZTS 中的缺陷和缺陷团簇

2. 能带结构

CZTS 起源于 CIGS，它们也具有相似的能带结构和光吸收特性。CZTS 的能带结构取决于化合物中材料的不同组成。化合物的掺杂也改变了能带隙。Cu/（Zn+Sn）比越小，CZTS 的能带能越高。不同的能带结构表示不同的能带，表 7-1 给出了模拟和实验得到的不同材料的带隙。

表 7-1　模拟和实验得到的不同材料的带隙

材料	带隙/eV	
	计算值	实验值
CZTS 硫铜锡锌矿	0.87	1.5
CZTSSe 硫铜锡锌矿	0.55	1.0
CZTS 黄锡矿	0.68	1.45
CZTSSe 黄锡矿	0.35	0.9
CZTS PMCA	0.27	0.65

7.3.2　铜锌锡硫吸收层的制备方法

制备 CZTS 材料有不同的工艺。近十多年来，薄膜太阳能电池材料的制备一直受到研究人员的关注。他们对不同的方法进行了研究、实验和计算，不同工艺制备的 CZTS 效率不同。近年来，已经使用了各种物理气相沉积和化学工艺来制备 CZTS 薄膜，图 7-11 总结了目前报道过的制备方法。下面将对其中的几种方法进行介绍。

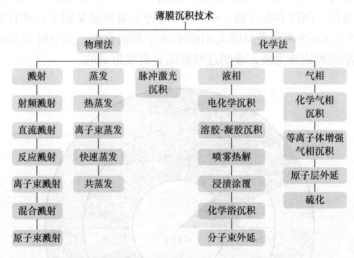

图 7-11　基于物理和化学途径制备 CZTS 薄膜的不同沉积方法

1. 蒸发法

由于除铜锌锡硫之外的其他薄膜太阳能电池吸收层均采用蒸发工艺制备，且制备成功率高，因此该工艺是制备 CZTS 材料的自然选择。沉积 CZTS 薄膜有几种蒸发工艺，即热蒸发、电子束蒸发、闪蒸和共蒸发。蒸发法制备是在真空环境下将原材料加热，然后将蒸发出来的原子或者分子沉积到衬底表面。这种方法在 CIGS 电池制备上取到了很好的效果。而且，最早的 CZTS 电池也是用这种方法制备的。蒸发法在制备 CZTS 基电池方面很有发展前景，但是由于蒸发速率控制精度要求高，大规模生产过程中工艺的控制和重复性将遇到较大的挑战。

2. 溅射法

溅射法是一种重要的方法，可用于大规模生产，并经常被许多研究团队用于沉积 CZTS 薄膜。它有多种类型，即射频溅射、直流溅射、离子束溅射、混合（或共）溅射、反应溅射和原子束溅射。

3. 脉冲激光沉积

脉冲激光沉积（PLD）是一种适合沉积具有多种成分的高质量薄膜的方法。该方法具有靶膜与生长膜之间可实现完全转移、结晶度高、无大气清洁生长、工艺设计简单灵活等优点。其他沉积因素，包括源到衬底的距离、脉冲重复率、脉冲长度、衬底温度和衬底方向，对薄膜的特性有显著影响，并显示出 PLD 的巨大适应性。大量研究表明，PLD 是一种很有潜力的薄膜沉积方法，但由于其沉积面积小，在 CZTS 薄膜制备方面的研究很少。需要注意的是，脉冲激光密度的变化和衬底温度的变化会引起 CZTS 薄膜特性的变化。

4. 喷雾热解

喷雾热解沉积技术因简单、易于操作而被广泛应用于薄膜的制备。由于其简单的工艺设计和在大范围内的高可重复性，这种方法可以沉积大多数薄膜。此外，该方法在沉积过程的任何部分都不需要使用真空，如果要将该方法应用到工业化生产，这也是一个重要的优点。结合这些优势，世界各地的科学家已经在利用喷雾热解技术制备 CZTS 薄膜和太阳能电池方面展开了大量研究。

5. 电化学沉积

对于各种半导体薄膜的低成本开发，无论是大的还是小的工业应用，电沉积是一种有吸引力的技术。CZTS 薄膜可以通过一步电沉积或顺序电镀来生长，然后可以在各种气氛（S-蒸气，S_2+N_2，S_2+Ar）中在不同温度下进行硫化或退火。

6. 溶胶-凝胶沉积法

旋涂法为溶胶-凝胶沉积法提供了基础，溶胶-凝胶沉积法是一种简单、经济的制备不同半导体薄膜的方法。该方法需要生产溶胶-凝胶前驱体溶液，并将前驱体溶液旋涂在衬底上，以制备所需薄膜。对于大面积生产，特别是溶液，颗粒和混合颗粒溶液前体是至关重要的。利用一水乙酸铜、脱水乙酸锌、脱水氯化锡、2-甲氧基乙醇和单乙醇胺等前驱体可制备 CZTS 薄膜。

7.3.3 铜锌锡硫太阳能电池的设计

凭借优良的光伏特性，CZTS 成为薄膜太阳能电池的重点研究对象。在 CZTS 薄膜太阳能电池中，CZTS 层作为 p 型区。CZTS 材料对光的吸收产生电子-空穴对，随后被电场分开。为了提高整体效率（图 7-12），人们对 CZTS 太阳能电池的结构设计进行了一些改进。

以上结构是太阳能电池的基本结构。它是一种垂直分层的器件，允许电子-空穴对通过能带对准机制传输。如果在电极处更精确地收集电子-空穴对，将提高器件的效率。所有的实验/模拟都是在一个阳光下进行的，从而获得器件效率（图 7-13）。

图 7-12　单结薄膜 CZTS
太阳能电池的一般结构

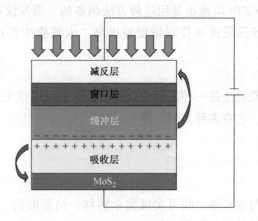

图 7-13　CZTS 薄膜太阳能电池中的
电子和空穴输运

1. 减反层

普通的玻璃是非常好的透明层，允许光线通过。但对于太阳能电池应用，我们需要一个具有导电特性的增透层。抗反射特性对于减少能量光子（反射光子）的浪费具有重要意义，而能量光子是导致电子空穴对增加的原因。此外，该层必须导电以收集在 pn 结中产生的电子。电子收集数越高，系统的短路电流就越高。

氧化铟锡（ITO）是一个非常好的减反射层，它是透明导电层，该材料特性适合用于太阳能电池。氧化铟锡，顾名思义，是锡和铟的混合氧化物。该材料为掺杂的 n 型材料，带隙为 4eV，因此该层对光的吸收几乎为零。与其他同类产品相比，支持 ITO 的另一个原因是它的制备，它具有较低的沉积温度和良好的蚀刻特性。此外，ITO 具有较低的串联电阻，这有助于电子通过它的平滑流动。

另一种材料，铝氧化锌（AZO），可以被视为 TCO 材料之一，可用于太阳能电池。它具有良好的导电性，对各种光线透明。但由于 ITO 的电导率比 AZO 高，并且在外界环境下降解缓慢，因此仍是首选。但在成本方面，ITO 通常比 AZO 更昂贵。

2. 窗口层

在增透层下面，放置一个窗口层。它是一种具有透明和导电特性的 n 型材料。它不能阻挡任何类型的光，让光通过。简言之，它的带隙必须大于光带，因为它的作用就像一个窗口，所以这一层被称为窗口层。在 CZTS 太阳能电池中，吸收层表面粗糙，主要是由于硫化造成的。表面的粗糙度导致 TCO 和吸收器层之间直接接触的风险很高，这会导致非常高的带隙不连续性，从而降低器件的电路电压。为了避免这种情况，在导电层和吸收层之间放置一个窗口层。为了提高太阳能电池的效率，必须对层进行优化，而层厚度起着非常重要的作用，厚度越大意味着串联电阻更小，电导率更高。但是，如果厚度增加得太多，更大一部分的光可能会被这一层吸收。另外，过多的薄层会产生高带不连续区域，膜层过厚会影响内建电场，阻碍电子-空穴对的有效收集。用于测量窗口层性能或确定材料是否可以用作窗口层的参数由电导率/吸收比给出。比值越高，性能越好。此外，还需考虑热稳定性、腐蚀性、均匀性、功函数等参数。

通常用作薄膜太阳能电池窗口层的材料是氧化锌（图 7-14）。这种材料散射光的能力很高。所以，光子能有效地到达吸收层。发现 i-ZnO 的电阻率为 $(1.5\sim2.0)\times10^4/cm$。它的霍尔运动率高达 $60cm^2/(V\cdot s)$，折射率约为 2.0，典型透过率为 85%。i-ZnO 的带隙为 3.35 ~ 3.45eV。这使其成为薄膜太阳能电池和 CZTS 太阳能电池中窗口层的一个很好的选择。

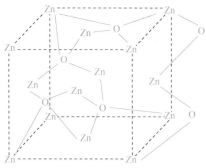

3. 缓冲层

通常在窗口层和吸收层之间形成缓冲层，这一层的厚度比其余部分要薄。缓冲层在薄膜太阳能电池中起着多种作用。在阳极和阴极之间，它作为一个电阻层，提高太阳能电池的开路电压。由于异质结结构，窗口层和吸收层具有较大的带隙差和晶格常数。这就不允许电子顺利地流向阳极。缓冲层的特性是为窗口层和吸收层提供所需的波段对准。缓冲层的带隙比窗口层大，带隙比吸收层小，从而减小了带偏。使用缓冲层的另一个原因是吸收层和 i-ZnO 之间的不良接

图 7-14　用作 CZTS 薄膜太阳能电池电阻层的氧化锌晶体结构

触，因为 CZTS 表面粗糙。缓冲层有助于减少界面接触问题（这为电子自由流动提供了更多通道）。这一层在两层之间提供了良好的接触。缓冲层必须允许光通过结区，以便在结区产生最大数量的电子-空穴对。在窗口层沉积过程中，溅射会对吸收层造成损伤。缓冲层在此期间保护吸收层。选择缓冲层材料必须满足所要求的电学和光学特性要求。与窗口层一样，缓冲层也必须进行优化。较厚的层可能会减少短路电流，从而降低太阳能电池的效率。缓冲层厚度的变化会增加所产生的电子-空穴对的重新组合，并导致结构中针孔的形成，从而影响太阳能电池器件的有效性。另一方面，膜层厚度增加有助于消除针孔问题。同时，厚度的增加也降低了光透射率。所以这一层的优化非常重要。最初发现适合作为缓冲层材料的材料是硫酸镉，它也是高效 CIGS 缓冲层的流行选择，该材料是通过化学浴沉积法生长在吸收层上。CdS 的直接带隙为 2.4~2.6eV，比 CZTS 的带隙小，比 ZnO 的带隙大。由于具有较高的带隙，CdS 具有光传输特性。实验已经观察到，透射率在蓝色区域较高。由于 Cd 对环境的不良影响，在缓冲层制备过程中产生的废物是有毒的，且其丰度较低，在所有这些要求下，取代 Cd 的研究正在进行（表 7-2）。

表 7-2　可作为缓冲层的不同材料

材料	带隙/eV	电子亲和能/eV
ZnO	3.3	4.6
ZnS	3.5	4.5
ZnSe	2.9	4.1
In_2S_3	2.8	4.7
CdS	2.4	4.2
$Cd_{0.4}Zn_{0.6}S$	2.98	4.2
ZnMgO	3.32~3.65	4.53~4.21

考虑到所有的毒性作用，Cd 的替代品是必要的。ZnS 是一种合适的替代品。ZnS 原料丰

富，因此，成本相对较低。此外，该材料没有任何毒性，因此对环境无害。由于无毒性，也降低了包装成本。该材料的带隙为 3.10~3.40eV，高于 Cd。这个更高的带隙允许更大数量的光子通过它，到达结。较高的带隙也增加了太阳能电池的蓝色响应，从而提高了太阳能电池的效率。ZnS 与 CZTS 的晶格匹配度也更高，这也有助于提高效率。在优化缓冲层的过程中，我们可以看到，厚度越低，太阳能电池的效率越高，这是因为更高数量的光子可以在结中产生更多数量的电子-空穴对（图 7-15）。

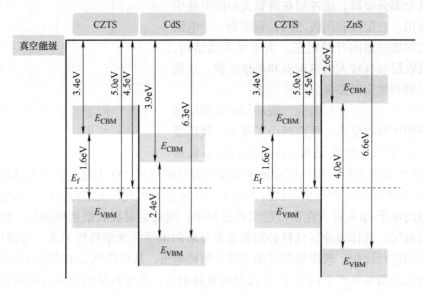

图 7-15　两种最常用的缓冲层材料 CdS 和 ZnS 与 CZTS 的带间比较

7.4　有机太阳能电池

　　1995 年，Heeger 等人通过在活性层中混合共轭聚合物供体和富勒烯受体，发明了体异质结（BHJ）太阳能电池。在纳米尺度上，供体和受体经过相分离形成双连续互穿网络。这种形态在供体和受体之间产生了足够的界面，促进激子解离和载流子的运输，从而赋予了有机太阳能电池（OSC，也称 OPV）巨大的应用潜力。这项工作引发了学术界和工业界对 OSC 的广泛研究。经过近 30 年的发展，OSC 无论是在材料还是器件方面都取得了显著的进步。最先进的单结 OSC 的功率转换效率（PCE）已经达到 19.24%。

7.4.1　有机太阳能电池的工作原理

　　聚合物太阳能电池脱胎于无机 pn 结太阳能电池。基本原理就是 pn 结的光生伏特效应。光生伏特效应是指光激发产生的空穴-电子对在内建电场的作用下分离产生电动势的现象。无机太阳能电池是由 p 型和 n 型两种能很好匹配的材料构成的。在两种材料的结合处形成 pn 结。以空穴为多数载流子的 p 型材料传输空穴，以电子为多数载流子的 n 型材料传输电子，由于扩散形成了 pn 结，pn 结处存在耗尽层和电势，吸光材料在光照的条件下，电子从价带跃迁到导带，产生的电子和空穴在内建电场的作用下分别在 n 型和 p 型材料中传输，并被正、负电极收集，产生光伏效应。

聚合物太阳能电池的原理与无机太阳能电池类似又有所不同。如图 7-16 所示，首先在太阳光的照射下，吸光材料吸收光子后，电子从基态跃迁到激发态（过程 1），由于聚合物的束缚能较大（一般为 0.1~1eV），在激子寿命范围内，可以在有机材料中移动扩散（过程 2），其扩散距离在 10nm 以内。当激子扩散到供体和受体的界面处会发生光诱导电子转移（过程 3），激子被解离成电子和空穴，电子处于受体材料的最低未占分子轨道（LUMO）中，而空穴处于供体材料的最高占据分子轨道（HOMO）轨道中，并在内建电场的作用下，电子在受体相中向阴极方向移动输运，而空穴在供体相中向阳极移动输运（过程 4），最终被两个电极分别收集（过程 5）。

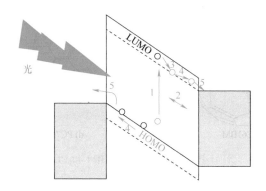

图 7-16　聚合物太阳能电池中光电转换过程示意图

7.4.2　有机太阳能电池的材料选择

1. MEH-PPV、P3HT 和 PCBM

聚（对苯基乙烯基）聚合物 MEH-PPV 是第一个用于 BHJ 太阳能电池的供体（图 7-17a）。MEH-PPV 是由 Wudl 等人于 1993 年开发的。由于具有良好的溶解度、迁移率和发光性能，MEH-PPV 也被广泛应用于聚合物发光二极管（LED）和有机场效应晶体管（OFET）中。1995 年，Heeger 等人将 MEH-PPV 与富勒烯受体 PC61BM 混合制成 BHJ 太阳能电池。在 430nm 光照下，太阳能电池的内部量子效率高达 90%，远高于纯共轭聚合物器件。然而，由于 PPV 型供体主要吸收 400~550nm 的光，其光收集能力较差，其太阳能电池的光电转化效率仅有 3%。为了追求更高的效率，研究人员发现了另一种共轭聚合物，聚噻吩。P3HT 是聚噻吩的主要物质。P3HT 薄膜主要吸收 400~600nm 的光，具有较高的吸收系数。2002 年，Brabec 等人首次报道了 P3HT:PC61BM 太阳能电池，PCE 为 2.8%，引起了人们对 P3HT-PCBM 体系的极大兴趣。P3HT 电池因其合成简单、性能相对较高而受到业界的重视。Konarka、pltronics 和 Sharp 等光伏公司已经制造出 P3HT:PC61BM 原型器件，认证效率为 3.5%~4%。此外，富勒烯及其衍生物是 OSC 的初始受体材料。富勒烯具有较高的电子亲和能和较低的重组能。C60 的 OFET 电子迁移率接近 $10^{-1}cm^2/(V \cdot s)$。富勒烯独特的球形结构赋予了它们在各个方向上接受和传递电子的能力，这些优势使它们在 OSC 发展的早期阶段被成功接受。C60 衍生物 PC61BM 是第一个也是最广泛使用的受体，它是由 Hummelen 等人于 1995 年开发的。为了进一步提高光收集能力，Hummelen 等人于 2003 年开发了 PC71BM。与 P3HT:PC61BM 太阳能电池相比，P3HT:PC71BM 电池具有更高的 J_{sc}。

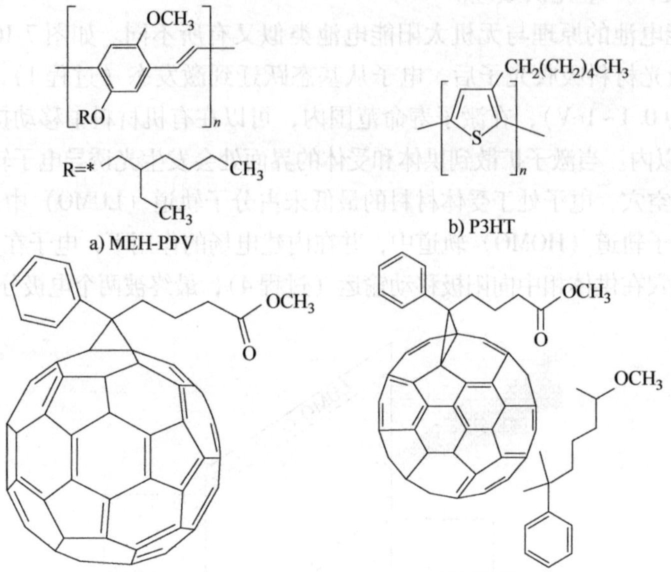

图 7-17 MEH-PPV、P3HT、PC61BM 和 PC71BM 的结构

2. D-A 共聚物供体，A-D-A 小分子供体和富勒烯双合物受体

虽然 P3HT-PCBM 体系极大地刺激了 OSC 领域，但该体系很难取得突破。在这种背景下，材料科学家发现了两种提高器件效率的新方法。首先是改进供体材料，即开发具有更强的光收集能力和可调能级及带隙的受体-供体-受体（A-D-A）小分子供体。二是改进受体材料，即开发具有更高 LUMO 能级的富勒烯双合物受体。

与 MEH-PPV 和 P3HT 等均聚物不同，D-A 共聚物由供体（D）和受体（A）交替组成。这种结构促进了分子内电荷转移（ICT），缩小了带隙，提高了材料的光收集能力。2010 年，Yu 等人报道了一种 D-A 共聚物供体 PTB7，该分子具有富电子 D 单元 4,8-二（(2乙基己基)氧）苯并 [1,2-b:4,5-b'] 二噻吩（BDT）和缺电子 A 单元 2-乙基己基 3-氟噻吩 [3,4-b] 噻吩-2-羧酸盐（TT）（图 7-18）。PTB7 显示出 1.65eV 的低带隙。PTB7 的起始吸收接近 800nm。PTB7:PC71BM 太阳能电池的 PCE 为 7.4%，是当时有机太阳能电池的最高效率。由于 TT 单元可以稳定聚合物主链中的醌共振结构，PTB7 也可以视为醌类聚合物。2012 年，Wu 等人将 PTB7:PC71BM 器件的 PCE 提高到 9.2%。以上结果显示了 D-A 共聚物供体的巨大潜力。为了进一步提高 D-A 共聚物的性能，2011 年，Hou 等人开发了一种新的烷基噻吩侧链代替烷氧基侧链的 BDT 单元，这种所谓的二维 BDT 单元（2D-BDT）不仅降低了共聚物的 HOMO 水平，从而提高了 V_{oc}，而且增加了空穴迁移率。D-A 共聚物的光伏性能得到了显著提高。2013 年，Chen 等人使用 2D-BDT 单元构建了 D-A 共聚物供体 PTB7-Th。与 PTB7 相比，PTB7-Th 在有机太阳能电池中的性能更好，PCE 为 9.35%，PTB7-Th 是迄今为止研究最广泛的低带隙供体。另一方面，研究人员也在努力开发高效的 A 单元。2013 年，Ding 等人首次报道了一个五环芳香族内酰胺单元 TPTI。D-A 共聚物 PThTPTI 具有很强的吸电子性和高平面性，在太阳能电池中具有 0.9V 的 V_{oc} 和 7.8% 的 PCE。这项工作证明了融合环 A 单元作为高性能 D-A 共聚物供体的潜力。

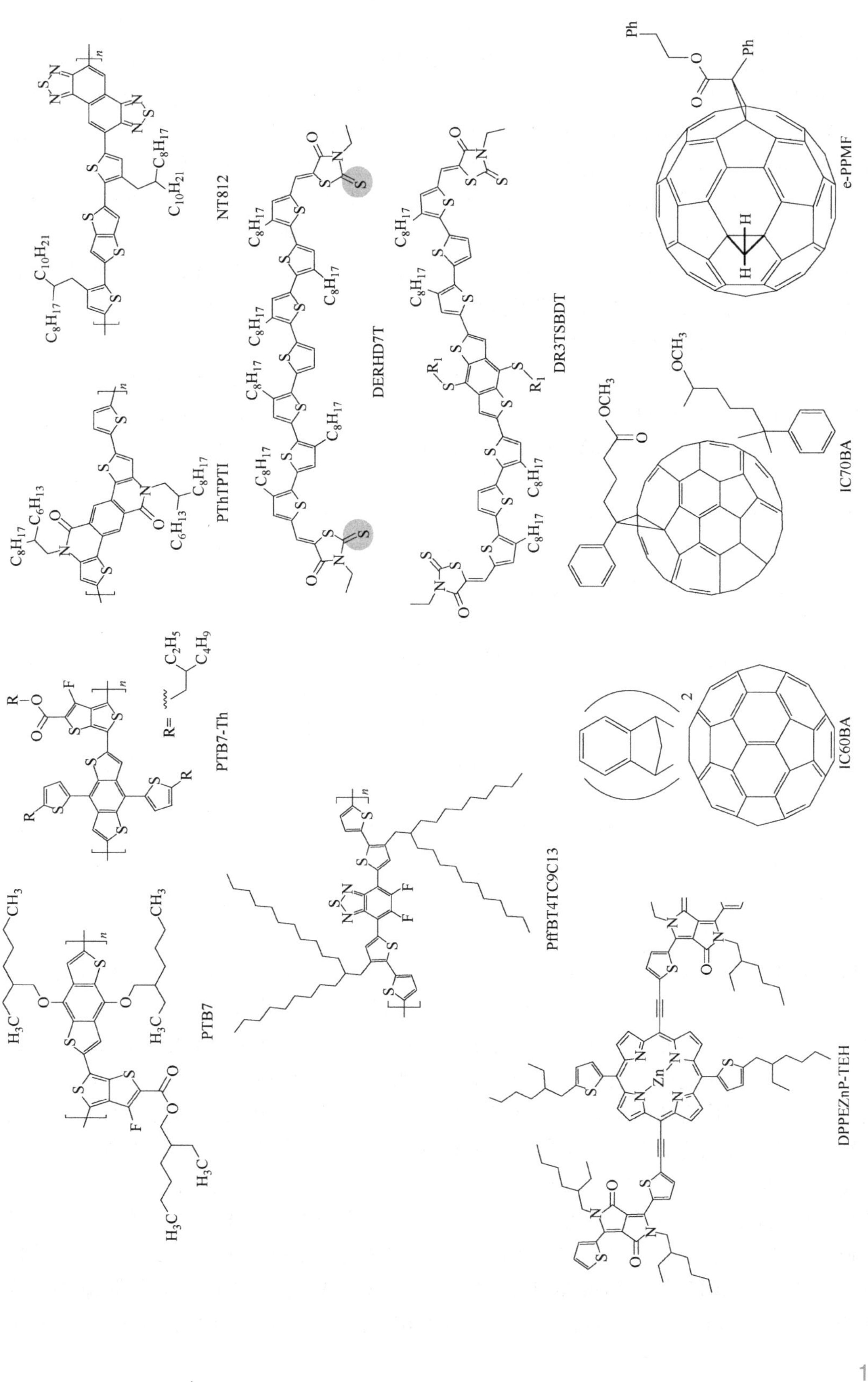

图 7-18　PTB7、PTB7- Th、PThTPTI、NT812、PffBT4TC9C13、DERHD7T、DR3TSBDT、DPPEZnP-TEH、IC60BA、IC70BA 和 e-PPMF 的结构

除了高分子供体外，小分子供体也引起了研究人员的兴趣。与聚合物供体不同，小分子供体具有明确的化学结构和分子量，没有批次差异，在器件性能上应具有更好的再现性。然而，在 2012 年之前，小分子供体的进展缓慢。2012 年，Chen 等人设计了一种 A-D-A 小分子供体 DERHD7T，以七硫代噻吩为 D 单元，罗丹宁染料为 A 单元。罗丹宁不仅增加了薄膜的吸收系数，而且使薄膜的吸收光谱发生红移。同时，DERHD7T 具有高结晶度和高空穴迁移率。DERHD7T:PC71BM 太阳能电池的 PCE 为 6.1%，这是基于小分子供体的有机太阳能电池首次达到 6% 的效率。2015 年，Peng 等人报道了以卟啉锌为 D 单元、二酮吡咯（DPP）染料为 A 单元的 A-D-A 供体 DPPEZnP-TEH。该分子结合了两种单元的优点，卟啉锌在可见光区有很强的吸收，而 DPP 在近红外区有很强的吸收。结果表明，DPPEZnP-TEH 具有 400~900nm 的宽吸收带。DPPEZnP-TEH:PC71BM 太阳能电池提供 16.76mA/cm^2 的高 J_{sc}。电池还显示出低电压损失和良好的 FF，PCE 为 8.08%。

在受体方面，Li 等人于 2010 年首次报道了一种高效的富勒烯双合物受体 IC60BA。与单加合物 PC61BM 相比，IC60BA 的 LUMO 能级增加了 0.2eV。因此，P3HT:IC60BA 电池的 V_{oc} 值为 0.84V，比 P3HT:PC61BM 电池的 V_{oc} 值高 45%。P3HT:IC60BA 电池的光电转化效率为 6.8%。IC60BA 的报道引发了人们对开发高性能富勒烯双合物受体的大量研究。2012 年，Li 等人报道了 IC70BA。由于 P3HT:IC70BA 具有较强的光吸收能力，PCE 达到 7.4%。而富勒烯双合物在其他 D-A 共聚物供体电池中的性能不如 P3HT 电池。一个主要原因是富勒烯双合物的电子迁移率较低。Nelson 等人通过粗粒度分子动力学模拟，发现了富勒烯双合物迁移率降低的原因。首先，加数引起的空间位阻增加导致填充不良，降低了其电子输运能力。其次，富勒烯双合物的区域异构体带来了额外的"能量紊乱"，这是导致电子迁移率降低的主要原因。因此，小加成的无异构体富勒烯二加物被预测为很好的受体。考虑到这一理论，Ding 等人于 2016 年开发了一种新的区域选择性合成方法，称为"预加成限制双功能化"，并制备了一种无异构体的富勒烯双加成物 e-PPMF。由于消除了同分异构体的能量紊乱和少量的甲烷加成物，e-PPMF 不仅在 P3HT 电池中，而且在其他 D-A 共聚物电池中也表现出很高的性能，在 e-PPMF:PPDT2FBT 太阳能电池中获得了 8.11% 的 PCE。相比之下，PPDT2FBT:PC71BM 太阳能电池的功率转化效率较低，为 6.93%。8.11% 的 PCE 是迄今为止富勒烯双聚体太阳能电池的最高效率。

3. 强吸光非富勒烯受体

尽管 D-A 共聚物供体、A-D-A 小分子供体和富勒烯双合物受体的出现将有机太阳能电池的光电转化效率推向了一个新的水平，但由于供体富勒烯体系的限制，进一步提高效率变得非常困难。首先，富勒烯受体的光收集能力较弱。富勒烯对光电流的贡献不大。第二，施主的吸收带宽度一般在 200~300nm。因此，太阳能辐照对供体富勒烯电池的利用是不够的。为了取得新的突破，迫切需要具有强光捕获能力和与供体材料互补吸收的非富勒烯受体。在此背景下，Zhan 等人首先设计并合成了具有强可见光/近红外光捕获能力的受体-供体-受体（A-D-A）小分子受体（图 7-19）。A-D-A 受体包含一个提供电子的熔环核心单元和两个强电子接收端单元。D 和 A 单元之间的强 ICT 使得受体带隙窄，具有较强的可见光/近红外光吸收。末端单位的紧密包装有利于电子传递，赋予 A-D-A 受体高电子迁移率。2015 年，Zhan 等人报道了一种 A-D-A 受体 ITIC，其光带隙小，为 1.59eV，在 500~800nm 处具有强吸收。ITIC:PTB7 太阳能电池的 PCE 为 6.8%，与富勒

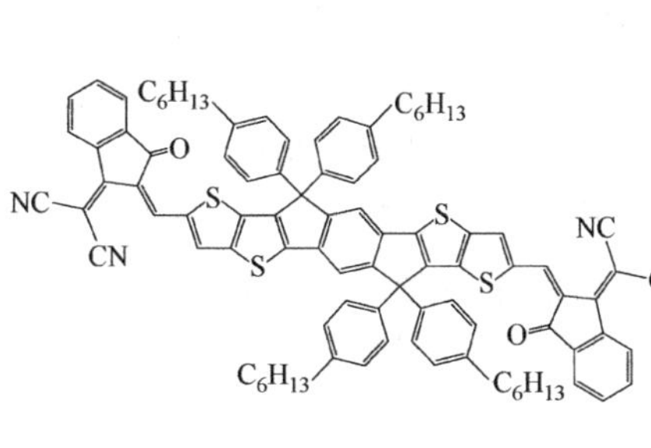

ITIC

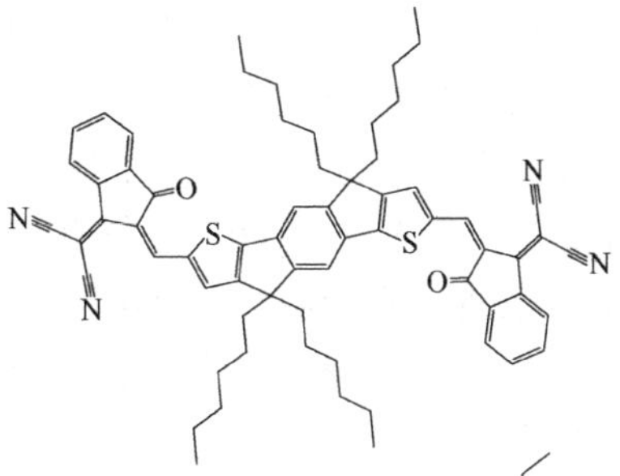

IDIC

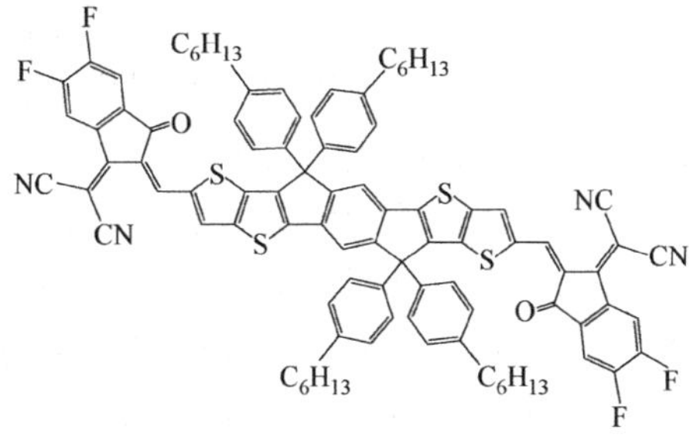

IT-4F

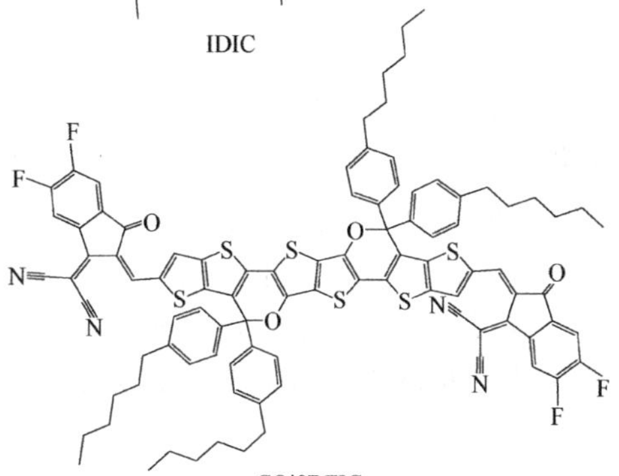

COi8DFIC

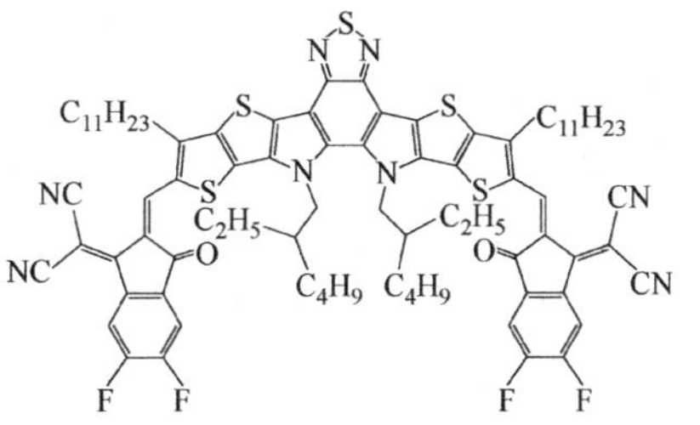

Y6

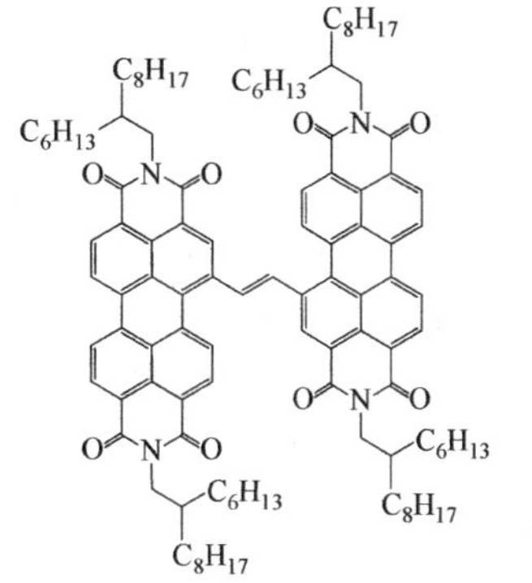

PDI-V

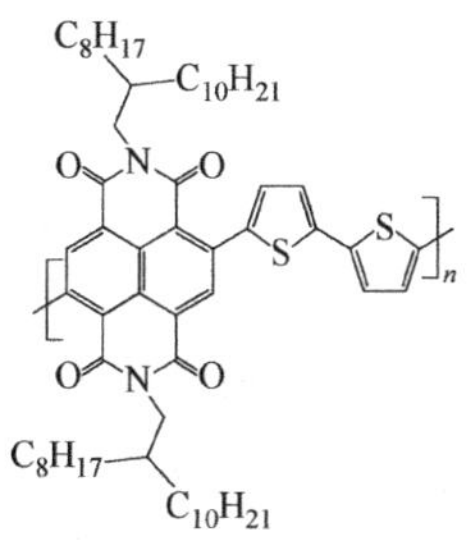

N2200

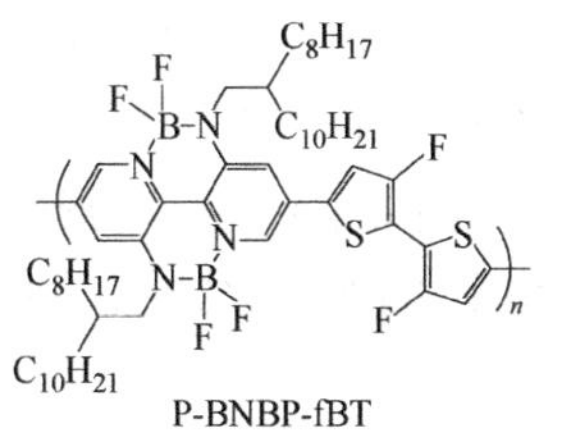

P-BNBP-fBT

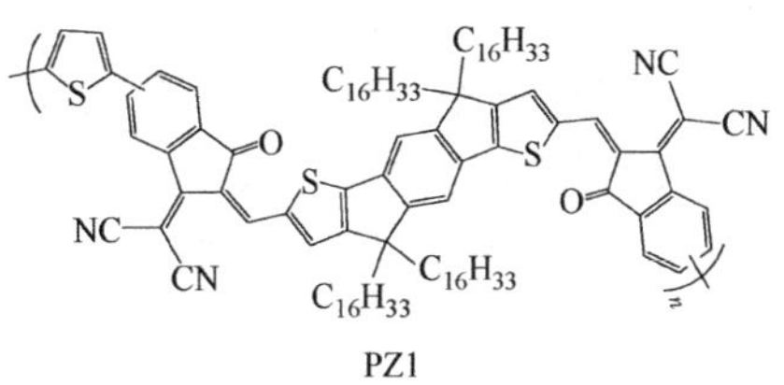

PZ1

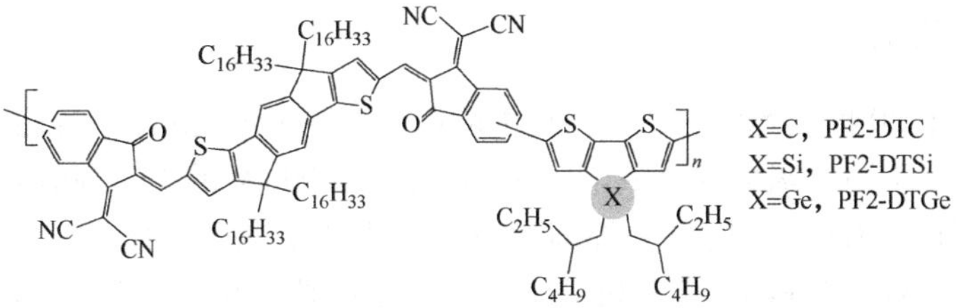

PF2-DTX

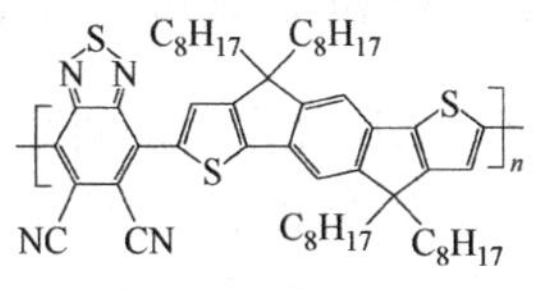

DCNBT-IDT

图 7-19　ITIC、IDIC、IT-4F、COi8DFIC、Y6、PDI-V、N2200、P-BNBP-fBT、PZ1、PF2-DTX 和 DCNBT-IDT 的结构

烯电池相当。2018 年，Chen 等人以 PTB7-Th：COi8DFIC：PC71BM 三元电池为后置电池，开发出有机串联太阳能电池，PCE 为 17.36%（认证为 17.29%），这是有机太阳能电池的效率首次超过 17%。上述进展显示了低带隙 A-D-A 受体的巨大潜力。2019 年，邹等人报道了另一种高效的 A-D-A 受体 Y6。它具有一个熔合环苯并 ［c］［1,2,5］ 噻二唑核心单元，在 570~920nm 处表现出强吸收。将 Y6 与一组 D-A 共聚物供体共混，得到了 150 个 15% 的 PCE。这些太阳能电池通常表现出较高的 J_{sc} 和 FF，以及非常低的电压损失。Y6 是迄今为止最好的非富勒烯受体之一。

4. 非富勒烯太阳能电池的宽禁带供体

随着高性能非富勒烯受体的迅速涌现，对其匹配供体的需求十分迫切。与需要低带隙和强吸光供体的富勒烯电池不同，非富勒烯电池需要宽带隙供体。宽带隙供体与低带隙非富勒烯受体的吸收互补，因此共混膜可以吸收更多的太阳辐照光。在富勒烯太阳能电池时代，研究人员开发了许多 D-A 共聚物供体。宽带隙供体与低带隙非富勒烯受体的吸收互补，因此共混膜可以吸收更多的太阳辐照光。在富勒烯太阳能电池时代，研究人员开发了许多 D-A 共聚物供体。2015 年，Hou 等人以苯并 ［1,2-c:4,5-c′］ 二噻吩-4,8-二酮（BDD）A 为单元，开发了 WBG D-A 共聚物供体 PM6（图 7-20）。PM6：PC71BM 太阳能电池的 PCE 为 9.2%。2019 年，PM6 与非富勒烯受体 Y6 的组合提供了更高的 PCE，达到 15.7%。Hou 等人进一步将 PM6 与 Y6 类似物 BTP-4Cl-12 结合，PCE 更高，达到 17%（经认证为 16.7%）。2019 年，Li 等报道了一种合成简单的高效宽带隙共聚物 PTQ10。PTQ10：Y6 太阳能电池的 PCE 为 16.53%。2019 年，Huang 等人报道了一种含有亚胺功能化苯并三唑（TzBI）A 单元的宽带隙 D-A 共聚物 P2F-EHp。P2F-EHp：Y6 太阳能电池提供 16.02% 的 PCE。2019 年，Ding 等人开发了一种具有 1,2-二氟-4,5-双（辛基氧基）苯单元的超宽带隙共聚物 W1。W1 的光带隙为 2.16eV，与 Y6 共混时 PCE 为 16.16%。同年，Ding 等人以全新的 5h-二噻吩 ［3,2-b:2′,3′-d］ 硫代比喃-5-1（DTTP）A 单元开发了另一种宽带隙共聚物 D16。D16：Y6 太阳能电池的 PCE 为 16.72%（认证为 16.0%）。2020 年，Ding 等人开发了一种更高效的宽带隙共聚物 D18，该共聚物采用熔接 A 单元二噻唑 ［3′,2′:3,4;2′,3′:5,6］ 并 ［1,2-c］［1,2,5］ 噻二唑（DTBT）。与 DTTP 相比，DTTP 具有更大的分子平面，这使得 D18 具有更高的空穴迁移率。D18：Y6 太阳能电池的 PCE 为 18.22%（认证为 17.6%），是迄今为止有机太阳能电池的最高效率。上述进展证明了宽带隙 D-A 共聚物供体在非富勒烯太阳能电池中的巨大潜力。通过进一步优化共聚物的分子结构，可以获得更高的 PCE。

7.4.3 有机太阳能电池的设计

有机太阳能电池的研究始于 20 世纪 50 年代，首次由 Kallmann 和 Pope 报告，他们使用蒽单晶作为活性层，在两个具有不同功函数的金属电极之间获得了 200mV 的 V_{oc}。随后，研究人员利用金属-绝缘体-半导体（MIS）结构显著提高了有机太阳能电池的性能。1978 年，使用若干二氮染作为有机薄膜活性层，Feng 等人和 Fishman 等人分别获得了 0.7% 和 1% 的光电转换效率。在这种类型的有机太阳能电池中，激子解离的驱动力是两个电极的功函数差异，如果驱动力弱将不能充分解离激子，因此，早期报道的器件效率通常较低。此后，研究人员在 1986 年引入的双层异质结构使得有机光伏产生了重大突破。供体和受体层被夹在两

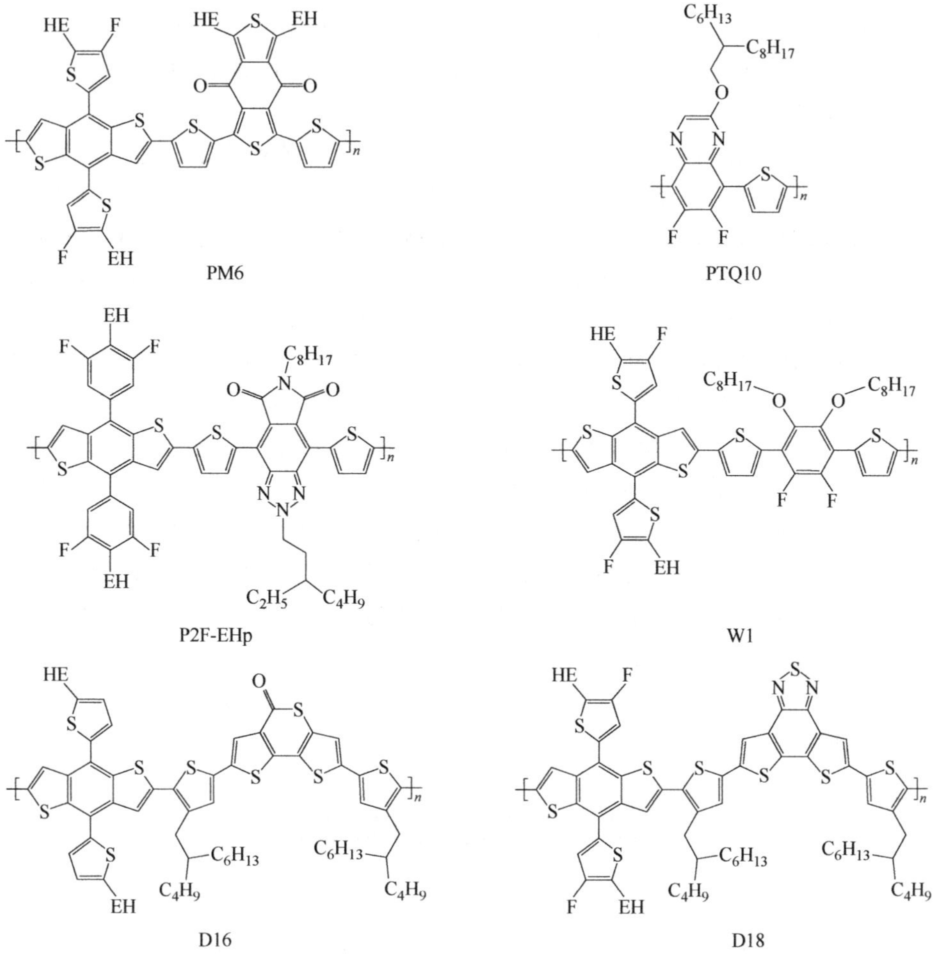

图 7-20　PM6、PTQ10、P2F-EHp、W1、D16 和 D18 的结构

个电极之间，如图 7-21 所示。激子可以在 D/A 界面有效分离，因为供体和受体的 LUMO 能级之间存在能量差异。激子可以在 D/A 界面有效分离，因为供体和受体的 LUMO 能级之间存在能量差异。然而，吸收渗透深度高达几个数量级大于激子扩散长度，这意味着只有在 D/A 界面生成的激子才能有效地分离为自由电荷。因此，供体和受体之间有限的界面面积决定了激子分离不足，导致强烈的电荷复合。

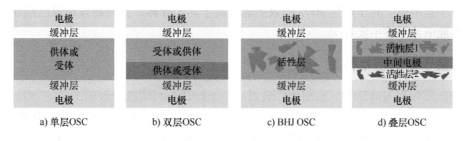

图 7-21　各种有机太阳能电池的结构原理图

混合异质结（BHJ）随后成为构建有机太阳能电池的主要结构。通过混合供体和受体，活性混合膜可以形成明显的相分离，导致双连续网络，同时还可以提供大的 D/A 界面面积。与双层有机太阳能电池相比，光诱导的激子可以轻易扩散到 D/A 界面并分离成自由电荷，然后被电极有效收集。

正置和倒置结构是两种常用的器件结构，由界面层的排列决定。适当的界面层对有机太阳能电池非常重要。除了孔洞和电子传输功能外，它们还可用于保护活性层。常用的缓冲层包括 PEDOT：PSS、PFN、PFN-Br、PDIN、PDINO、PDINN、ZnO、MoO$_3$ 等。倒置结构 OSC 首次由杨等人在 2006 年报道。两种不同的功能界面层［钒氧化物（V$_2$O$_5$）和碳酸铯（Cs$_2$CO$_3$）］被用来为活性层提供足够的保护，同时保持良好的器件性能。最终，采用 ITO/Cs$_2$CO$_3$/P3HT：PC61BM/V$_2$O$_5$/Al 结构实现了 2.25% 的 PCE。对于单结 OSC，由于吸收光谱有限，只能收获一小部分光子。串联或多结 OSC 由两个或更多具有互补吸收光谱的子电池组成，可以克服光子吸收不足的限制。此外，通过串联或多结策略，可以在宽带隙电池中吸收高能量光子，在小带隙电池中吸收低能量光子，从而降低 OSC 的热损失。Hiramoto 等人于 1990 年报道了由两个相同的子电池组成的第一个串联 OSC。在该串联器件中，每个子电池由 50nm 厚的 H$_2$-酞菁层和 70nm 厚的菲四羧基衍生物层组成。此外，这两个子电池被 2nm 厚的 Au 膜分开。采用串联结构，挥发性有机化合物几乎增加了一倍。多异质结 OSC 器件最早由 Forrest 等人通过堆叠多个子电池（由 CuPc 作为供体，PTCBI 作为受体）串联提出。串联电池和三重电池结构的 PCE 分别为 2.5% 和 2.3%，是单结结构的 2 倍。

7.5　量子点太阳能电池

量子点（Quantum Dot，QD）太阳能电池也是目前较为新颖和尖端的太阳能电池之一。胶体量子点是在溶液中化学合成的半导体纳米晶体，其典型直径小于 10nm。与它们的块状对应体不同，量子点拥有独特的性质，如尺寸和形状相关的光学特性以及由于量子限制效应而产生的离散电子态密度（图 7-22a、b）。此外，基于溶液法的低制备成本（图 7-22c）使得量子点在下一代电子技术［包括太阳能电池、发光器件（LED）和场效应晶体管］中的应用更广泛。

在新兴的太阳能电池中，量子点被认为是下一代太阳能电池应用中有前途的材料，因为它们有潜力克服现有传统单结太阳能电池的 Shockley-Queisser 功率转换效率极限。一种方法是通过多激子生成（MEG）过程从太阳能电池中的热载流子中提取能量。由于量子约束的存在，量子点中单个光子产生 MEG 的效率通常高于体半导体。这种物理现象已经在 PbSe 量子点太阳能电池器件中实现。

7.5.1　量子点的基本性质

量子点又称为人造原子。它的尺寸接近或小于体相材料的激子玻尔半径，一般来说粒径范围为 1~10nm，是表现出量子行为的准零维半导体材料。量子点从三个维度对其尺寸进行约束，当达到一定的临界尺寸后，即纳米量子，其载流子的运动在三个空间维度上均受到限制，此时，材料表现出量子效应。

波长为 (2.54±0.42)nm

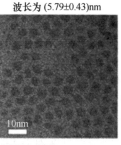
波长为 (5.79±0.43)nm

b) 不同波长的InAs量子点的TEM图像

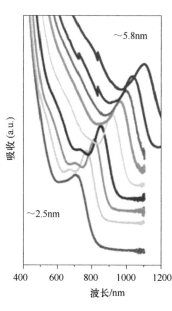

a) 热注入法合成的不同尺寸InAs
量子点的吸光度光谱

c) 分散在甲苯和由该溶液制成的太阳能电池
中的AgBiS₂量子点的照片图像

图 7-22 量子点的吸光度光谱及图像

量子特性是一种与常规体系截然不同的低维物性，进而展现出与宏观块体材料截然不同的物理化学性质。量子点的尺度介于宏观固体与微观原子、分子之间。量子点的典型尺寸为1~10nm，包含几个到几十个原子，由于载流子的运动在量子点中受到三维方向的限制，能量发生量子化。量子点具有许多特性，如具有巨电导、可变化的带隙以及可变化的光谱吸收特性等，这些特性使得量子点太阳能电池可以大大提高其光电转换效率。量子点的特殊几何尺寸使其具备了独特的量子效应。量子效应有以下几个比较重要的特征。

1. 表面效应

表面效应是指随着纳米量级的量子点尺寸的减小，量子点的比表面积增加，体内原子数目减少，而表面原子数量急剧增加。这就导致表面成键原子配位失衡，表面出现悬挂键和不饱和键。表面效应使得量子点具有较高的表面能和表面活性。表面活性会使表面原子输运和构型发生变化，同时也将引起表面电子自旋现象和电子能谱的变化。表面效应会使量子点材料产生表面缺陷，表面缺陷能够捕获电子和空穴，引起非线性光学效应，进而影响量子点的光电性质。比如，纳米金属银由于表面效应使得其光反射系数显著下降，因此，表现为黑色，并且粒径越小，光吸收能力越强，颜色越深。

2. 限域效应

当量子点的尺寸可以同电子的激子玻尔半径相接近时，电子将被限制在十分狭小的纳米空间内，在此空间内，电子的传输受到限制，平均自由程显著减小，同时局域性和相干性增强导致量子限域效应。量子限域效应将导致材料中介质势阱壁对电子和空穴的限域作用远远大于电子和空穴的库仑引力作用，电子和空穴的关联作用较弱，而处于支配地位的量子限域效应会使得电子和空穴的波函数发生重叠，容易形成激子，产生激子吸收带。随着粒子尺寸的减小，激子吸收带的吸收系数增加，此时出现强激子吸收，激子的最低能量吸收发生蓝移。

3. 量子尺寸效应

当粒子处于纳米量级时，金属费米能级附近的电子能级由连续能级分布变为离散的分立能级，有效带隙变宽，其对应的光谱特征发生蓝移。粒子尺寸越小，光谱的蓝移现象越显著。量子点的带隙宽度、激子束缚能的大小、激子蓝移等能量态可以通过量子点的尺寸、形状和结构进行调节。尺寸效应引起的材料能级的离散是量子效应最主要的特点。比如，室温下晶体硅的禁带宽度为 1.12eV，当硅的直径为 3nm 和 2nm 的时候，它们的禁带宽度分别为 2.0eV 和 2.5eV。

4. 宏观量子隧道效应

当运动的电子处于纳米空间尺度内时，其物理线度与电子自由程相当，会在纳米导电区域之间形成薄薄的量子势垒。当外加电压超过一定的阈值时，被限制在纳米空间内的电子穿越量子势垒形成费米子电子海。这种由电子从一个量子阱穿越量子势垒进入另一量子势垒的现象称为量子隧道效应。

基于量子效应，使得量子点材料具备独特的光、热、磁和电学性能，这种独特性使得量子点在太阳能电池、光学器件和生物标记等方面有广阔的应用前景。

7.5.2 量子点太阳能电池材料选择

在太阳能电池中，作为光吸收层的量子点要求在近红外（NIR）窗口（700~1400nm）具有吸收特性。图 7-23 给出了不含 Cd、Pb 或 Hg 元素的不同类型量子点的吸收范围。这些量子点材料还有其他几个重要的参数，使它们适合于高性能薄膜太阳能电池，特别是高吸收系数，低激子结合能和低陷阱密度。此外，对于高效 QD 薄膜太阳能电池而言，载流子浓度和 QD 薄膜的迁移率应该是可控的，这两个因素主要影响太阳能电池中的电场形成、漂移电流和扩散电流。下面将介绍目前量子点及其在太阳能电池中的应用。

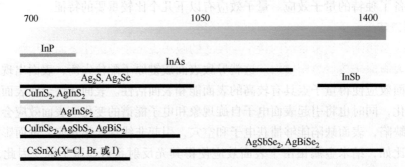

图 7-23　已报道的量子点包括二元化合物、三元化合物和钙钛矿结构的吸收范围

1. 二元化合物 QD

适用于量子点薄膜太阳能电池的二元化合物量子点主要为 Ⅲ-Ⅴ 族（镍系铟），Ⅰ-Ⅵ 族（硫属铜或硫属银）。

镍系铟（InX，X=P、As 或 Sb）量子点是研究最广泛的光电器件量子点材料之一。它们的带隙（InP、InAs 和 InSb 分别为 1.35eV、0.35eV 和 0.23eV）允许在从紫外到红外的宽光谱范围内吸收。此外，它们的激子结合能（InP、InAs 和 InSb 分别为 6.44meV，1.87meV 和 0.75meV）与 PbS（4meV）相当，后者被报道为效率最高的 QD 太阳能电池。激子结合能值对电荷产生有显著影响，因此应提前检查量子点薄膜太阳能电池中的输运和外量子效率（EQE）。

此外，金属硫族化合物［例如金属（Ag、Sn）和硫化物（S、Se 或 Te）］具有窄的带隙。这种窄的带隙使得它们在量子约束限制下可以吸收大范围的近红外光。然而，在 Ag_2S 量子点中，1nm 的激子玻尔半径非常小，限制了通过尺寸控制来调节带隙。此外，块状 Ag_2S 半导体的激子结合能高达 96meV，会对薄膜太阳能电池的性能产生不利影响。虽然已经研究了 V-VI 族 QD，如 Sb_2S_3 和 Bi_2S_3 作为 QD 敏化剂，但这些材料是基于原位方法，如连续离子层吸附和反应（SILAR），在合成过程中存在 QD 尺寸控制差和腐蚀的问题。

2. 三元化合物 QD

纳米晶体中的三元化合物量子点（ABX_2，A = Cu 或 Ag，B = In、Sb 或 Bi，X = S 或 Se）是目前研究最广泛的量子点材料之一。三元量子点的带隙可以通过它们的元素组成（即化学计量）以及量子点的大小和形状来调节。通常，三元化合物是根据金属成分被 +1 和 +3 价态（I-III-VI_2）或 +1 和 +5 价态（I-V-VI_2）的两个金属成分所取代来分类的。

在室温（300K）条件下，大多数三元 I-III-VI_2 族化合物（如 $CuInX_2$ 和 $AgInX_2$，其中 X 代表 S 或 Se）呈现最稳定的黄铜矿晶体结构。图 7-24 展示了 $CuInS_2$/CdS 纳米晶溶液的吸收光谱和发射光谱。这类材料表现出显著的斯托克斯位移，即发射带与强吸收起始点之间存在较大的光谱间隔。这一特性对于减少自吸收损失具有重要意义，从而凸显了这些材料在发光太阳能聚光器（LSC）领域的潜在应用价值。更重要的是，黄铜矿三元量子点的大吸收系数和可调谐的带隙使其成为太阳能电池特别有吸引力的光吸收材料。

Ag-V-VI_2（$AgBiX_2$ 或 $AgSbX_2$，其中 X = S 或 Se）量子点是另一个有前途的三元族。由于 Ag-V-VI_2 量子点具有高塞贝克系数和低导热的块状半导体特

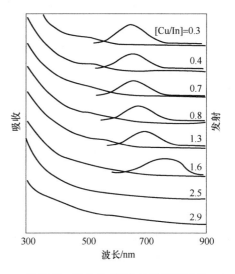

图 7-24 $CuInS_2$/CdS 纳米晶溶液的吸收和发射光谱

性，因此对其热电器件的研究最为集中。尽管它们具有优异的光学和电学性能，但很少有人关注它们在太阳能电池应用中的光活性层。

7.5.3 量子点太阳能电池的设计

量子点太阳能电池的制备过程包括基于量子点合成和将胶体量子点转化为最终的固体薄膜。为了实现量子点太阳能电池的商业化，在低成本、低损耗、无毒化学品使用等方面，环保生产方法是不可避免的。接下来将介绍从纳米晶体胶体合成到太阳能电池器件制备的绿色加工方法。

1. 胶体量子点的合成与纯化

提高纳米晶的化学产率是一种低成本、低化学废物的绿色合成方法。对于三元 $CuInS_2$ 量子点，众所周知，1-十二硫醇是一种廉价的替代反应性硫源，相对于铜和铟试剂，它产生的克级量子点的化学产率超过 90%。这种合成需要的价格低于 10 美元/克。Pan D. 等人报道了一种利用商用电压力锅制备 Cu-In-S/ZnS 量子点的高化学收率的水溶剂合成路线。为了降低胶体量子点的成本，应该用经济的化学试剂代替昂贵的前驱体。在铟嘌呤 QD（InP 和 InAs）合成中，昂贵且具有焦性的三甲基硅基膦和肼前驱体被广泛用作嘌呤前驱体。最近的研究报道了经济和低毒的三（二甲胺）为基础的肽前体。图 7-25 显示了以三（二甲胺）膦为 V 族源合成的溶剂分散的 InP 量子点。

图 7-25　用三（二甲胺）膦合成并分散在溶剂中的 InP 量子点的照片

纳米晶合成后，需要一个纯化步骤，以去除合成过程中使用的未反应前体和表面活性剂。通常，纯化方法是连续沉淀和再溶解过程与离心，其中使用了大量的溶剂，如己烷、丙酮、氯仿等。在绿色方面，净化系统中需要用毒性较小的物质取代有害的有机溶剂（例如用甲苯或乙醇代替氯仿，而不是丙酮等）。最近报道了一种涉及宏观流道中多孔电极的净化步骤的新方法。如图 7-26 所示，在电场与流体平行流动方向下，量子点被有效地隔离在电极上，与传统的离心方法相比，最大限度地减少了溶剂消耗。

2. 量子点薄膜的制备

在合成过程中，胶体量子点被长链有机配体覆盖，作为绝缘层。由于粒子间耦合弱，这阻碍了它们在太阳能电池中的直接使用。因此，合成后的配体交换，即用较短的配体代替最初的大块配体，对于实际应用是必要的。使用旋涂的固态配体交换工艺已广泛用于量子点太阳能电池，如图 7-27 所示。为了获得具有最佳厚度的量子点薄膜，需要几个循环，称为逐层（LBL）处理。然而，这些制备技术需要大量的量子点、进入的配体试剂和溶剂，以及沉积时间。例如，沉积量子点需要 15min，300nm 厚度的量子点膜需要 50mg 的量子点。近年来，利用超声喷涂技术，以 5mg 的量子点在 1min 内连续通过，制备出厚度为 300nm、衬底为 2.5cm×2.5cm 的高质量量子点薄膜。

近年来，胶体量子点在透明和柔性光伏器件中的应用得到了广泛的研究。最近的注意力主要集中在硫系铅基量子点太阳能电池上。无铅量子点太阳能电池的发展无疑是这项技术进一步成功商业化的需要。

然而，实现高性能的胶体量子点太阳能电池仍然具有挑战性。因此适合于薄膜太阳能电池应用的量子点需满足最佳带隙、弱激子结合能、大吸收系数等。由于形成高质量的量子点薄膜涉及以下几个挑战：①增强载流子传输，②良好控制掺杂极性，③最佳的能级位置。目前不含重金属元素的 QD 太阳能电池的性能非常低，这主要是由于表面缺陷、多晶结构和几种氧化态形成的禁带内的多个态是量子点固体中电子载流子输运的障碍。此外，量子点表面长原始配体与短引入配体之间的交换反应仍然受到限制，移除和交换的困难依然存在。因此，我们期望未来对量子点表面的研究将对高质量的量子点薄膜制备有积极的影响。

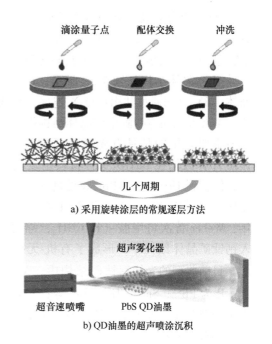

a) 采用旋转涂层的常规逐层方法

b) QD油墨的超声喷涂沉积

图 7-27　量子点薄膜制备示意图

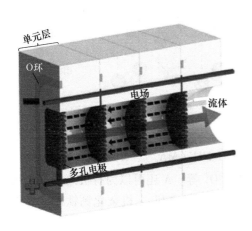

图 7-26　带有聚四氟乙烯单元层、
O-环和多孔镍电极的净化系统示意图

7.6　钙钛矿太阳能电池

2009 年，日本 Kojima 等人采用易挥发的液态电解质制备了第一块钙钛矿太阳能电池，并实现了 3.8% 的光电转换效率。然而，这种钙钛矿材料容易被液态电解质（用于空穴传输）分解，这大大降低了电池的稳定性。为改善这一问题，2012 年，Grätzel 等人采用固态空穴传输材料 spiro-OMeTAD 替换液态电解质，成功制造出首个全固态钙钛矿太阳能电池，效率提升至 9.7%。在此后的几年，研究人员对钙钛矿太阳能电池进行了大量的研究。自 2013 年开始，钙钛矿太阳能电池发展迅猛，不断地取得突破性进展。2024 年，陈炜团队将单结钙钛矿太阳能电池的效率提升至 26.54%，并通过认证。钙钛矿结构具有独特而优异的光电性能，光电转换效率还具有大幅提升空间。并且与传统硅基太阳能电池相比，钙钛矿太阳能电池制备成本较低，更容易生产。因此，钙钛矿太阳能电池有望成为具有高效率、低成本、柔性、全固态等优点的新一代太阳能电池。

本节首先介绍钙钛矿的物理结构及特性，然后详细介绍钙钛矿太阳能电池的基本结构、工作原理、制备工艺以及界面修饰，最后对钙钛矿太阳能电池面临的问题与发展趋势进行总结与展望。

7.6.1　钙钛矿材料的结构特征与光电特性

1839 年，Gustav Rose 在俄罗斯乌拉尔山脉首次发现了 $CaTiO_3$ 这种矿物，之后以俄罗斯地质学家 Perovski 的名字命名。狭义的钙钛矿特指 $CaTiO_3$，广义的钙钛矿是指具有钙钛矿结

构的 ABX_3 型化合物，其中 A 为 Na^+、K^+、Ca^{2+}、Sr^{2+}、Pb^{2+}、Ba^{2+} 等半径大的阳离子，B 为 Ti^{2+}、Nb^{5+}、Mn^{6+}、Fe^{3+}、Ta^{5+}、Zr^{4+} 等半径小的阳离子，X 为 O^{2-}、F^-、Cl^-、Br^-、I^- 等阴离子，这些半径大小不同的离子共同构筑一个稳定的晶体结构。

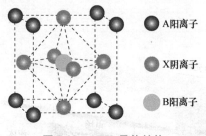

ABX_3 晶体结构如图 7-28 所示，BX_6 构成正八面体，BX_6 之间通过共用顶点 X 连接，构成三维骨架。A 嵌入八面体间隙中使晶体结构得以稳定。本小节主要介绍的是具有光敏性质的钙钛矿材料。1956 年，人们在 $BaTiO_3$ 这种材料中发现了光伏效应，但直到 1980 年，$KPbI_3$ 等无机钙钛矿才被作为光伏材料首次报道，其带隙为 1.4 ~ 2.2eV。1987 年，Weber 首次将甲胺（H_3CNH_2，缩写 MA）引入钙钛矿晶体结构中，形成了有机-无机杂化钙钛

图 7-28　ABX_3 晶体结构

矿。目前典型的光伏钙钛矿结构中，A 一般为 Cs^+、$CH_3NH_3^+$（MA^+）、$NH_2CH=NH_2^+$（FA^+）等；B 为 Pb^{2+}、Sn^{2+}、Ti^{4+}、Bi^{3+} 等；X 为 Cl^-、Br^-、I^-、O^{2-} 等。A 还可以为有机离子和无机离子的混合体，也可是单纯的有机或者无机离子，相应地形成有机-无机杂化钙钛矿或者纯无机钙钛矿材料。

对于钙钛矿的晶体结构，Goldschmidt 提出利用容忍因子 t 来预测钙钛矿结构的稳定性，其方程为

$$t = \frac{(R_A + R_X)}{\sqrt{2}(R_B + R_X)}$$

式中，t 为容忍因子；R_A 为 A 离子半径；R_B 为 B 离子半径；R_X 为 X 离子半径。

当满足 $0.81 < t < 1$ 时，ABX_3 化合物为钙钛矿结构，其中 $t = 1.0$ 时形成对称性最高的立方晶格。

目前应用于太阳能电池的钙钛矿材料，A 离子通常为有机阳离子如 $CH_3NH_3^+$（$R = 0.18m$）、$NH_2CHNH_2^+$（$R = 0.23nm$）或 $CH_3CH_2NH_3$（$R = 0.19 \sim 0.22nm$）等；B 离子为金属阳离子，主要有 Pb^{2+}（$R = 0.119nm$）或 Sn^{2+}（$R = 0.110nm$）等；X 离子为卤族阴离子如 I^-（$R_x = 0.220nm$）、Cl^-（$R_x = 0.181nm$）或 Br^-（$R_x = 0.196nm$）。有机金属卤化物钙钛矿材料因其独特的量子限域结构而表现出特殊的光学和电学特性，与现有一般太阳能电池材料相比，具有以下几方面的优点：

1）激子束缚能小。有机金属卤化物钙钛矿材料的激子束缚能非常小，如 $CH_3NH_3PbI_3$ 的激子结合能只有（19 ± 3）meV，因此，其受光激发后产生的激子大部分在室温下就能分离形成自由的电子和空穴，不需要借助供体和受体界面的内建电场的诱导。

2）优良的双极性载流子输运特性。$CH_3NH_3PbX_3$ 具有双极性传输特性，其本身既可以传输电子，又可以传输空穴。此类钙钛矿材料中产生的电子和空穴有效质量小，电子和空穴迁移率相对较高，如 $CH_3NH_3PbI_3$ 中电子和空穴迁移率分别可以达到 $7.5cm^2/(V \cdot s)$ 和 $12.5 \sim 66cm^2/(V \cdot s)$。一般有机太阳能电池中激子扩散长度只有数十纳米，而 $CH_3NH_3PbI_3$ 中的电子和空穴扩散长度都超过了 100nm，$CH_3NH_3PbI_{3-x}Cl_x$ 中的激子扩散长度超过 $1\mu m$。通过利用噻吩和嘧啶来钝化钙钛矿表面缺陷，其光生载流子寿命长达 $2\mu s$，电子和空穴的扩

散长度可以达到 $3\mu m$。

3）吸收窗口宽，且吸收系数高。$CH_3NH_3PbI_3$ 为直接禁带半导体，禁带宽度为 1.5eV，吸收边约为 800nm，在整个可见光区都有很好的光吸收。$CH_3NH_3PbI_3$ 在 360nm 处的光吸收系数高达 $4.3×10^5cm^{-1}$，远高于有机半导体材料（其吸收系数不大于 $1×10^3cm^{-1}$）。400nm 厚的钙钛矿薄膜即可吸收紫外至近红外光谱范围内的所有光子。此类钙钛矿结构具有稳定性，并且通过替位掺杂等手段，可以调节材料带隙，实现类量子点的功能，是开发高效低成本太阳能电池的理想材料。

有机金属卤化物钙钛矿材料的这些特性使其在工作过程中能充分吸收太阳光，同时高效完成光生载流子的激发、输运和分离等多个过程，使其在各种结构的太阳能电池中均表现出优异的光电性能。

7.6.2　钙钛矿太阳能电池吸收层制备及界面修饰

1. 吸收层制备

为了获得钙钛矿太阳能电池的良好效率，制造具有优异质量的钙钛矿膜是至关重要的。因此，科研工作者投入了大量的努力来制备具有可调的晶体结构、形态和光电特征的钙钛矿薄膜。钙钛矿薄膜的光电性能显著依赖于结晶度，结晶度反过来影响薄膜形貌，并进一步影响所得钙钛矿层中的电荷分离效率、扩散长度和电荷复合动力学。目前，有机-无机杂化钙钛矿薄膜的制备方法主要有一步旋涂法、两步旋涂法、分步液浸法、蒸汽辅助沉积、气相沉积法等。

（1）一步旋涂法　一步旋涂法因其操作简单、成本低而被广泛应用于钙钛矿电池的制备中。通过对钙钛矿前驱体的合理控制，可以制备无针孔的钙钛矿薄膜。通常，钙钛矿前驱体溶液由有机卤化物（MAI/FAI，碘化甲铵/碘化甲脒）和无机卤化物（例如 PbI_2）溶解在丁内酯（GBL）、N,N-二甲基甲酰胺（DMF）、二甲基亚砜（DMSO）或两种或所有三种溶剂的组合中制备。将混合前驱体进行自旋包覆，并在 100~150℃ 范围内退火，形成相纯、无针孔、致密的钙钛矿层。

据 Lee 等人报道，一步旋涂法的起始效率为 10.9%，其中合成的 MAI 和市售的 $PbCl_2$ 以 3：1 的摩尔比溶解在 DMF 中，以调节卤化物阴离子的比例。经过 30s 的旋涂和 100℃ 退火后形成钙钛矿层，该器件显示了大于 1V 的开路电压（V_{oc}）。之后，研究人员发现中间态 MAI·PbI_2·DMSO 可以帮助形成均匀致密的双层钙钛矿吸收层（mp-TiO_2 与纳米级 $MAPbI_3$/晶体 $MAPbI_3$），如图 7-29 所示。在此之后，研究人员进行了各种溶液调整，试图形成所需的中间状态。Rong 等人报道了在 DMSO/GBL 混合溶剂（3：7v/v）中形成非化学计量的 $MA_2Pb_3I_8(DMSO)_2$，他们认为该相有助于形成光滑的钙钛矿层。此外，他们的工作还发现了工艺条件对器件性能的强烈依赖性，随退火温度和时间的变化，器件效率从 8.07% 升高到 15.29%。

（2）两步旋涂法　两步旋涂法也叫作互扩法，是由黄劲松等人提出的，该方法是一种精确定量的方法。研究人员首先将有机卤化物和卤化铅分别溶解在 DMF 和异丙醇中。接下来，将卤化铅溶液旋涂在 ETL/HTL 上，然后进行退火（图 7-30）。随后将 MAI 溶液旋涂在卤化铅表面并进行退火以获得钙钛矿薄膜。Jiang 等人采用两步旋涂法制备了 $1cm^2$ 的 PSC，得到了 20.1% 的 PCE，他们使用该方法成功地控制了钙钛矿表面残留的 PbI_2。

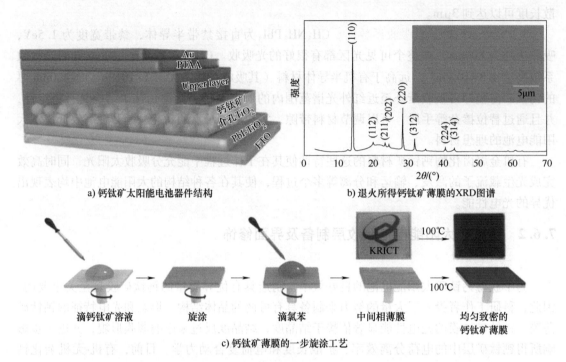

a) 钙钛矿太阳能电池器件结构

b) 退火所得钙钛矿薄膜的XRD图谱

滴钙钛矿溶液　　旋涂　　滴氯苯　　中间相薄膜　　均匀致密的钙钛矿薄膜

c) 钙钛矿薄膜的一步旋涂工艺

图 7-29　钙钛矿太阳能电池的一步旋涂法

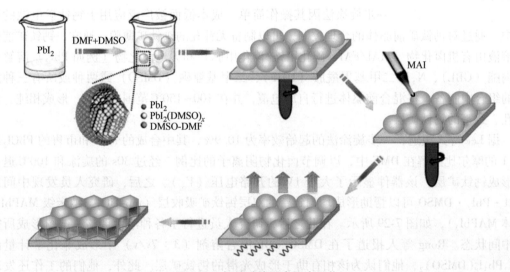

图 7-30　钙钛矿的两步旋涂工艺

（3）蒸汽辅助沉积　蒸汽辅助沉积法可以看作一种改进的两步法。首先将卤化铅溶液旋涂在 ETL/HTL 上，随后，蒸发后的 MAI/FAI 与 PbI_2 反应形成钙钛矿相，再进行薄膜退火。理想情况下，这种方法可以保证两种前体之间比溶液中有更好的接触。此外，该方法成功地避免了部分钙钛矿的溶解，特别是在浸渍过程中。因此，钙钛矿膜的化学计量也可以得到改善。Chen 等人将合成的 MAI 蒸气（非常小的颗粒）应用于旋涂的 PbI_2 前驱体上，并在150℃下退火成功制备了钙钛矿薄膜，整个制备过程是在手套箱里完成的，所得最好的器件

效率为 12.1%。该方法唯一的缺点是制备过程相比旋涂持续时间较长。随后，研究人员对

该方法进行了改进，将两步沉积在 ITO/PEDOT:PSS 衬底上的 $MAPbCl_{3-x}I_x$ 转移到封闭的培养皿容器中，与 MACl 粉末一起在 100°C 热板上进行加热，将器件 PCE 提高至 15.1%，稳定性为 60 天。图 7-31 为该过程的实际实验装置，其中上下碟都与聚四氟乙烯环连接，防止泄漏。

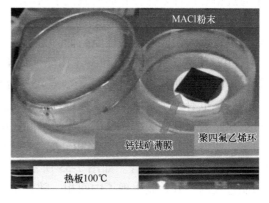

图 7-31 Khadka 等人提到的实际实验装置

（4）气相沉积法 气相沉积是薄膜制备中应用最广泛的方法之一。由于该方法易于控制源（单质/化合物）和沉积时间、电流/电压等参数，这保证了所得薄膜成分和表面均匀性。Mitzi 等人首次报道了气相沉积钙钛矿。Liu 等人在旋转的衬底上通过共蒸发 MAI 和 $PbCl_2/PbI_2$，制备了具有 15.4% 效率的平面结构钙钛矿太阳能电池。图 7-32 为蒸发系统示意图和薄膜的 XRD 谱图，其中，有机源为碘化甲基铵（MAI）和 $PbCl_2$，真空沉积样品在退火后仍能保持相同的晶体结构。

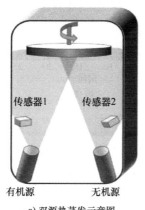

a) 双源热蒸发示意图

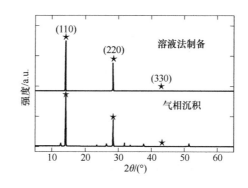

b) XRD谱图

图 7-32 蒸发系统示意图和薄膜的 XRD 谱图

进一步研究发现，在共蒸发过程中，$PbCl_2$ 与 MAI 的反应倾向于先生成 PbI_2，然后在 MAI 的持续掺入下转化为 $MAPbI_3$。最终，残余 MAI 以 $MAPbI_3 \cdot xMAI$ 的形式存在。此外，双源共蒸也被用于制备其他类型的钙钛矿。Ma 等人使用 CsI 和 $PbBr_2$ 作为蒸发源制备了 $CsPbIBr_2$ 电池，他们在正向扫描下获得了 3.7% 的光电转换效率，在反向扫描下获得了 4.7% 的效率。

$MAPbI_3$ 复合源也被用于真空热蒸发。Liang 等人利用他们合成的 $MAPbI_3$ 晶体作为蒸发源成功制备了 $MAPbI_3$ 薄膜，所得薄膜光滑、致密，具有良好的可见光吸收。但是，通过气相沉积所制备的器件很少能达到与基于溶液的钙钛矿相当的光电转换效率。

2. 钙钛矿太阳能电池的界面修饰

界面在光伏器件的工作中扮演着至关重要的角色。因此，调控界面处的载流子行为是至

关重要的，另外，延缓界面老化也有助于提高太阳能电池的长期稳定性。因此，大量研究致力于通过精心设计来操控界面处载流子的动态，以增强器件的稳定性。

（1）钙钛矿活性层的界面修饰　在钙钛矿太阳能电池中，钙钛矿活性层及其界面的优劣直接决定了太阳能电池的性能高低。为了改善钙钛矿的膜层质量，科研工作人员通常使用N,N-二甲基甲酰胺（DMF）和γ-丁内酯（GBL）混合溶剂溶解钙钛矿前驱体，从而有效改善钙钛矿膜层，使其界面处的电子、空穴复合概率明显降低，有效提升钙钛矿光伏器件性能。此外，也有大量科研工作者通过调控结晶过程来改善薄膜质量，张跃课题组提出了一种通过掺入路易斯碱来缓解钙钛矿晶界缺陷问题的有效方案。充分利用周期性炔键和引入的吡啶原子，使得诸如Pb-I反位缺陷和欠配位的Pb原子等深能级陷阱状态被大大钝化，从而减少了不需要的非辐射复合。如图7-33所示，对于不含N-GDY和含N-GDY的钙钛矿薄膜，在结晶过程的一开始就出现了中间相。随着结晶的进行，中间相最终转变为钙钛矿相。有趣的是，路易斯碱在钙钛矿中间相的时间跨度中发挥了调节作用。对于掺入路易斯碱的钙钛矿膜，中间相的持续时间明显延长，为中间相向钙钛矿相的完全转变提供了充分的时间。

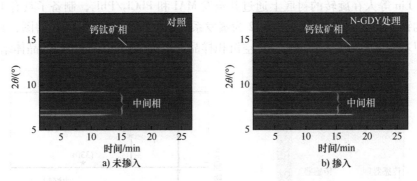

图 7-33　未掺入和掺入 N-GDY 的钙钛矿膜的原位温度相关 XRD

除此之外，孟庆波等开发了一种由有机铵阳离子和二硫代氨基甲酸根阴离子组成的双功能添加剂，用于调节FA-Cs钙钛矿薄膜的结晶和缺陷。在阳离子和阴离子基团的协同作用下，单结电池的效率达到了24.25%，具有出色的运行稳定性。

（2）电子传输层的界面修饰　在钙钛矿光伏器件中，TiO_2常被作为电子传输层以改善器件的电子收集能力。为进一步提高TiO_2的光电性能，科研工作人员对其进行了一系列优化。譬如，为了修饰TiO_2膜层，在TiO_2溶液中分别掺杂少量YAc_3、$ZnAc_2$、$ZrAc_4$和MoO_2Ac_2，掺杂比例为0.05%~0.1%。实验发现，掺杂后的TiO_2膜层具有较高的电子迁移率，器件效率达到15%以上。另外，在TiO_2膜层中掺杂Zr元素，也可提高钙钛矿器件的能量转换效率，并且可以减弱钙钛矿光伏器件的正、反扫回滞现象。为了改善TiO_2膜层与钙钛矿膜层之间的界面，科研工作人员将3-磺酸丙基丙烯酸酯钾盐（SPA）添加至TiO_2/钙钛矿埋底界面。该研究在钝化界面缺陷、优化能量排列和促进钙钛矿结晶方面发挥了积极作用。实验表征和理论计算均表明，这种埋底界面的修饰有效抑制了电子转移势垒，同时提升了钙钛矿的材料质量，减少了陷阱辅助的电荷复合和界面能量损失。因此，对埋底界面的全面改良使得$CsPbI_3$钙钛矿器件达到了20.98%的高效率，并实现了0.451V的创纪录低开路电压损失（图7-34）。本研究提出的埋置界面改性策略为突破开路电压损失极限提供了一种通用方法，对于高性能全无机钙钛矿光伏材料的开发具有广泛的应用潜力。

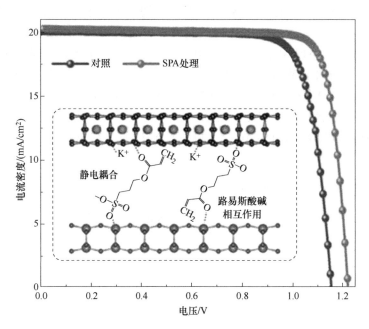

图 7-34　SPA 改性前后钙钛矿太阳能电池的 *J-V* 特性曲线

此外，科研工作者也通过 YCl_3 处理的 TiO_2 电子传输层（ETL）来制备钙钛矿太阳能电池，所得器件具有增强的光伏性能和较少的滞后性。YCl_3 处理的 TiO_2 层使导带最小值（E-CBM）升高，从而为光生电子从钙钛矿提取到 TiO_2 层提供了更好的能级对准（图 7-35）。经过优化后，基于 YCl_3 处理的 TiO_2 层的钙钛矿太阳能电池的最大功率转换效率约为 19.99%，稳态功率输出约为 19.6%。通过稳态和时间分辨的光致发光测量和阻抗谱分析以研究了钙钛矿与 TiO_2 电子转移层界面之间的电荷转移和复合动力学。YCl_3 处理后的钙钛矿/TiO_2 ETL 界面可快速分离并提取光生电荷并有效抑制重组，从而改善了性能。

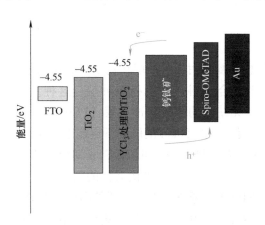

图 7-35　YCl_3 处理前后 PSC 各层能级对准

（3）阴极缓冲层的界面修饰　为了提高钙钛矿器件阴极的电子收集能力，改善阴极与相邻光电功能层的能级匹配，科研工作人员经常用阴极缓冲层修饰阴极，从而提高器件的电子收集能力，提升器件的光伏性能。

无机材料（诸如金属氧化物、无机盐类等）可以作为阴极缓冲层应用到钙钛矿光伏器件中。譬如，研究者通过使用一种低温稳定过渡膜（STF）来制备具有高结晶质量的高密度且无针孔的 $CsPbIBr_2$ 薄膜，并构筑了结构为 $FTO/NiO_x/CsPbIBr_2/MoO_x/Au$ 的太阳能电池，从而证明了 MoO_x 可以独立地用作无机钙钛矿层的出色阴极缓冲层。具有超薄厚度的较低功函数 MoO_x（4nm）导致肖特基势垒、接触电阻和界面陷阱态密度降低（图 7-36）。这将无机钙钛矿太阳能电池的功率转换效率（PCE）从 1.3% 提高到 5.52%。此外，$FTO/NiO_x/CsPbIBr_2/MoO_x/Au$ 全无机钙钛矿被证明在 160°C 的高温下具有出色的长期热稳定性。

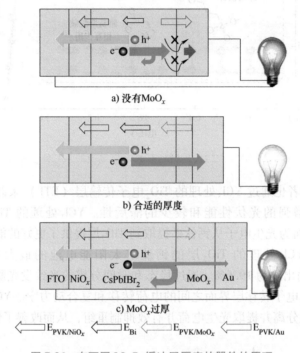

图 7-36　在不同 MoO_x 缓冲层厚度的器件的原理

另外，科研工作人员也对复合阴极缓冲层在钙钛矿光伏器件中的应用进行了系统研究。譬如，使用 ZnO:PFN 纳米复合材料作为阴极缓冲层，这种纳米复合材料可以在钙钛矿/PC61BM 表面上形成致密且无缺陷的阴极缓冲层膜（PC61BM:苯基-C61-丁酸甲酯）。此外，纳米复合材料层的高电导率使其在 150nm 的厚度下也能很好地工作（图 7-37）。与对照电池相比，通过使用 ZnO:PFN 复合阴极缓冲层可以改善长期稳定性。

（4）阳极缓冲层的界面修饰　钙钛矿光伏器件的阳极一般采用高逸出功的金属或金属氧化物，诸如 Au、ITO、FTO 等。通常情况下，器件阳极的费米能级与相邻光电功能膜层的 HOMO 能级匹配不佳，导致器件阳极对空穴的收集效率不尽如人意。为了解决阳极与相邻膜层的能级匹配问题，通常采用引入阳极缓冲层的方法对器件阳极进行界面修饰，从而提升钙钛矿器件的光伏性能。

导电聚合物 PEDOT：PSS 通常用作有机和钙钛矿光电子器件的阳极缓冲层。PEDOT：PSS 的优点（例如，高透明度、卓越的机械灵活性、溶液可加工性）使其成为使用最广泛

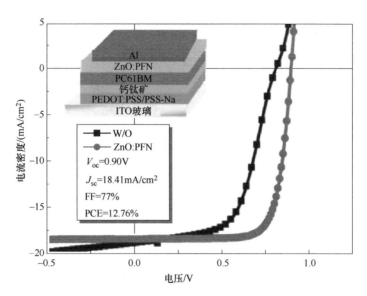

图 7-37　使用 $ZnO:PFN$ 作为阴极缓冲层前后的 J-V 曲线对照

的阳极缓冲层。但是，PEDOT:PSS 的吸湿性能在薄膜制备过程中或之后会导致吸水。聚合物储存或加工过程中的湿度和温度对聚合物链构象以及随后的性质有很大影响，因此降低了所得器件的重复性。此外，水的吸收可以通过反应 $H_2O+PSS(HSO_3)\rightarrow H_2O+PSS(SO_3)$ 形成酸性的水环境，这会造成 ITO 阳极的腐蚀，导致金属 In 和 Sn 的释放。吸附的水分子也会降低 PEDOT:PSS 的导电性，导致器件退化。

PEDOT:PSS 的吸湿性和强酸性是聚合物中游离 PSS 的结果。因此，减少 PEDOT:PSS 膜表面的游离 PSS 量可以防止空气中的水分子扩散到聚合物膜中，从而提高膜的稳定性。研究表明，在 PEDOT:PSS 溶液中加入极性有机化合物［如乙二醇（EG）、二甲基亚砜（DMSO）］可以减少膜表面游离 PSS 的量（图 7-38a、c）。将这些极性溶剂添加到 PEDOT:PSS 溶液中涉及 PEDOT 和 PSS 链之间的相分离，从而导致：①聚合物的重新取向，通过添加具有高沸点温度的溶剂作为增塑剂来增加它们的互连性；②抑制库仑静电相互作用的屏蔽效应；③在成膜过程中去除多余的 PSS 链。PEDOT 和 PSS 链之间的相分离，以及加入极性溶剂引起的链构象从线圈向线形或延伸线圈的变化是 PEDOT:PSS 电导率增加的主要原因（图 7-38b）。

（5）电极的自组装层界面修饰　在钙钛矿光伏器件中，电极之上的空穴传输层或电子传输层一般是通过范德瓦尔斯力与电极相连，界面之间的结合力较小且不稳定，电极与这些功能层之间的接触电阻和势垒较大，这势必会降低钙钛矿光伏器件的开路电压、填充因子、短路电流和能量转换效率。自组装层通过共价键与电极紧密相连。自组装功能层的引入，不仅能提高柔性电极与自组装功能层界面之间的结合力（共价键），还可以减小电极与功能层之间的肖特基（Schottky）势垒与接触电阻，从而提升柔性钙钛矿光伏器件的稳定性，提高柔性电极的载流子收集能力，进而提升钙钛矿光伏器件的光伏性能。自组装方法不仅成本低廉，适于商业化生产，还可以在分子水平上精准调控各自组装膜层的膜厚、膜层结构、折射率等各项参数，并研究各参数对钙钛矿光伏器件性能的影响机制。

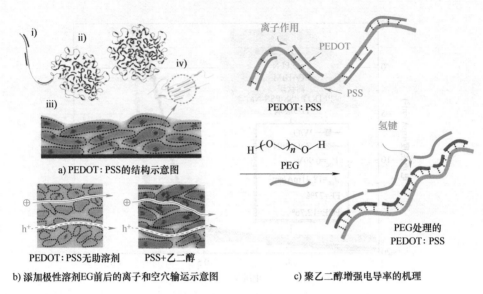

a) PEDOT: PSS的结构示意图

b) 添加极性溶剂EG前后的离子和空穴输运示意图

c) 聚乙二醇增强电导率的机理

图 7-38　极性溶剂的导电性增强机理

　　牛津大学科研人员将 C60 衍生物自组装到 TiO_2 多孔层上，提高了器件的电子传输能力和载流子收集能力。基于此自组装方法制备的非柔性钙钛矿光伏器件，填充因子高达 0.72，能量转换效率达到 11.7%。随后，他们又将 C60 衍生物通过自组装方法制备在 TiO_2 致密层上，有效提高了电极的载流子收集能力。韩国浦项科技大学的研究人员将高导电能力 PEDOT:PSS 溶液与四氟乙烯-全氟-3、6-二氧杂-4-甲基-7-辛烯磺酸共聚物（PFI）混合起来，通过甩膜方法制备在柔性电极 PET/ITO 上，形成一层 30nm 的空穴抽取层，PFI 在空穴抽取层的表面发生自聚集，从而提高了空穴抽取层的 HOMO 能级，使空穴抽取层与钙钛矿膜层的 HOMO 能级更加匹配。该方法制备的柔性钙钛矿光伏器件的效率达到 8%，开路电压达 1V。

7.6.3　钙钛矿太阳能电池的设计

　　钙钛矿太阳能电池主要由导电玻璃基底（FTO、ITO）、电子传输层（ETL）、钙钛矿光吸收层、空穴传输层（HTL）以及对电极（Au、Ag、Al 等）等几部分组成。本小节主要针对电子传输材料和空穴传输材料做简要说明。

1. 电子传输材料

　　电子传输材料是指能接受并传输带负电荷的载流子的材料，通常是具有较高电子亲和能和离子势的半导体材料（即 n 型半导体）。图 7-39 给出了常见电子传输材料的 LUMO（导带）能级。为了有效地传输电子，电子传输材料和钙钛矿材料必须满足能级匹配。电子传输材料的基本作用是与钙钛矿吸收层形成电子选择性接触，提高光生电子抽取效率，并有效阻挡空穴向阴极方向迁移。对于正置结构钙钛矿太阳能电池，电子传输层的主要的作用是传输电子，它又称致密层或空穴阻挡层，常见的物质是 TiO_2、ZnO 等 n 型半导体，一般会在电子传输层上加一层介孔层作为钙钛矿的支架。对于倒置结构钙钛矿太阳能电池，电子传输层的作用是覆盖钙钛矿层的不平整的部分以改善其形貌，避免金属电极与钙钛矿层的直接接触，同时还可以有效地传输电子并阻挡空穴传输。根据目前国内外相关报道，电子传输材料一般可分为无机金属氧化物和有机小分子材料两类。

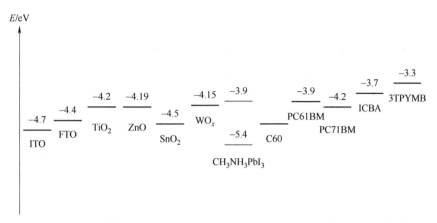

图 7-39　各种不同电子传输层（ETL）的导带最小值/LUMO 能级的能级图

（1）无机金属氧化物电子传输材料　一般来说，由于 TiO$_2$ 具有良好的能级、易于制备和长电子寿命等优势，因此它最常用作钙钛矿太阳能电池中电子传输材料。钙钛矿吸收层到 TiO$_2$ 电子传输层的电子注入速率非常快，但由于电子迁移率和传输特性低，电子复合速率也很高。因此，有必要研究一些可替代的电子传输材料，以获得高效的钙钛矿太阳能电池。ZnO 具有比 TiO$_2$ 更好的电子迁移率〔体块迁移率为 $205\sim300\mathrm{cm}^2/(\mathrm{V}\cdot\mathrm{s})$〕。ZnO 纳米棒和纳米颗粒已被引入作为钙钛矿太阳能电池的电子传输层，并分别显示出 11.13% 和 15.7% 的光电转换效率。然而，ZnO 存在化学不稳定性的问题。此外，SnO$_2$ 也是另一种具有宽带隙、高透明度和高电子迁移率的电子传输层材料。

除了上述 TiO$_2$、ZnO 和 SnO$_2$ 金属氧化物电子传输材料外，还可以使用其他无机金属氧化物作为电子传输层，但性能远不如这三种。例如，WO$_3$（LUMO 为 $-4.15\mathrm{eV}$，HOMO 为 $-7.30\mathrm{eV}$）有很好的稳定性，能耐强酸腐蚀，且具有比 TiO$_2$ 更高的电子迁移率，但单独使用 WO$_3$ 纳米结构作为电子传输材料制备的钙钛矿太阳能电池效率只有 2.1%～3.8%。通过在 WO$_3$ 表面覆盖 TiO$_2$ 纳米颗粒，可以阻止载流子在 WO$_3$ 钙钛矿界面复合，电池转换效率可提高至 11.2%。而以 ZnSnO$_4$ 作为电子传输层的钙钛矿太阳能电池，其转换效率也只有 6.6%。

（2）有机小分子电子传输材料　有机电子传输材料也可以应用在钙钛矿太阳能电池中，但由于溶解 PbI$_2$ 一般使用 γ-羟基丁酸内酯（GBL）、N,N-二甲基甲酰胺（DMF）和二甲基亚砜（DMSO）等溶剂，它们对很多有机物有不错的溶解性，很容易破坏有机电子传输层，所以有机小分子电子传输材料大多沉积在钙钛矿光吸收层上面形成倒置结构的钙钛矿太阳能电池，最常见的材料是富勒烯和它的衍生物。C60 及其衍生物具有不同能级和电子迁移率，例如 PC61BM、ICBA 和 PC71BM，是高效电子提取材料的理想候选者，因为它们具有低温制备、合适的能级和良好的电子迁移率。ICBA 的应用显著提高了 V_{oc}。三（2,4,6-三甲基-3-（吡啶-3-基）苯基）硼烷（3TPYMB）也被用作倒置太阳能电池的有机电子传输材料。但是它在钙钛矿的导带和 3TPYMB 的 LUMO 之间表现出 0.6eV 的差异，造成电子提取的屏障。尽管效率相对较低，但通过优化电子传输层，修饰钙钛矿层的形态，并在电子传输层/电极界面引入各种缓冲层或中间层，同时改善电荷提取并调节电极的功函数（WF）可实现进一步的改进。此外，像 C60 这样的有机半导体是通过溶液法或真空法制备，并且也被应用于传统钙钛矿太阳能电池中。使用 C60 作为电子选择性层的器件显示出改善的滞后现象，这可能是改善了电子从钙钛矿到 C60 的提取所致。

2. 空穴传输材料

空穴传输材料是构成高效钙钛矿太阳能电池的重要组分之一。尽管有文献报道过无空穴传输层的钙钛矿太阳能电池，但是基本上所有的高效率钙钛矿太阳能电池都会使用空穴传输层。一般而言，空穴传输层有以下几方面作用：①从活性层中提取和传输空穴到电极；②充当能量屏障，防止电子传输到阳极；③将钙钛矿层与阳极分离，并隔离空气中的水分，通过降低可能的降解和腐蚀来改善器件的稳定性；④当其最高占据分子轨道能级（HOMO）与之能匹配时，可以帮助提高开路电压（V_{oc}）。理想的空穴传输材料具有固有的高空穴迁移率，与钙钛矿层匹配的合适能级，在空气中具有长期稳定性以及良好的光化学和热稳定性。

对于正置结构钙钛矿太阳能电池，空穴传输层是在钙钛矿光活性层上旋涂制备的。常用的空穴传输层是 Spiro-OMeTAD、PTAA、P3HT、CuSCN、CuI 等。到目前为止，Spiro-OMeTAD 仍然是高性能钙钛矿太阳能电池中最受欢迎的空穴传输材料，但它只能在与一些添加剂［例如 4-叔丁基吡啶（tBP）和双（三氟甲基）磺酰亚胺锂盐（Li-TFSI）］的组合中有效地发挥作用。无杂质的空穴传输材料，如 PEDOT:PSS［聚（3,4-乙烯二氧基噻吩）：聚苯砜磺酸盐］和 P3HT［聚（3-己基噻吩 2,5-二基）］也相继被开发出来。尽管这些有机 HTM 表现出不稳定性、多步合成等缺点，但它们被几乎所有最先进的钙钛矿太阳能电池所应用。相比之下，无机空穴传输材料具有良好的稳定性、高空穴迁移率、低成本等。到目前为止，Cu_2O、CuO、CuI、CuSCN、NiO_x 和 MoS_2 等无机空穴传输材料已经得到了深入研究，并表现出良好的性能。此外，CuS、$CuCrO_2$、MoO_x、WO_x 也已有报道。这些空穴传输材料和其他常用材料的能级图如图 7-40 所示。

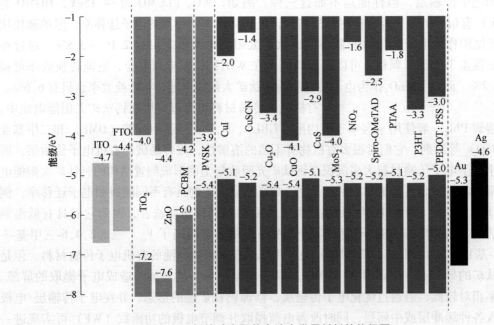

图 7-40　钙钛矿太阳能电池中常用材料的能级图

（1）有机空穴传输材料 Spiro-OMeTAD，PEDOT：PSS，PTAA（聚［双（4-苯基）（2,4,6-三甲苯基）胺]）和 P3HT（图 7-41）是钙钛矿太阳能电池中常用的有机空穴传输材料，它们的迁移率在表 7-3 中显示。此外，还有一些其他新的有机空穴传输材料被报道，并且其中一些被认为是很有潜力的候选者。

表 7-3　几种常见有机空穴传输材料空穴迁移率的比较　单位：$cm^2/(V \cdot s)$

Spiro-OMeTAD	Li-TFSI 掺杂 Spiro-OMeTAD	PTAA	Li-TFSI/t-BP 掺杂 PTAA	无定形 P3HT	自组装 P3HT
2×10^{-4}	2×10^{-3}	7.47×10^{-5}	4.28×10^{-4}	1×10^{-5}	0.1

Spiro-OMeTAD 具有高玻璃转变温度（T_g），无定形特性和合适的能级。在众多有机空穴传输材料中，它仍然占主导地位。然而，通过空穴迁移率（SCLC）计算，Spiro-OMeTAD 的空穴迁移率仅约为 $2.9\times10^{-4}cm^2/(V \cdot s)$，但是通过添加适量的 Li-TFSI 和 t-BP 可以提高一个数量级以上。研究人员证明，空穴迁移率增强可能是由于存在 Li^+ 导致的态密度增加和尾部扩展，而 t-BP 掺杂剂可以增加 Li-TFSI 的溶解度，从而显著改善 Spiro-OMeTAD 膜的均匀性。此外，在 Li-TFSI 和 t-BP 掺杂的 Spiro-OMeTAD 中添加少量的钴盐或锑盐，例如三［2-(1H-吡唑-1-基)-4-叔丁基吡啶］钴（Ⅲ）三［双（三氟甲基磺酰基）亚胺]（FK209）和 N（PhBr）$_3$SbCl$_6$，可以导致电导率增加。因此，通过选择合适的添加剂，基于 Spiro-OMeTAD 的钙钛矿太阳能电池的光电转化效率得到极大提升。此外，通过持续优化光吸收材料和工艺，钙钛矿太阳能电池的最高光电转化效率也得到了很大程度的提高，使得掺杂的 Spiro-OMeTAD 成为钙钛矿太阳能电池中最广泛使用的空穴传输材料。

P3HT 也是太阳能电池中有潜力的有机传输材料，因为它具有高载流子迁移率以及合适的带隙。然而，通常采用 P3HT 作为空穴传输材料的器件往往显示出较低的转换效率，因为其导电性相对较低。因此，已经进行了大量研究以提高 P3HT 的导电性。在 2016 年，张等人将 F4TCNQ 作为 P3HT 中有效的 p 型掺杂剂，显著提高了 P3HT 的导电性。具有掺杂 P3HT 的介观钙钛矿太阳能电池得到了 14.4% 的光电转换效率，远高于纯 P3HT 基器件的 10.3%。2022 年，宋延林等人使用 1-hexyl-2,5-dimethyl-1H-pyrrole-3-carboxy acid（HPCA）作为钙钛矿和 P3HT 层之间的夹层。HPCA 中的羧基可以有效抑制钙钛矿薄膜晶界和表面的阴离子空位缺陷，降低陷阱态密度，提高载流子寿命。而且，HPCA 中的外围已基吡咯可以改善钙钛矿和 P3HT 之间的界面接触，调节 P3HT 的取向，改善器件中的电荷提取和传输。因此，使用无掺杂剂 P3HT 空穴传输材料的钙钛矿太阳能电池的功率转换效率（PCE）为 20.8%，并且在 60% 的相对湿度、80℃ 的热量或连续光照下具有出色的稳定性。

PEDOT：PSS 也是倒置（pin）平面 PSC 中常用的空穴传输材料。基于 PEDOT：PSS 的 PSC 具有制备简单和低滞后的优势。但是光伏性能，包括开路电压（V_{oc}）、短路电流密度（J_{sc}）和稳定性相对较低，这是因为 PEDOT：PSS 与钙钛矿层之间的能级不匹配以及 PEDOT：PSS 溶液的高酸度。You 等使用 PEDOT：PSS 作为空穴传输材料，在玻璃/ITO 的刚性基底上制备了结构为 ITO/PEDOT：PSS/CH$_3$NH$_3$PbI$_{3-x}$Cl$_x$/PCBM/Al 的倒置钙钛矿电池，光电转换效率为 11.2%，在聚对苯二甲酸乙二酯（PET）/ITO 柔性基底上制备的钙钛矿电池效率为 9.2%。Chiang 等采用室温下两步法制备钙钛矿层得到结构为 ITO/PEDOT：PSS/CH$_3$NH$_3$PbI$_3$/PC71BM/Ca/Al 的倒置钙钛矿电池，光电转换效率为 16.31%。

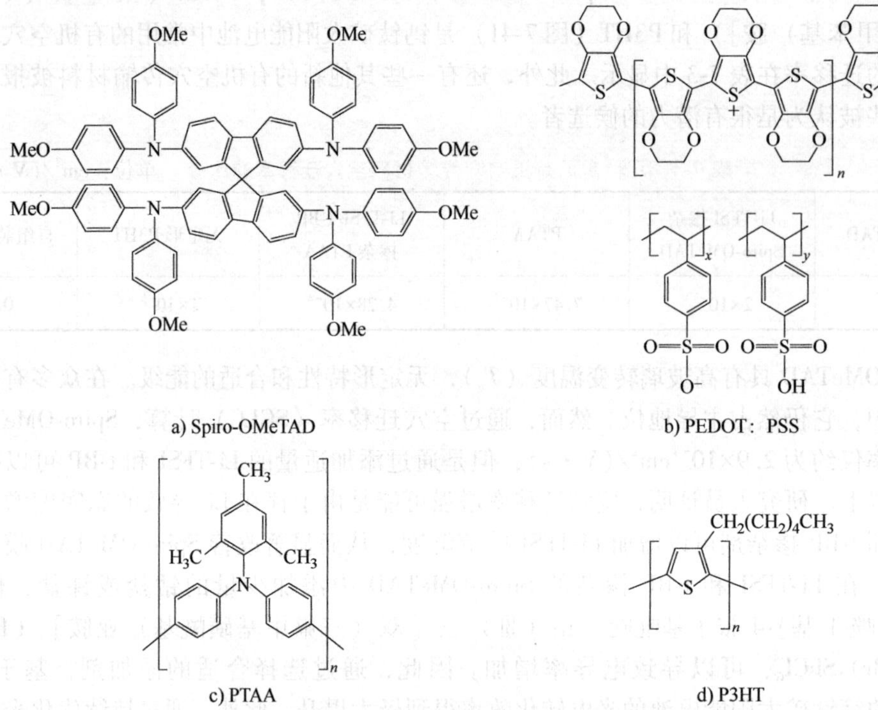

a) Spiro-OMeTAD

b) PEDOT：PSS

c) PTAA

d) P3HT

图 7-41 几种常见有机 HTM 的化学结构

（2）无机空穴传输材料 尽管基于典型有机空穴传输材料的钙钛矿太阳能电池表现出优秀的光电转化效率，稳定性问题仍然是一个重大挑战。利用无掺杂的有机空穴传输材料有助于提高稳定性，而利用无机材料是一种更有效的策略。无机空穴传输材料通常具有制备简单、化学稳定性良好、空穴迁移率高和成本低的优势，这使其成为有机空穴传输材料在稳定钙钛矿太阳能电池中使用的潜在候选者。应用于钙钛矿太阳能电池的无机空穴传输材料有 CuI、CuSCN、NiO 等。表 7-4 为常见无机空穴传输材料的物理化学性质，但基于无机空穴传输材料的钙钛矿太阳能电池的光电转换效率相对较低，只有少数研究团队取得了高于 20% 的 PCE。

表 7-4 常见无机空穴传输材料的物理化学性质

参数	Cu_2O	CuSCN	CuI	NiO	MoS_2
电子迁移率/($cm^2 \cdot V^{-1} \cdot s^{-1}$)	200	100	100	12	100
空穴迁移率/($cm^2 \cdot V^{-1} \cdot s^{-1}$)	80	25	43.9	2.8	150
带隙/eV	2.17	3.6	3.1	3.8	1.29
导带有效态密度/cm^{-3}	2.0×10^{17}	2.2×10^{19}	2.8×10^{19}	2.8×10^{19}	2.2×10^{18}
价带有效态密度/cm^{-3}	1.1×10^{19}	1.8×10^{18}	1.0×10^{19}	1.0×10^{19}	1.8×10^{18}
受主浓度/cm^{-3}	1.0×10^{18}	1.0×10^{18}	1.0×10^{18}	1.0×10^{18}	1.0×10^{17}
电子亲和能/eV	3.2	1.7	2.1	1.46	4.2

3. 电极材料

钙钛矿太阳能电池中的电极是整个光伏器件结构中重要的组成部分。一般地，电极材料需要考虑的一个重要因素是功函数，功函数值对器件电子或空穴的收集能力会产生很大的影响。空穴的收集能力取决于阳极材料的功函数与空穴传输材料的价带（或 HOMO）值之差，而电子的收集能力取决于阴极材料的功函数与电子传输材料的导带（或 LUMO）值之差。对于正置钙钛矿太阳能电池，最常用的阳极材料为功函数值高的金属 Au 和 Ag，阴极材料为 FTO。对于倒置钙钛矿太阳能电池，最常用的阳极材料为 FTO 和 ITO，阴极材料为功函数值低的金属 Al。同时，Au 和 Ag 等金属，其化学性质稳定，也可以作为阴极收集电子。

然而，Au 和 Ag 是贵金属，价格昂贵且储量有限，增加了电池的生产成本，限制了未来大规模产业化发展。此外，Ag 背电极还容易被有机-无机钙钛矿腐蚀，从而影响钙钛矿太阳能电池的长期稳定性。为了提高电池的稳定性以及降低成本，研究人员在钙钛矿电池中选用碳背电极取代 Au 电极，也取得了较高的光电转换效率和较好的稳定性。

7.6.4　钙钛矿太阳能电池面临的问题与展望

钙钛矿太阳能电池作为一种新兴的光伏技术，近年来在光电转换效率方面取得了显著进展，成为太阳能电池领域的研究热点。然而，尽管其前景广阔，钙钛矿太阳能电池在实际应用中仍面临诸多挑战和问题。

1）钙钛矿材料的稳定性问题是其商业化应用的主要障碍之一。钙钛矿材料对环境因素如湿度、温度和光照非常敏感，容易发生降解，导致电池性能迅速下降。特别是在高湿度环境下，钙钛矿材料会吸收水分，导致晶体结构破坏，从而影响电池的稳定性和寿命。为了解决这一问题，研究人员正在探索通过材料改性、界面工程和封装技术来提高钙钛矿太阳能电池的稳定性。

2）钙钛矿太阳能电池的毒性问题也引起了广泛关注。钙钛矿材料中通常含有铅，这是一种有毒的重金属，对环境和人体健康具有潜在的危害。为了降低环境风险，研究人员正在积极寻找无铅或低铅的钙钛矿材料替代品。然而，目前无铅钙钛矿材料的光电转换效率和稳定性仍不及含铅钙钛矿材料，因此需要进一步的研究和优化。

3）钙钛矿太阳能电池的制造工艺也面临挑战。尽管钙钛矿材料具有低温溶液加工的优势，可以降低生产成本，但在大面积制备过程中，如何保证薄膜的均匀性和质量仍是一个难题。研究人员正在探索各种制备技术，如旋涂法、喷涂法和印刷技术，以实现高质量、大面积钙钛矿薄膜的制备。同时，开发高效、低成本的电极材料和界面层材料，也是提高钙钛矿太阳能电池性能的重要方向。

尽管面临上述挑战，钙钛矿太阳能电池的前景依然令人期待。首先，钙钛矿材料具有优异的光电特性，如高吸光系数、长载流子扩散长度和可调节的带隙，使其在光电转换效率方面具有巨大潜力。近年来，钙钛矿太阳能电池的光电转换效率已经从最初的 3.8% 迅速提升到超过 26%，接近甚至超过了传统硅基太阳能电池的效率。

4）钙钛矿太阳能电池的低成本制造优势使其在大规模应用中具有竞争力。与传统硅基太阳能电池相比，钙钛矿太阳能电池的材料成本和制造成本更低，且可以通过印刷技术实现大面积制备，有望大幅降低光伏发电的成本。

未来，随着材料科学和制造技术的不断进步，钙钛矿太阳能电池有望在多个领域实现广泛应用。此外，钙钛矿太阳能电池还可以与其他光伏技术结合，形成高效的叠层太阳能电池，进一步提升光电转换效率。总之，尽管钙钛矿太阳能电池在稳定性、毒性和制造工艺等方面面临诸多挑战，但其优异的光电特性和低成本制造优势使其在未来光伏市场中具有广阔的应用前景。通过持续的研究和技术创新，钙钛矿太阳能电池有望克服现有问题，实现大规模商业化应用，为全球能源转型和可持续发展做出重要贡献。

思 考 题

1. 请对 CIGS 材料的几种制备方法进行分析，比较优缺点。
2. 画出单结薄膜 CZTS 太阳能电池的一般结构，并简要说明每一层的作用。
3. 有机金属卤化物钙钛矿材料与现有一般太阳能电池材料相比，具有哪几方面的优点？
4. 钙钛矿太阳能电池界面修饰的目的是什么？界面修饰的方法主要有哪些？

参 考 文 献

［1］ KONDO M，MATSUDA A. Low temperature growth of microcrystalline silicon and its application to solar cells ［J］. Thin solid films，2001，383：1-6.

［2］ 翟世铭，廖黄盛，周耐根，等. α-Si：H 薄膜中 Si$_y$H$_x$ 结构组态的原子模拟研究 ［J］. 物理学报，2020，69（7）：076801.

［3］ BALLIF C，HAUG F J，BOCCARD M，et al. Status and perspectives of crystalline silicon photovoltaics in research and industry ［J］. Nature reviews materials，2022，7（8）：597-616.

［4］ KELLER J，KISELMAN K，DONZEL-GARGAND O，et al. High-concentration silver alloying and steep back-contact gallium grading enabling copper indium gallium selenide solar cell with 23.6% efficiency ［J］. Nature energy，2024，9（4）：467-478.

［5］ RAMANUJAM J，SINGH U P. Copper indium gallium selenide based solar cells：A review ［J］. Energy & environmental science，2017，10（6）：1306-1319.

［6］ 敖建平，孙云，王晓玲，等. 共蒸发三步法制备 CIGS 薄膜的性质 ［J］. 半导体学报，2006，27（8）：1406-1411.

［7］ WEI H，LI Y，CUI C，et al. Defect suppression for high-efficiency kesterite CZTSSe solar cells：advances and prospects ［J］. Chemical engineering journal，2023，462：142121.

［8］ PAUL R，SHUKLA S，LENKA T R，et al. Recent progress in CZTS（CuZnSn sulfide）thin-film solar cells：a review ［J］. Journal of materials science：materials in electronics，2024，35（3）：226.

［9］ ZOU B，WU W，DELA PEÑA T A，et al. Step-by-step modulation of crystalline features and exciton kinetics for 19.2% efficiency ortho-xylene processed organic solar cells ［J］. Nano-micro letters 2024，16（1）：30.

［10］ 朱美芳，熊绍珍. 太阳电池基础与应用 ［M］. 北京：科学出版社，2014.

［11］ TONG Y，XIAO Z，DU X Y，et al. Progress of the key materials for organic solar cells ［J］. Science China chemistry，2020，63（6）：758-765.

［12］ CHOI H，JEONG S. A review on eco-friendly quantum dot solar cells：Materials and manufacturing processes ［J］. International journal of precision engineering and manufacturing-green technology，2018，5（2）：349-358.

［13］ WHITHAM P J，MARCHIORO A，KNOWLES K E，et al. Single-particle photoluminescence spectra, blinking，and delayed luminescence of colloidal CuInS$_2$ nanocrystals ［J］. Journal of physical chemistry C，

2016, 120 (30): 17136-17142.

[14] LIU, S W, LI J B, XIAO W S, et al. Buried interface molecular hybrid for inverted perovskite solar cells [J]. Nature, 2024, 632 (8025): 536-542.

[15] JEON N J, NOH J H, KIM Y C, et al. Solvent engineering for high-performance inorganic-organic hybrid PSCs [J]. Nature Materials, 2014, 13 (9): 897-903.

[16] LI W Z, FAN J D, LI J W, et al. Controllable grain morphology of perovskite absorber film by molecular self-assembly toward efficient solar cell exceeding 17% [J]. Journal of the American chemical society, 2015, 137 (32): 10399-10405.

[17] KHADKA D B, SHIRAI Y, YANAGIDA M, et al. Enhancement in efficiency and optoelectronic quality of perovskite thin films annealed in MACl vapor [J]. Sustainable energy & fuels, 2017, 1 (4): 755-766.

[18] FAN W Q, ZHANG S C, XU C Z, et al. Grain boundary perfection enabled by pyridinic nitrogen doped graphdiyne in hybrid perovskite [J]. Advanced functional materials, 2021, 31 (34): 2104633.

[19] XU C Z, ZHANG S C, FAN W Q, et al. Pushing the limit of open: Circuit voltage deficit via modifying buried interface in CsPbI$_3$ perovskite solar cells [J]. Advanced materials, 2023, 35 (7): 2207172.

[20] LI M H, HUAN Y H, YAN X Q, et al. Efficient yttrium (Ⅲ) chloride-treated TiO$_2$ electron transfer layers for performance-improved and hysteresis-less perovskite solar cells [J]. Chemistry sustainability energy materials, 2017, 11 (1): 171-177.

[21] LIU C, LI W Z, CHEN J H, et al. Ultra-thin MoO$_x$ as cathode buffer layer for the improvement of all-inorganic CsPbIBr$_2$ perovskite solar cells [J]. Nano energy, 2017, 41: 75-83.

[22] JIA X R, ZHANG L P, LUO Q, et al. Power conversion efficiency and device stability improvement of inverted perovskite solar cells by using a ZnO:PFN composite cathode buffer layer [J]. ACS applied materials & interfaces, 2016, 8 (28): 18410-18417.

[23] A LEMU M D, WANG P C, CHU C W. Effect of molecular weight of additives on the conductivity of PEDOT:PSS and efficiency for ITO-free organic solar cells [J]. Journal of materials chemistry a, 2013, 1 (34): 9907-9915.

[24] RIVNAY J, INAL S, COLLINS B A, et al. Structural control of mixed ionic and electronic transport in conducting polymers [J]. Nature communications, 2016, 7 (1): 11287.

[25] YANG G, TAO H, QIN P L, et al. Recent progress in electron transport layers for efficient perovskite solar cells [J]. Journal of materials chemistry A, 2016, 4 (11): 3970-3990.

[26] LI SONG, CAO Y L, LI W H, et al. A brief review of hole transporting materials commonly used in perovskite solar cells [J]. Rare metals, 2021, 40 (10): 2712-2729.

第 **8** 章

纳米半导体太阳能电池前沿技术

■ 本章学习要点

1. 掌握各种太阳能电池前沿技术的设计原理、制造工艺和应用现状。
2. 探讨不同类型的聚光系统及其在实际应用中的设计和优化。
3. 比较四端和两端叠层太阳能电池的结构和性能差异，分析其优缺点。
4. 理解光生载流子热弛豫过程及其对太阳能电池效率的影响。
5. 研究柔性衬底材料的选择及其对太阳能电池性能的影响。
6. 分析空间太阳能电池在不同轨道和环境下的特性和性能表现。

8.1　聚光太阳能电池

常见的太阳能光伏发电系统由入射光直接照射到平板太阳能电池上，标准辐照度为 $100\text{mW}/\text{cm}^2$，整个被照射的表面是太阳能电池的活性区域，每一个太阳能电池都有一个理论上的功率转换效率极限，因此，在不影响成本的情况下，提高太阳能电池的功率转换效率是极具挑战性的。作为一种方便的解决方案，聚光光伏利用聚光器和反射镜将太阳光聚焦到小面积的高效率太阳能电池上，照明强度可以远高于 $100\text{mW}/\text{cm}^2$，以此提升发电效率。聚光光伏系统通常由聚光器、太阳能电池、散热系统和太阳跟踪控制单元等组成，是将光学技术与新能源结合实现占地面积小、发电效率高的光伏技术革新方向。

8.1.1　聚光系数与聚光系统

1. 聚光系数

聚光光伏技术（concentrating photovoltaics，CPV）利用聚光系统汇聚阳光到太阳能电池表面，增加太阳能电池内部的入射光强或光子通量 b，从而增加光生电流 J_{ph}，实现更高的功率转换效率 η。对于给定的发电功率，CPV 以聚光器面积代替部分太阳能电池面积，从而减少光伏材料的使用量，大幅降低发电成本。

通常将聚光得到的辐照强度与标准辐照强度的比值用于描述 CPV 的特性，定义为聚光系数（concentration factor，X）或聚光比：

$$X = \frac{b(E)}{b_s(E)} \tag{8-1}$$

式中，$b_s(E)$ 为地面垂直方向上接收太阳辐射的光子通量；$b(E)$ 为除上表面反射和背面透射外被半导体层吸收的入射光的光子通量，根据朗伯-比尔定律，在光活性层中位置 x 处的光子通量为

$$b(E,x) = [1 - R(E)] \, b_s(E) \exp\left[- \int_0^x \alpha(E,x') \mathrm{d}x' \right] \tag{8-2}$$

式中，$\alpha(E,x')$ 为光活性层 x' 位置的吸收系数。

聚光系数 X 也近似于聚光器采光面积与电池面积的比值。一般来说，聚光光伏系统依据聚光系数 X 的大小可分为三大类：高倍聚光系统（$>100X$）、中倍聚光系统（$10 \sim 100X$）和低倍聚光系统（$<10X$）。

根据几何光学，聚光光学元件的作用相当于将太阳半角（half angle of sun，θ_s）下 1 个太阳（1 sun）的辐照强度扩大为聚光半角（half angle of concentration，θ_X）时的 X 倍，聚光系数计算为

$$X = \frac{\int_0^{2\pi} \int_0^{\theta_X} \cos\theta \mathrm{d}\Omega}{\int_0^{2\pi} \int_0^{\theta_s} \cos\theta \mathrm{d}\Omega} = \frac{\int_0^{2\pi} \mathrm{d}\varphi \int_0^{\theta_X} \sin\theta \cos\theta \mathrm{d}\theta}{\int_0^{2\pi} \mathrm{d}\varphi \int_0^{\theta_s} \sin\theta \cos\theta \mathrm{d}\theta} = \frac{\sin^2\theta_X}{\sin^2\theta_s} \tag{8-3}$$

式中，太阳半角 $\theta_s = 0.2655°$。当聚光半角取最大值 $\theta_X = 90°$ 时，达到完全聚光（full concentration）。立体角 Ω 定义为球面上面积与所对应的半径二次方之比，可由球面上天顶角 θ 和方位角 φ 的积分描述：$\mathrm{d}\Omega = \sin\theta \mathrm{d}\theta \mathrm{d}\varphi$。

如果聚光光学器件是球面聚光器（spherical concentrator），聚光系数 X 的理论最大值为

$$X = \frac{1}{\sin^2\theta_s} = \frac{1}{\sin^2(0.2655°)} = 46570 \tag{8-4}$$

如果聚光光学器件是圆柱面聚光器（cylindrical concentrator），聚光系数 X 的理论最大值为

$$X = \frac{1}{\sin\theta_s} = \frac{1}{\sin(0.2655°)} = 216 \tag{8-5}$$

可以认为经过聚焦的光线在聚光半角 θ_X 内是均匀的。通过折射，入射到太阳能电池表面的光线几乎是垂直的，所以太阳光子通量 $b(E,x)$ 增大的倍数相当于聚光系数 X。太阳光子通量式（8-2）修正为

$$b(E,x) = [1 - R(E)] X b_s(E) \exp\left[- \int_0^x \alpha(E,x') \mathrm{d}x' \right] \tag{8-6}$$

在一级近似下，太阳能电池的电流 J 增大为 X 倍，电压 V 增大为 $\ln X$ 倍，功率 $P(V) = JV$，增大超过原来的 X 倍，因此功率转换效率 η 随光子通量的增加而升高。

2. 聚光系统

在 CPV 中，入射光首先通过透镜或反射镜聚焦到照明点，太阳能电池被放置在此焦点上。由于聚焦光束非常窄，电池的活性区域可以最小。当光学装置的焦点随着太阳移动时，整个系统需要始终与太阳轨迹保持一致。为此，采用了主动太阳跟踪控制单元。因此，CPV 系统的三个主要组成部分如下：

1）聚光器，用于聚焦入射光的透镜或反射镜。

2）太阳能接收器，包括设计在高照度下工作的太阳能电池或太阳能电池阵列，以及旁

路二极管和散热系统等。

3）**太阳跟踪控制单元**，使整个系统与太阳对齐，确保阳光垂直照射在太阳能接收器上。

聚光器光学元件按照光学原理分为反射聚光器和折射聚光器（图 8-1）。抛物面反射镜（parabolic reflector）是应用最广泛的反射型光学聚光器，抛物面槽式反射器的聚光强度可达 200 个太阳（200 suns），采用凸透镜作为折射聚光元件。

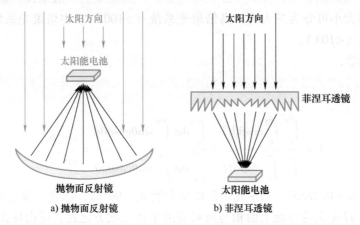

图 8-1　聚光器光学元件示意图

另一种被广泛采用的折射型聚光器是菲涅耳透镜（Fresnel lens），它的工作原理与标准的折光透镜类似，可以传递多达 2000 个太阳。菲涅耳透镜实际上可认为是由凸透镜分割、连接而成的，其截面呈锯齿状，具有重量轻、厚度薄、孔径大、焦距短和寿命长等特点。整个系统可以将光聚焦到一个小点上，但比传统的凸透镜体积小得多。菲涅耳技术自身具有风载系数低、接收器与聚光器分离、结构布置灵活、投资与维护成本低等独特优势，受到广泛关注和研究。

随着聚光倍数需求的提高，各类新型聚光系统不断推出，这类聚光系统通常在聚光器下增加一个二次聚光器，以达到使射入电池表面的光谱更均匀、减少光损失、缩减聚光器到电池距离等目的。

与用于非聚光系统的太阳能电池类似，聚光太阳能电池也必须具有高效率以降低成本，因此它必须满足以下五个要求：

1）具有高少数载流子寿命的最佳衬底。

2）最佳的边缘、正面、背面钝化效果。

3）对衬底和发射极掺杂剂进行最佳设计，以最大限度地减少串联电阻和复合引起的电损耗。

4）电池前表面增反射层及光捕获的最佳设计。

5）最佳的金属电极结构设计，最大限度地减少金属电极造成的光和电损失。

其中要求 5）对于聚光太阳能电池至关重要，原因是电流随聚光系数 X 线性增加，假设串联电阻恒定，串联电阻造成的效率损失将随浓度比线性增加，因此，必须使聚光太阳能电池的串联电阻低于普通太阳能电池的串联电阻，以减小聚光太阳能电池在聚光时的功率损耗，从而保持高效率。

菲涅耳透镜或抛物面反射镜只能将垂直入射的平行光聚焦到位于焦点的太阳能电池上，需要直接面对太阳方向接收直射太阳光。如果太阳光偏离垂直方向，聚焦的光束就会偏离太阳能电池表面，使发电效率大大降低。为了最大限度地接收直射太阳光，聚光系统需要与双轴跟踪系统（tracking system）配合使用，以应对太阳光方位角和高度角的不断变化，如图 8-2 所示。

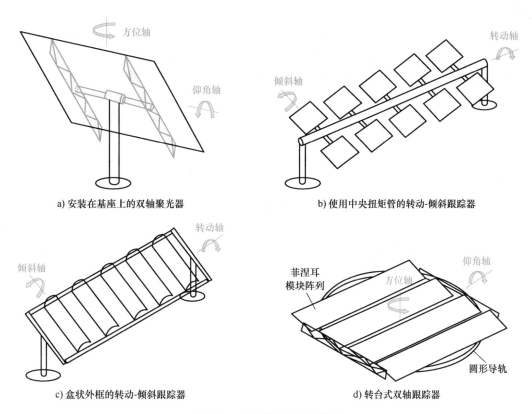

a) 安装在基座上的双轴聚光器   b) 使用中央扭矩管的转动-倾斜跟踪器

c) 盒状外框的转动-倾斜跟踪器   d) 转台式双轴跟踪器

图 8-2　双轴跟踪系统示意图

图 8-2 给出了四种常用的双轴跟踪系统，具有在水平和垂直两个方向上进行转动/倾斜的自由度，跟踪太阳的方位角和高度角以保证辐射接收面始终垂直于太阳光入射方向，即入射角度始终为零。

图 8-2a 所示基座模式是利用一个中央基座支撑平板的跟踪阵列结构。跟踪由齿轮箱控制，使阵列可以沿着垂直轴（方位轴）和水平轴（仰角轴）运动。基座模式的优点是安装简单，仅需钻孔后插入基座作为基底，电池阵列和驱动齿轮更换简单。然而，风力会对中央齿轮驱动器施加巨大扭矩，因此需要齿轮具有很高的承载能力。

另外一种双轴跟踪系统是使用中央扭矩管的转动-倾斜跟踪结构，如图 8-2b 所示。在这种结构中，风力对装置的影响明显减少，但需要更多的旋转齿轮和连接装置。为了在转动轴方向获得所需的强度，需要使用较大断面的水平支撑结构。此外，这种结构还需要多个排列复杂的底座安装。通常，转动轴朝南北方向布置，以最小化相邻组件在转运轴方向上造成的阴影。相似的转动-倾斜结构如图 8-2c 所示，使用带有菲涅耳透镜组的盒状外框，透镜组安装在上下框之间。

最后一种是普通的转台式结构，如图 8-2d 所示。这种结构外形最小并且具有最低的风荷，它可以使用比较小的驱动装置及支撑装置。然而其安装方式最复杂。

8.1.2 聚光太阳能电池的效率极限

由式（8-6），聚光系统使半导体光吸收层的净光子通量 $b(E)$ 增加为 X 倍，也增加了化学势差 $\Delta\mu$ 和理论转换效率极限。聚光系统改变了太阳光谱，也改变了最佳带隙，如图 8-3 所示。当聚光半角 $\theta_X = 90°$ 实现完全聚光时，聚光系数 X 达到最大值，这时的理论转换效率极限 >40%。事实上，聚光太阳能电池的转换效率 η 仅比常规太阳能电池高几个百分点。而且，标准太阳光谱存在经大气层散射的 15% 漫散射太阳光，聚光系统对漫射光不能有效利用导致光学损失的存在，使其转换效率 η 在 AM 1.5 没有优势。聚光太阳能电池的商业化利益来自于太阳能电池面积减小而降低的发电成本，而不是转换效率 η 的改进。

在聚光条件下，单结太阳能电池的理论效率极限在 40% 以上。对于大多数 CPV 系统，多结太阳能电池如双、三或四结太阳能电池被使用，这些太阳能电池由 III-V 族成分如掺杂砷化铟镓、磷化铝镓铟、砷化镓等组成。理论上，三结太阳能电池的 PCE 可达 60%。图 8-4 显示了聚光下大功率太阳能电池技术的 PCE 增量。已报道的最高 PCE 是六结电池，在 143 个太阳下功率转换效率达到 47.1%，比常规器件高约 20%。然而，这些多结太阳能电池由于其复杂的结构和制造工艺，价格比较昂贵。这些昂贵的高效电池和聚光器增加的成本使整个系统非常昂贵。此外，必须使用精确的两轴太阳能跟踪器确保 CPV 系统始终朝向太阳，从而获得最佳性能，也大大增加了单个 CPV 模块的总成本。

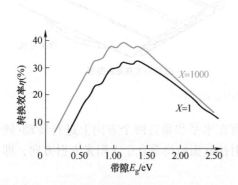

图 8-3　聚光太阳能电池的理论效率极限

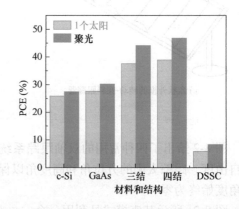

图 8-4　聚光下几种常用太阳能电池技术的效率改进

8.1.3 聚光太阳能电池的设计

聚光光伏技术的发展正式发展始于 1976 年，美国桑迪亚国家实验室（Sandia National Laboratories）建造了第一台 1kWp 阵列聚光光伏系统，系统的主要特征有：采用菲涅耳透镜作为聚光器，双轴跟踪系统，采用 40 倍聚光硅太阳能电池和模拟闭环跟踪控制系统。1981 年，沙特阿拉伯建造了一个 350kWp SOLERAS 项目发电站，被认为是世界上第一个大规模的聚光光伏电站。1989 年，用于聚光光伏的太阳能电池转换效率首次突破 30%。20 世纪 90

年代以后，随着Ⅲ-Ⅴ族电池技术的发展、可靠性技术的提高，聚光光伏技术发展开始加速，基于Ⅲ-Ⅴ族材料的多结聚光电池是目前所有太阳能电池中效率唯一超过40%的。

高倍聚光电池具有代表性的是砷化镓（GaAs）太阳能电池，其优势在于砷化镓的禁带较宽，使其光谱响应性和空间太阳光谱匹配能力较好，另外砷化镓耐温性好。实验数据表明，砷化镓电池在250℃的条件下仍可以正常工作，但是硅电池在200℃就已经无法正常运行。

根据8.1.1节对聚光太阳能电池的要求5），随着聚光下电流的增大，要求接触电极串联电阻R_s尽可能小，以减小聚光太阳能电池在聚光时的功率损耗。聚光太阳能电池的发射极要求栅线厚、密集并且对称。典型的聚光太阳能电池栅线具有圆形对称（circular symmetry）的特性，如图8-5a所示。此外，高度的金属化要求会产生阴影效应，增加反射和表面遮蔽，导致电池局部或整体发电效率下降，损失高达10%~20%。鉴于此，可以将太阳能电池封装在棱镜（prismatic lens）以下，将入射光直接折射到太阳能电池表面，离开接触栅线，如图8-5b所示。

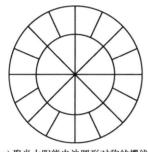 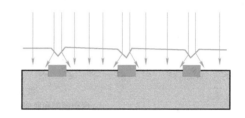

a) 聚光太阳能电池圆形对称的栅线　　　　　b) 聚光太阳能电池封装在棱镜以下

图8-5　聚光太阳能电池设计

8.2　叠层太阳能电池

单结太阳能电池受到两个主要基本损耗的限制：①能量低于带隙的光子不被半导体吸收；②能量高于带隙的光子产生载流子，几乎立即热化到导带或价带边缘，从而失去超过带隙的能量。为了提高转换效率，需要有效利用整个太阳光谱。叠层太阳能电池（tandem solar cell），也称为多结太阳能电池（multijunction solar cell），通过利用两个或更多的pn结来吸收更宽波段的太阳光谱，同时降低总热化能量，从而解决这些限制。

8.2.1　光学串联

将不同带隙E_g的pn结用光学串联（optical series）的方式叠加，每一层不同带隙的电池分别吸收不同波段的入射光，不但能够利用太阳能光谱中350~800nm的可见光波段，还可以吸收1000nm以上的红外波段，最大限度地提高转换效率。顶端的宽带隙材料吸收高能量光子，能量较低的光子穿过宽带隙半导体后，被底端的窄带隙材料吸收，理想带隙的候选光伏材料如图8-6所示。

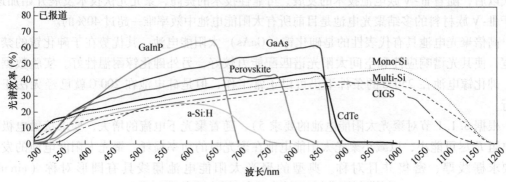

a) 作为顶部 (实线) 和底部 (虚线) 电池候选的光伏材料光谱效率

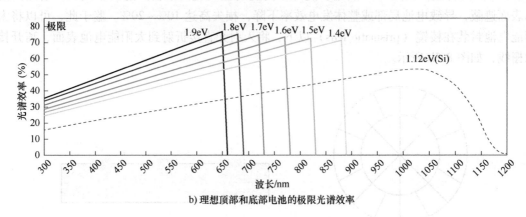

b) 理想顶部和底部电池的极限光谱效率

图 8-6　利用光谱效率进行串联配对

不同的 pn 结经过独立优化，具有各自的最大功率 P_m，相加后可以得到最大功率 P_{max}（maximum output power，W/cm^2）。

$$P_{max} = \sum P_m \tag{8-7}$$

为了提高叠层电池的整体转换效率，要对 pn 结优化，使每一个 pn 结与对应的太阳光谱波段符合，并且整体效果最佳。这需要选择合适的 pn 结带隙，制备合理的 p、i、n 层厚度和掺杂浓度。也可以通过调节 pn 结的参数，优化叠层电池的伏安特性曲线。

太阳能电池的效率限制通常在详细的平衡框架下进行评估，其中基于每个结吸收器的带隙在光子吸收和发射之间建立平衡。这种方法最初是为单结太阳能电池建立的，并已扩展到处理串联和多结太阳能电池。图 8-7 给出了在假设四端叠层（详见 8.2.2 节）的情况下，以细致平衡理论方法得出的串联效率极限。图中缩写对应底电池和顶电池所用的半导体结材料，其中，pk 为钙钛矿，all pk 为底电池和顶电池全部采用钙钛矿材料。

由于细致平衡理论只考虑辐射复合作为电子-空穴对唯一复合机制的理想情况，因此它是计算串联效率的最简化方法，应被视为理论效率上限。然而，在某些情况下，该方法需要根据更现实的器件参数进行调整，例如由于太阳能电池的二极管特性而产生的暗电流（J_{dark}）和合理的开路电压（V_{oc}）估计。另外，光谱效率（SE）模型考虑了光谱分解的电池性能，从而对串联组成的实际结进行了更准确的效率估计。输入参数为 J-V（current-voltage）特性和外量子效率（external quantum efficiency，EQE）光谱。使用包含额外损耗机制的数据

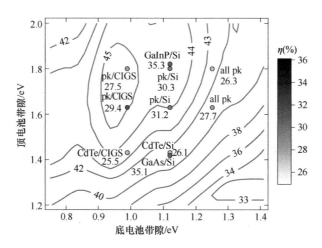

图 8-7　用细致平衡法计算的各种光伏材料组合串联效率轮廓

（无论是通过实际电池的实验测量，还是通过非辐射重组、光学和电阻损耗对 J-V 特性和 EQE 数据进行建模），提供了一种比较由特定结技术制造的串联的方法，否则仅考虑使用详细平衡模型的带隙能量是不够的。

8.2.2　四端叠层和两端叠层

下面讨论双结太阳能电池的效率，双结太阳能电池由两个带隙不同的光吸收层组成，顶电池（也即光最先入射的一层）所用材料的带隙宽度较大，能带宽度设为 E_g^t；而底电池材料的能带宽度相对较窄，为 E_g^b。顶部材料将吸收能量范围为（E_g^t，$+\infty$）的光子，而底部材料将吸收能量范围在（E_g^b，E_g^t）的光子。为了便于理解，分别讨论两种结构的双结太阳能电池，分别为如图 8-8 所示的两端叠层（2T tandem）太阳能电池和四端叠层（4T tandem）太阳能电池。

两端叠层太阳能电池包含两个顺序制备的子电池和应用串联结的复合层或隧道结（图 8-8a），从而顶电池和底电池具有相同的电流 J，其功率等于两个太阳能电池光生电压之和乘以串联电路的电流。最大输出电压（maximum output voltage，V_{max}，V）是顶电池最佳电压（optimum voltage of top cell，V_m^t，V）和底电池最佳电压（optimum voltage of bottom cell，V_m^b，V）相加。

$$V_{max} = V_m^t + V_m^b \tag{8-8}$$

两端叠层要求顶电池和底电池的电流 J 相匹配，电流由两个子电池中较小的电流决定，因此最大输出功率 P_{max} 略低，这个电流匹配要求将顶电池理想带隙限制在 1.7~1.8eV 的狭窄范围内。顶电池直接沉积在底电池上，因此要求顶电池功能层的制备不能影响底电池的性能，同时底电池表面成为顶电池的衬底，传统绒面结构的晶硅底电池为制备高性能顶电池带来了挑战。

从工艺开发角度来说，最简单的叠层器件结构是机械堆叠的四端叠层，如图 8-8b 所示，将两个子电池独立制备后在物理空间上堆叠在一起，相互之间只有光学耦合作用，其功率等于两个太阳能电池的功率之和。这个结构的优点是各个子电池的制备工艺不互相制约，能各

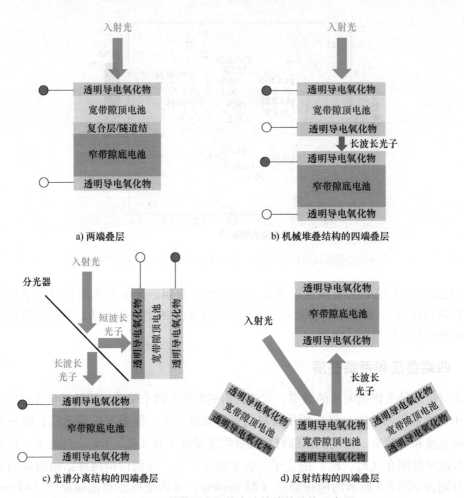

图 8-8　双结叠层太阳能电池的简单结构示意图

自采用最优的工艺条件，在结材料、加工和几何组合方面适应性最强。另一个优点是它们不受电流匹配限制，结可以在其最大功率点独立工作，这减少了顶电池带隙选择的限制，当顶电池带隙为 $1.6 \sim 2.0 \mathrm{eV}$ 时，叠层电池都能获得较高的效率。

四端叠层电池的限制在于电极的设计，要求四个电极中至少三个为透明电极，其中进光面电极必须展现出在宽光谱范围内的高透光性，以确保入射光能有效穿透并被电池吸收，夹在中间的两个电极则需要具备在红外光谱范围内的高透过率。此外，采用四端结构意味着功率电子器件和金属电极消耗要加倍，相应地，度电成本将提高。

光谱分离结构的四端叠层（图 8-8c）利用一个分光器将不同波长的光传输到宽、窄带隙的子电池中，以实现较高的光电转换效率。其优点是可以使用标准电池而无须特定匹配，特别是不需要额外的透明电极。然而，光学器件通常很昂贵，增加了这种四端叠层结构的制备成本。

图 8-8d 为反射结构四端叠层电池结构示意图，这个结构将太阳能电池弯曲排列，电池吸收太阳光后将剩余部分反射到焦点上，焦点上放置太阳能转换器。这个结构除了直射光之外还将一部分漫射光转换为电能。

我们可以计算四端叠层和两端叠层的功率 P。假设四端叠层和两端叠层都具有顶电池带隙（top cell band gap，E_g^t，eV）和底电池带隙（bottom cell band gap，E_g^b，eV）。由式（8-7），四端叠层的最大输出功率 P_{max} 是 2 个独立半导体的最大功率 P_m 相加。假设光谱分解（spectral splitting）是理想的，在完全聚光下，四端叠层的最大输出功率为

$$P_{max}^4 = qV_m^t \left[N(E_g^t, \infty, T_s, 0) - N(E_g^t, \infty, T_a, qV_m^t) \right] +$$
$$qV_m^b \left[N(E_g^b, E_g^t, T_s, 0) - N(E_g^b, E_g^t, T_a, qV_m^b) \right] \tag{8-9}$$

式中，顶电池最佳电压 V_m^t 和底电池最佳电压 V_m^b 可以分别经过独立优化得到；最大输出功率 P_{max} 和转换效率 η 是关于顶电池带隙 E_g^t 和底电池带隙 E_g^b 的函数；在 5778K 黑体辐射太阳光谱和完全聚光下，当顶电池带隙 $E_g^t = 1.65\text{eV}$、底电池带隙 $E_g^b = 0.75\text{eV}$ 时，四端叠层的理论转换效率极限 >55%。

在两端叠层中，顶电池和底电池具有相同的电流 J。由式（8-9），两端叠层的最大输出功率为

$$P_{max}^2 = q(V_m^t + V_m^b) \left[N(E_g^b, E_g^t, T_s, 0) - N(E_g^b, E_g^t, T_a, qV_m^b) \right] \tag{8-10}$$

式中，顶电池最佳电压 V_m^t 和底电池最佳电压 V_m^b 需要满足关于顶电池和底电池电流 J 相等的约束条件（constraint）：

$$N(E_g^t, \infty, T_s, 0) - N(E_g^t, \infty, T_a, qV_m^t) = N(E_g^b, E_g^t, T_s, 0) - N(E_g^b, E_g^t, T_a, qV_m^b) \tag{8-11}$$

两端叠层的理论转换效率极限比四端叠层略低，约为 55%，并且对顶电池带隙 E_g^t 和底电池带隙 E_g^b 的变化更加敏感。

如果叠层太阳能电池具有更多的 pn 结，更多的带隙会增加理论转换效率极限。如果带隙的数量 $\to \infty$，最小的带隙 $\to 0$，一个标准太阳光的理论转换效率极限达到 69%，完全聚光的理论转换效率极限达到 86%。

8.2.3 叠层太阳能电池设计

在研究开发叠层太阳能电池的过程中，主要运用化合物半导体制备半导体吸收层，而两端叠层结构比四端叠层受到更多的关注。两端叠层的优势在于可以将不同带隙 E_g 的 pn 结集成在一个多层的器件中。连接顶电池和底电池的隧道结是重掺杂的 pn 结，被认为是 p 型层和 n 型层之间的欧姆接触。

图 8-9 展示了迄今为止在小面积水平上双结叠层太阳能电池效率的演变。Ⅲ-Ⅴ族半导体材料的光吸收系数 α 较大，较薄的吸收层也能实现充足的光吸收，三元合金或更多元的合金可以通过组分变化而调节材料带隙 E_g，适合制备叠层太阳能电池。因为人们对二元合金 GaAs 的了解比较充分，所以叠层砷化镓太阳能电池曾是研究开发的重点。虽然 GaAs 的带隙 $E_g = 1.42\text{eV}$，并不是二结叠层（two junction tandem）中顶电池或底电池的理想带隙，但是 GaAs 较好的材料纯度可以形成较好的载流子输运特性。尽管三元合金材料具有更加合适的带隙 E_g，然而较差的材料纯度使三元合金制备的太阳能电池性能不如 GaAs。

随着钙钛矿光伏材料的兴起，钙钛矿/硅叠层实现了最高的效率记录，超过了Ⅲ-Ⅴ/硅叠层的效率，最高效率的 2T 钙钛矿/硅器件已经超过了基于单独测量的亚电池的预计光谱效率，对于带隙能量为 1.8eV 和 1.63eV 的钙钛矿，分别为 30.3% 和 31.2%。到目前为止，垂直集成的 2T 钙钛矿/硅串联在标准化实验室测试条件下的性能略优于 4T 架构。这一结果表

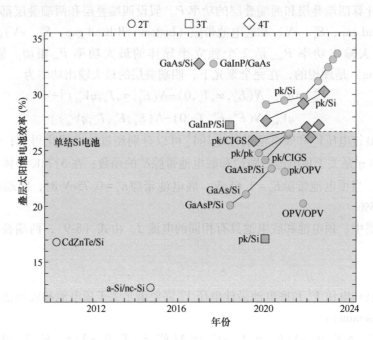

图 8-9 双结叠层太阳能电池的效率发展统计图

明，当钙钛矿垂直集成在硅太阳能电池上时，对加工限制不敏感。

设计叠层太阳能电池还需要考虑不同半导体材料的晶格常数（lattice constant）和热膨胀系数（thermal expansion coefficient）兼容性问题。如果晶格常数不匹配，界面将存在较多的陷阱态，增加复合损失。当太阳能电池经历温度 T 变化时，不匹配的热膨胀系数会产生明显的应力。

8.3 热载流子太阳能电池

叠层太阳能电池使用不同带隙 E_g 的光伏材料，从而分波段吸收不同能量的光子，激发不同化学势的光生载流子。如果可以更加有效地利用光生载流子发生弛豫之前的过剩动能（excess kinetic energy），就可以开发出一种具有高转换效率的新型太阳能电池——热载流子太阳能电池（hot carrier solar cell）。减慢电子和声子的相互作用，及时收集仍然是"热"的载流子，从而增加开路电压 V_{oc}。

8.3.1 光生载流子热弛豫过程

从块状半导体电子结构的角度描述太阳能电池光生作用（photogeneration）的整个过程如图 8-10 所示，在光激发过程中，价（导）带中的电子（空穴）将吸收大于材料带隙 E_g 的光子能量并跃过带隙进入导（价）带（阶段 1）。然后在 10fs 的时间尺度上载流子发生弹性散射（elastic scattering），建立高能量的费米-狄拉克分布，形成热载流子（hot carrier）（阶段 2）。这时的光生载流子具有一定的过剩动能，其动能分布依赖于：

1）太阳光谱，即入射光子能量分布。

2）半导体材料的吸收系数 $\alpha(E)$ 。

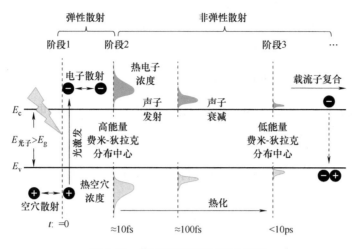

图 8-10　载流子热弛豫过程示意图

作为热等离子体（hot plasma），热载流子具有一定的热载流子温度（temperature of hot carrier，T_h，K），电子-空穴对具有热载流子化学势（chemical potential energy of hot carrier，μ_h，eV），热载流子温度 T_h 往往大于晶格具有的环境温度 T_a，在某些情况下甚至接近太阳温度 T_s。如果可以充分利用热载流子的过剩动能，将会提高太阳能电池的转换效率 η。

然后，热载流子将通过声子发射将其能量耗散到晶格中，并逐渐失去能量到 CB 边缘，在那里形成低能量（或近带边缘）的费米-狄拉克分布（阶段3）。这个过程（即从阶段2到阶段3）是载流子热化，通常持续几皮秒。这时，载流子和晶格之间达到准热平衡状态，声子的吸收率等于声子的发射率，满足精细平衡原理。但是，这时的电子浓度 n 和空穴浓度 p 并不是热平衡。相比黑暗中热平衡状态的半导体，冷却后的电子浓度 n 和空穴浓度 p 较大，电子准费米能级 E_F^n 向导带底 E_c 移动，空穴准费米能级 E_F^p 向价带顶 E_v 移动。准费米能级的分裂 $E_F^n - E_F^p$ 等于化学势差 $\Delta\mu$，并且随入射光强 b_s 递增。在热载流子的冷却过程中，载流子将过剩动能转化为热能传递给晶格，系统的熵（entropy）增加。

在载流子达到准热平衡状态之后的一段较长时间内，载流子发生复合。辐射少子寿命 τ_{rad} 一般为 ns 到 ms，依赖于半导体材料的吸收系数 α。载流子发生复合后载流子浓度降低，准费米能级 E_F^n、E_F^p 向热平衡状态的费米能级 E_F 移动。在稳定的光照下，当光激发的载流子产生速率等于载流子的复合速率和决定电流的载流子收集速率之和时，载流子浓度达到稳态。这样的平衡决定了太阳能电池的化学势差 $\Delta\mu$ 和功率 P。为了增加转换效率 η，载流子收集速率应该比载流子的复合速率快，至少应该相当，使得载流子在材料向外电路有效传输。

在传统的太阳能电池中，载流子的收集发生在准热平衡状态之后，都会经历热载流子的自平衡和冷却，过程中损失的能量不能得到有效利用。热载流子太阳能电池的物理原理是在热载流子冷却之前被收集，一方面提高载流子的收集速率，另一方面减缓热载流子的冷却速率，从而收集具有较高温度的热载流子，将一部分的过剩动能转化为功率 P。为了实现热载流子的有效收集，对系统有一些特殊要求：

1）合适能量和动量的声子，吸收载流子的过剩动能。

2）为载流子的散射提供足够多的低能级。

3）设计特殊的接触电极通过绝热冷却（adiabatic cooling）收集热载流子。

接下来将讨论热载流子太阳能电池的特性和设计。

8.3.2　热载流子太阳能电池的特性

依据 Wurfel 的计算方法以及 Nelson 的讨论计算热载流子太阳能电池的理论转换效率极限，以下假设载流子仅考虑辐射复合，忽略非辐射复合，且暂不考虑俄歇复合和载流子-晶格散射，考虑载流子-载流子散射，但仅发生弹性碰撞；对于载流子激发过程，假设 5778K 黑体辐射太阳光谱或完全聚光，能量大于带隙 E_g 的光子被完全吸收，且每一个被吸收的光子激发一对电子-空穴对。

当受激形成光生载流子之后，不同能量的载流子通过载流子-载流子散射达到平衡态。自平衡的载流子吉布斯自由能 G 达到最小值：

$$dG = \sum \mu dN = 0 \tag{8-12}$$

$$\mu = E_F + \gamma E_k \tag{8-13}$$

式中，N 为载流子的粒子数（particle number）；μ 为载流子的化学势，依赖于载流子的动能 E_k（kinetic energy，eV）；γ 系数（gamma coefficient）描述了化学势 μ 对动能 E_k 的依赖程度；E_F 为载流子处于热平衡状态时的费米能级。

如果两个载流子发生弹性散射，$dN_1 = dN_2 = 1$，由式（8-12），两载流子满足化学势守恒和动能守恒，化学势之和保持不变。

$$e_1 + e_2 \rightarrow e_3 + e_4 \tag{8-14}$$

$$\mu_{c1} + \mu_{c2} = \mu_{c1}' + \mu_{c2}' \tag{8-15}$$

$$E_{n1} + E_{n2} = E_{n1}' + E_{n2}' \tag{8-16}$$

可以认为载流子的化学势和动能呈线性关系，电子-空穴对的化学势差可以表述为

$$\Delta\mu = \mu_c - \mu_v + \gamma(E_n + E_p) \tag{8-17}$$

式中，μ_c 和 μ_v 分别为导带化学势和价带化学势，依赖于载流子收集的条件，对于特定材料其为常数；可以近似认为电子和空穴具有相同的 γ 系数；E_n 和 E_p 分别为电子动能（kinetic energy of electron，eV）和空穴动能（kinetic energy of hole，eV），相当于被激发的电子和空穴与导带底和价带顶的距离，满足

$$E = E_n + E_p + E_g \tag{8-18}$$

式中，入射光子能量 E 被吸收后，转化为电子动能 E_n、空穴动能 E_p 和电子从价带顶 E_v 激发到导带底 E_c 后具有的势能 E_g。

将式（8-18）代入式（8-17），得到电子-空穴对的化学势差为

$$\Delta\mu = \mu_{cv} + \gamma E \tag{8-19}$$

$$\mu_{cv} = \mu_c - \mu_v - \gamma E_g \tag{8-20}$$

式中，μ_{cv} 为电子-空穴对热平衡化学势（chemical potential energy of electron-hole pair in equilibrium，eV）。

假设载流子不发生声子散射，光子能量 E 激发的电子-空穴对满足费米-狄拉克分布：

$$f = \frac{1}{\exp\left(\dfrac{E-\Delta\mu}{k_{\mathrm{B}}T_{\mathrm{a}}}\right)+1} \tag{8-21}$$

式中，T_{a} 为环境温度；$\Delta\mu$ 为化学势差，依赖于光子能量 E。

将式（8-19）代入式（8-21），得到

$$f = \frac{1}{\exp\left\{\dfrac{\left[E(1-\gamma)-\mu_{\mathrm{cv}}\right]}{k_{\mathrm{B}}T_{\mathrm{a}}}\right\}+1} = \frac{1}{\exp\left[\dfrac{(E-\mu_{\mathrm{h}})}{k_{\mathrm{B}}T_{\mathrm{a}}}\right]+1} \tag{8-22}$$

$$\mu_{\mathrm{h}} = \frac{\mu_{\mathrm{cv}}}{1-\gamma} \tag{8-23}$$

$$T_{\mathrm{h}} = \frac{T_{\mathrm{a}}}{1-\gamma} \tag{8-24}$$

$$\Delta\mu = (1-\gamma)\mu_{\mathrm{h}}+\gamma E = \mu_{\mathrm{h}}\frac{T_{\mathrm{a}}}{T_{\mathrm{h}}}+E\left(1-\frac{T_{\mathrm{a}}}{T_{\mathrm{h}}}\right) \tag{8-25}$$

式中，μ_{h} 为热载流子的化学势；T_{h} 为热载流子温度；热载流子的分布相当于温度为 T_{h}、化学势为 μ_{h} 的自发辐射系统；化学势差 $\Delta\mu$ 反映在热载流子温度 T_{h} 时，每吸收一个光子产生的熵变。借助载流子的分布函数，电流 J 修正为

$$J(V) = q\left[X\sin^2\theta_{\mathrm{s}}N(E_{\mathrm{g}},\infty,T_{\mathrm{s}},0)+(1-X\sin^2\theta_{\mathrm{s}})N(E_{\mathrm{g}},\infty,T_{\mathrm{a}},0)-N(E_{\mathrm{g}},\infty,T_{\mathrm{h}},\mu_{\mathrm{h}})\right] \tag{8-26}$$

式中，X 为聚光系数，当完全聚光时，有 $X\sin^2\theta_{\mathrm{s}}=1$，$(1-X\sin^2\theta_{\mathrm{s}})N(E_{\mathrm{g}},\infty,T_{\mathrm{a}},0)=0$。

不同于传统太阳能电池使用 pn 结收集光生载流子，热载流子太阳能电池通过引入量子点或量子阱的选择性接触进行热载流子的收集。如果温度为 T_{h} 的热载流子被普通的接触电极收集，热载流子很快地被冷却，温度降到环境温度 T_{a}，损失了过剩动能。为了防止热载流子的能量损失，要求收集是一个等熵过程，需要制备选择性接触，如图 8-11 所示。在半导体吸收层的上表面和背表面制备的选择性接触要求如下：

1）带隙比半导体吸收层更大。

2）导带和价带较窄，$\Delta E \ll k_{\mathrm{B}}T$。

3）收集电子的接触电极俘获能量接近 E_{n} 的电子，其导带底比收集空穴的接触电极能级的导带底更低。

4）收集空穴的接触电极俘获能量接近 E_{p} 的空穴，其价带顶比收集电子的接触电极能级的价带顶更高。

对热载流子太阳能电池，输出电压 V 对热载流子化学势 μ_{h} 的依赖更显重要。选择性接触收集载流子的等熵过程满足

$$\mu_{\mathrm{out}} = \mu_{\mathrm{h}}\frac{T_{\mathrm{a}}}{T_{\mathrm{h}}}+E_{\mathrm{out}}\left(1-\frac{T_{\mathrm{a}}}{T_{\mathrm{h}}}\right) \tag{8-27}$$

$$V = \frac{\mu_{\mathrm{out}}}{q} \tag{8-28}$$

式中，μ_{out} 为载流子的输出化学势（chemical potential of output，eV）；E_{out} 为输出能级差（contact energy separation of output，eV），描述收集电子的接触电极和收集空穴的接触电极之

间存在的能级差别；V 为输出电压。

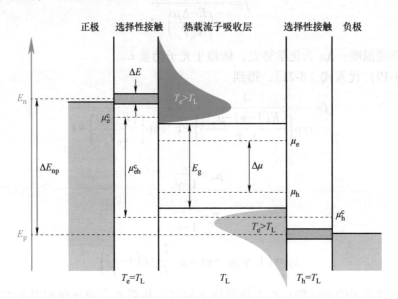

图 8-11　能量选择性接触的能带结构示意图

由式（8-27）和式（8-28），功率为

$$P(V) = \frac{\mu_{out}}{q}J(V)$$

$$= \mu_{out}\left[X\sin^2\theta_s N(E_g, \infty, T_s, 0) + (1 - X\sin^2\theta_s)N(E_g, \infty, T_a, 0) - N(E_g, \infty, T_h, \mu_h)\right]\quad(8\text{-}29)$$

式（8-29）成立要求载流子的收集比载流子-载流子散射慢。当载流子被收集，较快的载流子-载流子散射可以填补能量为输出能级差 E_{out} 的电子-空穴对浓度，从而载流子的收集不会影响载流子的平衡分布。

计算功率还需要另一个关于热载流子太阳能电池的能量转换条件。能量取得的方式是太阳辐射和环境辐射的光子吸收，而能量损失的方式是热载流子的收集和自发辐射：

$$JE_{out} = q\left[X\sin^2\theta_s L(E_g, \infty, T_s, 0) + (1 - X\sin^2\theta_s)L(E_g, \infty, T_a, 0) - L(E_g, \infty, T_h, \mu_h)\right]\quad(8\text{-}30)$$

我们现在可以计算伏安特性 $J(V)$。热载流子太阳能电池的性能依赖于以下 3 个外在的设计参数：

1）带隙 E_g，常用参数。

2）输出电压 V，常用参数。

3）选择性接触的输出能级差 E_{out}，热载流子太阳能电池特有的参数。

如果给定带隙 E_g 和输出能级差 E_{out}，太阳能电池输出电压 V 的范围是从短路情况的 0 到开路情况的 V_{oc}。改变输出电压 V，可以控制热载流子温度 T_h。在短路情况下，所有的光生载流子都被收集，输出化学势 $\mu_{out} = 0$，热载流子温度 $T_h = T_a$，没有热载流子效应（hot carrier effect）。当输出电压 V 增加，辐射复合增加，电流 J 减小，热载流子温度 T_h 增加。如果输出电压接近开路电压，$V \rightarrow V_{oc}$，形成开路，热载流子温度接近太阳温度，$T_h \rightarrow T_s$。在输出电压 V 变化的过程中，热载流子化学势 μ_h 的变化似乎与常识不符。当输出电压 V 增加，热载流子化学势 μ_h 变化为绝对值更大的负值，与往常化学势差 $\Delta\mu$ 随输出电压 V 递增的情况不同。

　　可以用能量守恒定律来解释热载流子化学势 μ_h 的异常变化。光生载流子引入的过剩动能，在弹性散射过程中保持能量守恒，不会在冷却过程中损失。在短路情况下，所有被入射光激发的热载流子都被收集，过剩动能对太阳能电池中的载流子分布没有贡献，从而热载流子温度等于环境温度，$T_h = T_a$。当输出电压 V 增加，太阳能电池中的载流子浓度 n、p 增加，每一个载流子的动能增加，热载流子温度 T_h 增加。当输出电压 $V \to V_{oc}$，达到开路情况，没有载流子和过剩动能被收集，所有的过剩动能贡献给了载流子分布，热载流子温度 T_h 达到最大值。在完全聚光和小带隙的极限条件下，开路情况的热载流子温度 $T_h \to T_s$。

　　当带隙 E_g 和输出能级差 E_{out} 确定，可以通过电压 V 在 $0 \sim V_{oc}$ 之间的变化，模拟得到热载流子太阳能电池在 1 个太阳下的伏安特性曲线 $J(V)$，如图 8-12 所示。不同的曲线对应不同的输出能级差 E_{out}。最佳工作点对应特定的热载流子温度 T_h 和热载流子化学势 μ_h。可以注意到，高转换效率的伏安特性曲线具有曲率更大的曲线拐点（knee of curve）。在肖克莱方程式给出的伏安特性曲线中，温度 T 是常数，电流 $J(V)$ 随电压 V 以 $\exp(V/k_B T)$ 的形式递增。虽然热载流子太阳能电池的能量损失机理也是辐射复合，但是电压 V 随热载流子温度 T_h 递增。

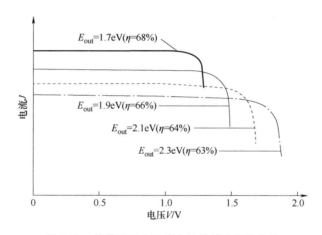

图 8-12　热载流子太阳能电池的伏安特性曲线

　　热载流子太阳能电池的转换效率 η 是设计参数带隙 E_g 和输出能级差 E_{out} 的函数。需要将输出能级差 E_{out} 作为变量处理，并且找到电压 V 和输出能级差 E_{out} 的最佳工作点，使一个确定带隙 E_g 对应的功率 P 达到最大值，从而得到热载流子太阳能电池的转换效率 η。通过最佳工作点的电压 V 和输出能级差 E_{out}，可以确定相应的热载流子温度 T_h 和热载流子化学势 μ_h。事实上，如果我们不用电压 V 和输出能级差 E_{out} 作为优化参数（optimizable parameter），而将热载流子温度 T_h 和热载流子化学势 μ_h 作为优化参数，可以简化转换效率 η 的计算。

　　可以分别模拟在 1 个太阳和完全聚光情况下，热载流子太阳能电池的转换效率 η 对带隙 E_g 的依赖关系，如图 8-13 所示。理论转换效率极限对应了最佳工作点的带隙 E_g、输出能级差 E_{out}、热载流子温度 T_h 和热载流子化学势 μ_h。完全聚光情况下的理论转换效率极限约 85%，1 个太阳情况下的理论转换效率极限约 65%，都对应热载流子温度 $T_h = 3600K$，带隙 $E_g \approx 0.3eV$。是否聚光并不影响理论转换效率极限对应的热载流子温度 T_h。完全聚光的理论转换效率极限85%，与热力学转换效率极限一致。

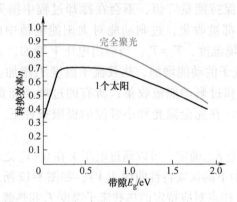

图 8-13　热载流子太阳能电池的理论转换效率极限

8.3.3　热载流子太阳能电池的设计

为了满足设计热载流子太阳能电池的要求，需要具有以下两种性能特殊的半导体材料。

1）半导体吸收层：热载流子的冷却速率慢于收集速率，确保在载流子冷却前将载流子收集。

2）选择性接触：具有较窄的能带，$\Delta E \ll k_B T$，分别收集电子和空穴，避免热载流子能量在电极中损失。

在典型的体半导体中，载流子的冷却时间（cooling time）异常短暂，一般小于 10ps，意味着热载流子会迅速将其过剩能量耗散在晶格中，并随之达到导带边缘的稳定状态。然而，载流子的收集时间（collection time）通常高于 1ns，热载流子在弛豫过程中损失的能量不能得到有效利用。对热载流子冷却速率的影响因素进行细致分析，研究减缓热载流子冷却速率的调控机制，从而延长热载流子保持高能状态的时间窗口，有望为热载流子的有效收集提供更多机会。通过载流子-声子散射，光生载流子弛豫到低能级，所以热载流子冷却的速率依赖于具有合适能量和动量的声子数量。按照能量大小，声子可以分为两类：声学声子（acoustic phonon）：能量较低，如在室温下，能量为数毫电子伏特，不能冷却热载流子；纵光学声子（longitudinal optical phonon）：能量较高，如在室温下，Ⅲ-Ⅴ族半导体中，能量为 30~40meV，可以冷却热载流子。

在体半导体中，与晶体能带结构相关的声子具有各向同性的动能分布。而体半导体的连续载流子状态密度 $g(E)$ 也是各向同性的。所以，光生载流子容易与能量、动量合适的声子发生散射，弛豫到空缺的低能态。为了避免这样的载流子-声子散射，热载流子太阳能电池的设计有两条技术路线：

1）高注入，以减少能量合适的声子。

2）量子异质结构，以减少空缺的低能态。

在高注入情况下，光生载流子较多，以至于载流子-声子散射需要的合适声子显得不足，从而处于稳态的热载流子可以保持较高的热载流子温度 T_h。而且，热载流子和高能量声子的相互作用也干扰了声子分布的热平衡，使声子同样具有较高的温度，减弱了冷却的效果。但是，这样的热载流子太阳能电池设计需要很高的入射光强 b_s，一般为 250~2500 个太阳。

除了高注入，通过低维度的量子异质结构也可以减慢热载流子的冷却，从而形成另一种设计热载流子太阳能电池的技术路线。在量子势阱中，载流子被限制在二维的薄片中，能带结构被量子化为子带（sub-band）。虽然载流子的状态密度 $g(E)$ 仍然是连续的，却不再是各向同性，而是高度地各向异性，限制在子带间的载流子跃迁要求可以发生散射的声子具有量子阱平面内的波矢。所以，声子动量的限制条件降低了量子势阱中的载流子-声子散射概率，延长了热载流子的冷却时间。已经有报道表明，在 $Al_xGa_{1-x}As$ 材料中制备于 GaAs 量子势阱，冷却时间增加较长。在 10^4 个太阳下，这种量子势阱的热载流子冷却时间为 1000ps，相比于 GaAs 体半导体材料的 10 ps 冷却时间长得多。通过光致发光光谱（photoluminescence spectrum），可以得到热载流子温度 T_h。

量子点作为另一种量子异质结构，也可以设计热载流子太阳能电池，而且具有更大的潜力。量子点使载流子在各个方向上被限制，能带结构被量子化为分立能级。如果分立能级的能级差大于声子的最大能量，那么热载流子就几乎不可能与单个声子发生散射，弛豫到低能级。所以，热载流子只有通过多个声子的散射才能发生弛豫，从而有效地延长冷却时间，这就是声子瓶颈效应（phonon bottleneck effect）。在量子点结构的研究中，虽然已经观察到了热载流子冷却时间的延长，但是结果并不理想，主要表现为以下几点：

1）需要高注入。

2）冷却时间的延长程度接近于量子势阱。

3）理论上的声子瓶颈效应并不明显。

4）俄歇复合和陷阱复合的影响。

高注入和量子异质结构可以减慢热载流子的冷却，而更快的载流子收集速度也符合热载流子太阳能电池的设计概念。多相分子系统（heterogeneous molecular system）和半导体-电解质接触的界面电荷输运（interfacial charge transfer）可以非常快地收集热载流子。例如，在染料敏化太阳能电池中，分子敏化剂在 1ps 内，可以将电子注入体半导体。注入的载流子显然保持着较高的热载流子温度 T_h。经过接触电极的及时收集，可以有效地利用热载流子的过剩动能。这就要求器件足够薄，以减小载流子从分子敏化剂到接触电极的输运时间。但是，器件也不能太薄，以免影响光吸收。

热载流子太阳能电池除了要求半导体吸收层中热载流子的收集比冷却快，还需要能带较窄的选择性接触。通常的接触电极是金属或重掺杂半导体，对载流子的收集较慢，不能满足热载流子太阳能的设计要求。但是，超晶格这样低维度的量子异质结构具有量子化的状态密度，可以制备满足要求的选择性接触。通过选择合适的材料和晶格周期，可以调节超晶格的能带宽度，以制备有效收集热载流子的选择性接触。

在 1 个太阳照射下，载流子太阳能电池的理论效率极限可以扩展到 67%（图 8-14a），接近无穷多结叠层电池的极限效率，使用 100 倍太阳的聚光器时，理论效率极限甚至可以达到 $\approx$ 75%，其中电子温度升高到 3000K（图 8-14b）。

在真实的热载流子太阳能电池中，载流子-声子散射引起的热载流子冷却不能被忽略。基于载流子的热耗散，可以描述普通的半导体器件，却不能应用于热载流子太阳能电池，需要引入能量平衡方程（energy balance equation），以描述热载流子温度 T_h 的空间变化。在稳态，电子动能通量（electron kinetic energy flux，S_n，eV/cm^2）满足

$$\nabla S_n = W_{gen} + J_n F - W_{relax} - W_{rec} \tag{8-31}$$

式中，W_{gen} 为吸收入射光后，热载流子具有的光学产生动能密度（kinetic energy density increased by optical generation，eV/cm³）；J_nF 为电场强度 F 加速电子增加的动能密度；W_{relax} 为热载流子发生弛豫后损失的弛豫动能密度（kinetic energy density decreased by relaxation，eV/cm³）；W_{rec} 为热载流子发生复合后损失的复合动能密度（kinetic energy density increased by recombination，eV/cm³）。

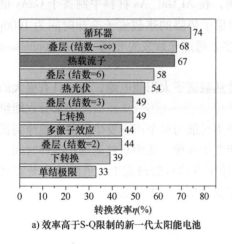

a) 效率高于S-Q限制的新一代太阳能电池

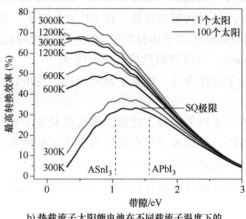

b) 热载流子太阳能电池在不同载流子温度下的
最终效率与光吸收带隙的关系

图 8-14　太阳能电池的理论效率极限

8.4　柔性太阳能电池

太阳能电池依据衬底不同可分为刚性电池和柔性电池，其中刚性电池衬底主要为晶体硅和玻璃，其特点是重量重、不可弯折，而柔性电池衬底轻、功率质量比高，可实现弯曲拉伸。同时，相比于刚性电池，柔性电池在制备工艺和应用上也独具优势。首先，柔性电池可采用卷对卷连续生产工艺，更适合大面积产业化，其设备价格更低、材料利用率更高、薄膜沉积速率更高、太阳组件价格更低、能源回收期更短，卷对卷技术可以根据需求自行定义电池尺寸；其次，其厚度更小、重量更轻、材质柔软，适合安装固定在各种曲面上；最后，不使用易碎的玻璃，更牢固安全，持久耐用。因此在便携电器、移动作业、智能交通、穿戴设备、信息化装备、光伏建筑一体化等应用领域极具潜力（图8-15）。

8.4.1　柔性衬底与材料选择

柔性太阳能电池对柔性衬底的选择主要考虑以下因素：①良好的化学惰性和优异的机械稳定性。柔性衬底需在各种加工工艺中如旋涂、刮刀涂布、卷对卷加工、热退火、溶剂气氛退火以及真空蒸镀等不发生形变并释放应力，同时还需满足在一定弯曲半径和次数下稳定。②良好的水、氧阻隔性能。水、氧对于太阳能电池会产生非常严重的损害，因此柔性衬底应对水、氧具有阻隔性，对太阳能电池起到一定的保护封装作用。③良好的透光性。作为光入射侧，柔性衬底良好的透光性能是确保太阳能资源得到最充分收集和利用的必要条件。④质量和成本控制。衬底作为太阳能电池的重要组成部件，是电池厚度和成本控制不可忽略的部

图 8-15　柔性太阳能电池应用场景

分，较薄的厚度和较轻的质量可有效提高器件功质比，降低生产成本。

如表 8-1 和图 8-16 所示，柔性衬底的候选材料主要有超薄玻璃、金属箔和高分子材料，下文将讨论每类基材的优点、缺点和未来前景。

表 8-1　柔性光伏器件用超薄玻璃、金属箔和高分子衬底的比较

衬底	超薄玻璃	金属箔	高分子衬底
优点	均匀性好 透光率高 水氧渗透率低	加工温度高 化学稳定性强 水氧渗透率低 尺寸稳定性好	可弯曲折叠 透光率较好 成本低 重量轻
缺点	易破碎 机械稳定性低 制备成本高	透光率极低 表面粗糙 电容效应	尺寸稳定性差 水氧渗透率高 化学稳定性差 加工温度低

超薄玻璃（willow glass）具有透光率高、热膨胀系数低（2.5×10^{-6}）、机械柔性高、耐高温（可承受 500℃以上）、水氧渗透率低等特点。然而，玻璃衬底的厚度和尺寸稳定性受到限制，且玻璃具有脆性，在掉落或受到外部冲击时容易破碎。且玻璃的延展性差，安全弯

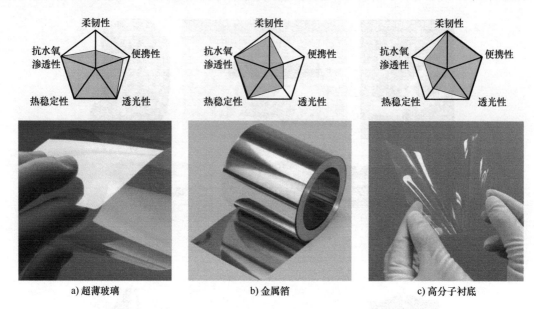

图 8-16　柔性光伏器件用超薄玻璃、金属箔和高分子衬底的比较

曲半径很小，弯曲循环测试中衬底曲率的变化会引起器件性能的快速劣化，因此限制了玻璃在柔性太阳能电池中的应用。

金属箔（<125μm）柔性衬底材料主要有不锈钢、铝、钛、钼、铜等，金属箔能承受电池制备的高工艺温度，但是衬底表面粗糙度大，并且其中的金属杂质会在制备过程中向电池中扩散，影响电池效率。此外，金属箔在整个可见光谱中具有较高的光学反射率，入射光只能从顶部电极方向进入，因此要求采用透明顶部电极和特定器件结构，以便将光子传输到活性材料中，这阻碍了金属衬底柔性太阳能电池的发展。

高分子衬底也称塑料衬底，是柔性太阳能电池最常用的衬底，主要包括聚对苯二甲酸乙二醇酯（PET）、聚萘二甲酸乙二醇酯（PEN）、聚酰亚胺（PI）。高分子柔性衬底具有重量轻、成本低、可弯曲性良好、光学透明度高和化学稳定性好等优势。但该类衬底的主要问题是不耐高温，通常高分子衬底要求太阳能电池制备温度低于150℃，这就限制了电池各功能层的制备方法和结晶温度，此外，高分子衬底在高温下会变形，甚至分解，同时也会造成相应电极电阻增加，影响太阳能电池的效率和稳定性（图8-17）。

聚对苯二甲酸乙二醇酯（PET）是最常用的柔性衬底之一，具有良好的机械柔韧性和耐折性，同时光学透过率好，透明度高，可阻挡紫外线，也具有良好的化学稳定性——耐大多数溶剂、耐油、耐脂肪、耐稀酸/稀碱，可在55~60℃温度范围内长期使用，短期使用可耐65℃高温，可耐-70℃低温。其气体和水蒸气渗透率低，具有优良的阻气、水、油性质，而且不包含毒性元素，环保无毒。但其玻璃化转变温度较低（105℃），不适合高温退火。

聚萘二甲酸乙二醇酯（PEN）性质与PET类似，但由于PEN中萘环的存在，其对水的阻隔性是PET的3~4倍，对氧气和二氧化碳的阻隔性是PET的4~5倍，不易受潮湿环境的影响，可对太阳能电池起到更好的保护作用。PEN也具有良好的化学稳定性，难溶于有机溶剂，不与一般化学物质反应，耐酸碱的能力也好于PET；玻璃化转变温度为125℃，耐热

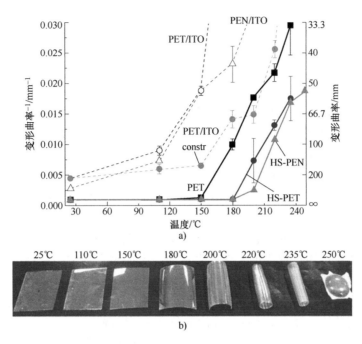

图 8-17 高分子衬底高温下电阻变化和形变

性能较 PET 有所提升；萘的双环结构具有很强的紫外光吸收能力，因此可保护太阳能电池不受紫外线辐照；也具备优良稳定的力学性能，是柔性衬底的优良选择。

相比于 PET 和 PEN，聚酰亚胺（PI）热稳定性高，其玻璃化转变温度为 200℃，而分解温度达到 500℃ 左右，同时可耐极低温，如在 -269℃ 的液氨中不会脆裂；具有优良的机械性能，弹性模量仅次于碳纤维；其化学稳定性好，不溶于有机溶剂，对稀酸稳定，但在碱性条件下会水解，形成原料二酐和二胺，可回收；耐辐照性能好，可保证太阳能电池在太阳光下稳定运行。虽然其各方面性质都较好，但 PI 呈棕色，透光性较差，影响太阳能电池的光吸收。

8.4.2 柔性太阳能电池的制备工艺

异质结的柔性电池非常适合喷墨印刷（inkjet printing）技术，满足大规模生产的要求。相比于半导体产业中使用的超净室旋涂工艺，这种卷对卷技术的突破，大大降低了太阳能电池的原材料损耗，相比于有很多工序的晶体硅电池制造，卷对卷的设备更廉价、工艺更简单、生产更迅速、耗电量更低。喷墨印刷技术不但可以在各种材质的柔性衬底上制备聚合物薄膜，还可以根据需要制备不同颜色的电池。在喷墨印刷过程中，选择合适的环境温度和溶剂配方，控制墨滴在衬底上的扩散、聚合、脱水和退火，可以形成均匀的薄膜。

卷对卷镀膜工艺，类似于狭缝式涂布（slot coating）或挤压式涂布（extrusion coating）。油墨被压力从存储容器中挤出狭缝，喷涂在柔性衬底上，柔性衬底的运动方向和狭缝保持垂直关系。由于油墨的喷涂过程和外界隔绝，可以最大限度地减小污染，也降低了对厂房洁净度的要求，不需要超净室的环境，可以在普通厂房内生产。卷对卷工艺通过依次沉积不同的薄膜并进行后续加工制备柔性太阳能电池，步骤如下：

1）半透明的导电 TCO 层，作为正电极。

2）沉积半导体光吸收层。

3）沉积金属负电极。

4）每沉积一次薄膜，进行一次激光刻划，分割电池，便于串联。

5）按照客户的功率和电压要求，切割并层压电池。

所述薄膜的厚度都很薄，因此脱水和固化很快，有效地提高了生产速度。

为了保证柔性电池的均匀度，卷对卷技术要求：①油墨的浓度、黏稠度和温度稳定；②机械结构精密，保证喷涂的速度和压强稳定；③柔性衬底平整、厚度均匀；④衬底的移动速度稳定；⑤实时监控并调节各参数；⑥环境清洁。

实时监控系统包括扫描感应器、反馈控制电路和软件。但是，由于实时监控系统技术要求高，价格相对昂贵。

在制备过程中，还要避免油墨出现泡沫，脱水并固化后形成小孔，这会引起电池短路，降低电池性能。机械运转过程中的发热，会在非晶态的聚合物中引起结晶颗粒，需要进行 110℃的退火，把结晶颗粒变为纳米晶。

卷对卷技术中，狭缝喷涂的方向可以水平、向下或向上，其中水平方向效果最好，向上的效果最差。建议狭缝选择水平方向，喷涂的角度向下微调。

除了卷对卷技术，涂刷（brushing）技术也是一种低成本制备有机柔性电池的方法。ITO 塑料衬底上镀有 PEDOT：PSS，放置在 50℃的恒温底板上。浸润了聚合物溶液的涂刷，快速扫过衬底，聚合物溶液就是卷对卷技术中的油墨。50℃的温度使溶液快速脱水并固化，形成厚度均匀的 90nm 薄膜。涂刷制备的体异质结电池，其伏安特性优于旋涂等其他印刷技术。柔性电池的转换效率，受薄膜的均匀度影响很大。涂刷制备的薄膜不但均匀度好，而且均匀度的重复性高。

溶液作为牛顿流体（Newtonian fluid），剪应力（shear stress）τ 与黏度 v、速度梯度 ∇v 成正比，即 $\tau = v \times \nabla v$。涂刷上有两个界面，溶液-衬底的界面和溶液-涂刷的界面，没有溶液和空气接触的自由表面（free surface），在涂刷过程中，剪应力在聚合物溶液的深度上均匀分布，使链状聚合物排列整齐。

卷对卷、刮片法（doctor blading）、旋涂或浸涂（dip coating）等其他印刷技术中，溶液直接和空气接触，溶液-空气界面为自由表面，$\nabla v = 0$，$\tau = 0$。∇v 和 τ 随着深度增加，在溶液-衬底界面上，∇v 和 τ 具有最大值。和这些印刷技术相比，涂刷的剪应力不随溶液的深度变化，薄膜的厚度更均匀，电池转换效率更稳定。

8.4.3 柔性太阳能电池的设计

柔性电池的结构以 3 层为主：含有背导电层和背反射层的衬底、含有 pn 结的半导体吸收层和含有透明导电薄膜（transparent conducting oxide，TCO）的窗口导电层。

柔性透明电极对太阳能电池效率和稳定性至关重要，不仅承担着光入射通道，而且也是载流子收集的保障，因此柔性太阳能电池的柔性透明电极选择需主要考虑以下几个因素：①良好的透光性。通常柔性透明电极对可见光的透过率需超过 90%，以保证光活性层对太阳光的吸收。②良好的导电性。电极电阻应尽量小，以避免串联电阻过高导致的载流子损失，同时还应具有合适的能带位置（功函），确保载流子可有效传递至电极并被电极收集。

③良好的稳定性。首先，电极需具备化学惰性，不与电池各组分发生化学反应。其次，电极位于太阳能电池两端，需阻隔水、氧。再次，电极在器件弯曲或拉伸时需保持柔韧性，不发生断裂。柔性透明电极主要包括金属氧化物、碳基材料、导电聚合物、银纳米线等。

金属氧化物电极，由于其高导电性和高透光性，在柔性钙钛矿太阳能电池中备受关注，例如氧化铟锡（ITO）、氧化铟锌（IZO）、铝掺杂的氧化锌（AZO）等均已被研究人员成功应用到柔性太阳能电池中。其中 ITO 是目前最常用也是获得最高效柔性器件的透明导电薄膜，ITO 为宽带隙 n 型半导体，带隙为 $3.5 \sim 4.3 \mathrm{eV}$，能带位置匹配大多活性层，具有高电导率（$10^3 \sim 10^4 \mathrm{S/cm}$），低电阻率（$10^{-5} \sim 10^{-4} \Omega \cdot \mathrm{cm}$），同时具有高可见光透过率、高机械硬度和良好的化学稳定性。其性能取决于制备方法、工艺、厚度、衬底温度等因素。当薄膜厚度达到 447nm 时，ITO 薄膜的透射率为 90.4%（波长 550nm），电阻也小于 15Ω。采用离子束溅射制备 ITO 薄膜，将 PET 基板的温度通过水冷保持在室温（约 30℃），可得到电阻率为 $6.2 \times 10^{-4} \Omega \cdot \mathrm{cm}$、最大透光率 87% 的 ITO 导电薄膜。这种方法有效阻止了高温对高分子衬底的破坏，但是 ITO 本征脆性引起的电极裂纹仍不可解决，这种裂纹将会引起太阳能电池漏电流增大、效率降低。AZO 的主体为 ZnO，宽带隙 n 型半导体，Al 掺杂后薄膜导电性能大幅度提高，电阻率可降低到 $10^{-4} \Omega \cdot \mathrm{cm}$，具有高可见光透过率，可与 ITO 相比拟，同时制备方便，元素含量（Al、Zn）比 In 元素丰富，且无毒，在氢等离子体中稳定性也要优于 ITO。

碳基材料作透明导电薄膜也是柔性器件的新选择，其良好的疏水性也可能会对太阳能电池实现原位封装，其中石墨烯和碳纳米管在柔性太阳能电池中得到应用。石墨烯为单层六角原胞碳原子通过 sp^2 杂化构成的蜂窝状二维网络结构，在 sp^2 杂化中，每个碳原子的三个 2p 轨道与一个相邻碳原子的 p 轨道重叠形成三个 σ 键，而剩下的一个 2p 轨道未杂化，与相邻碳原子的未杂化 p 轨道形成 π 键。这种结构使得石墨烯具有一个 π 电子云，这些 π 电子可以在石墨烯的平面上自由移动，从而赋予石墨烯极高的电子迁移率和导电性。石墨烯的六角晶格结构使得每个碳原子与其三个最近邻形成稳定的 σ 键，这种结构非常稳定，为石墨烯提供了极高的机械强度。同时制备方便，成本低，且其突出的可折叠性，使其在可穿戴电子产品、可折叠器件等领域具有很好的应用。同时，较好的化学稳定性也保证了石墨烯器件的稳定性。碳纳米管薄膜是自由排列的碳纳米管阵列形成的二维碳纳米管网络结构，其中的碳原子以 sp^2 方式进行杂化成键，以六元环为基本结构单元，这使得碳纳米管具有很高的弹性模量，是具有高断裂强度的材料，在弯曲情况下不容易损坏。碳纳米管薄膜是由单个碳纳米管形成的宏观薄膜结构，性能与碳纳米管构型、取向、缺陷程度、长径比等相关。碳纳米管薄膜具有高透性，拥有很好的力学性能、电学性能和独特的导热性能，其化学性质稳定。

聚 3.4-乙烯二氧噻吩（PEDOT）是典型的导电聚合物，其导电率高达 550S/cm，优化后的聚合物电导率更是达到 1000S/cm 以上，具有高稳定性，在 120℃下保持 1000h，其电导率基本不变，同时 PEDOT 透光性高。但是聚合物溶解性较差，难以实现低温溶液加工。而经过高分子电解质聚苯乙烯磺酸 PSS 改性后，PEDOT:PSS 可溶于水，兼容柔性太阳能电池制备条件。

银纳米线（AgNWs）具有高比表面积和高导热性，更重要的是具有与 ITO 可比拟的导电性与透光性，而且具有更好的柔韧性，可通过刮涂、喷涂、喷墨打印等低温溶液法实现大面积制备。此外，AgNWs 的性能与长径比相关。但 AgNWs 电极也存在明显的不足，如与基底间黏附力差、易脱落；化学稳定性差，极易与纳米半导体光伏材料发生化学反应导致电池劣化；薄膜电学性能不均匀引起电迁移和电致焦耳热不平衡，进而容易出现局部熔断现象；表面粗糙，严重影响上层薄膜的成膜质量，容易产生孔洞而造成电池短路。

柔性太阳能电池取得了一定的进展，但仍面临一些挑战：

1）器件的机械稳定性。柔性太阳能电池器件由多层功能层及电极组成，其中含有的无机材料及电极材料，尤其是透明金属氧化物电极和金属电极是柔性太阳能电池机械稳定性低的主要原因。各功能层晶粒间摩擦断裂、弯折时层间应力大、延展性和柔韧性较差等因素使得柔性电池效率随着弯折半径的增加和次数的增多而急剧下降，严重影响了柔性太阳能电池的长期稳定性，制约了柔性电池的发展。因此，发展轻质、超薄、高柔韧性的衬底、电极和界面层至关重要。

2）环境稳定性。目前保障柔性太阳能电池最有效的方法就是封装，包括宏观和微观封装。宏观封装需要发展超低水蒸气透过率和高透明封装膜来密封整个电池［例如聚异丁烯（PIB）、环氧树脂和有机-无机杂化材料等］，同时必须开发新的封装工艺，实现低成本和低温（例如旋涂）的封装。

8.5　空间太阳能电池

8.5.1　太空辐射损伤与热损伤

太空用太阳能电池在地球大气层外会受到高能荷电粒子（主要是离化的氢原子——电子和质子）的辐射，而引起电池性能的退化。这些高能荷电粒子主要来自太阳。太阳球心的核聚变反应（Ha-He）不断向外层空间辐射出巨大的能量（电磁波）和大量的高能粒子（太阳风），在太阳黑子爆发时特别剧烈。当这些高能荷电粒子靠近地球时，受到地球两极磁场的作用而发生偏转，向赤道上方的一定空域集中，形成沿着赤道面的类椭球分布，并在一些局部空域形成由带电高能粒子组成的强辐射带。当卫星的运行轨道穿过这些强辐射带时，曝露在卫星表面的太空用太阳能电池器件会受到来自各方向的高能粒子的轰击，因而电池材料晶格原子会发生位移，偏离平衡位置，甚至脱离原来位置而形成空位。这些辐射引起的晶格缺陷，可能形成光生少数载流子的复合中心而缩短少数载流子的寿命，影响少数载流子的收集效率，导致电池性能的退化。因此空间太阳能电池应具有良好的抗辐射性能。对于不同的太空发射任务，在不同轨道、不同高度运行，以及具有不同预期寿命的卫星，其抗辐射性能的要求各有不同。在电池器件的设计上，不仅在卫星发射的初期（BOL），在经过长期辐射衰变后，甚至在卫星预期寿命终期（EOL），其效率和输出功率都应满足任务需求。

一般而言，GaAs 电池具有良好的抗辐射性能。经过 1MeV 剂量为 $1×10^{15}\,cm^{-2}$ 的高能电子辐射后，GaAs 电池的光电转换效率仍能保持原值的 75% 以上；而先进的高效率太空 Si 电池经受同样的辐射条件，转换效率只能保持其原值的 66%。当受到高能质子辐射时，两者的差异尤为明显。以商业发射为例，对于 BOL 效率分别为 18% 和 13.8% 的 GaAs 电池和 Si 电池，经过低地球轨道运行的质子辐射后，EOL 效率将分别为 14.9% 和 10%，即 GaAs 电池的 EOL 效率为 Si 电池的 1.5 倍。

抗辐射性能好是直接能隙化合物半导体材料的共同特征。图 8-18 所示为与 GaAs 和 InP

有关的多元化合物经 1MeV 电子辐射后，其少数载流子扩散长度的损伤系数 K_i 与 InP 组成的变化关系。K_i 与电子辐射剂量 Φ_e 之间的关系为

$$\frac{1}{L_P^2} = \frac{1}{L_0^2} - K_i \Phi_e \tag{8-32}$$

式中，L_0 和 L_P 分别为辐射前、后少数载流子的扩散长度。由于 $L = (D\tau)^{1/2}$，假设扩散系数 D 为常数，因为它对辐射剂量不敏感，故式（8-32）可改写为少数载流子寿命 τ 与辐射剂量 Φ_e 的关系，即

$$\frac{1}{\tau_P} = \frac{1}{\tau_0} - K_i \Phi_e \tag{8-33}$$

式中，τ_0 和 τ_P 分别为辐射前、后的少数载流子寿命。式（8-33）表明，K_i 正比于辐射引起的少数载流子复合中心的数目，反映了辐射在电池材料中引起损伤缺陷的难易程度。这些关系式对质子辐射也适用，只是损伤系数 K_i 值有所不同。

从图 8-18 可以看出，随着 InP 的增加，抗辐射性能增强，K_i 值减小。K_i 值从 GaAs 时的 5×10^{-7} 减小为 InP 时的近 10^{-8}。硅电池的 K_i 值更小，n 型硅基极区的 K_i 约为 1×10^{-8}；p 型硅基极区的 K_i 约为 2×10^{-10}。GaAs 及Ⅲ-Ⅴ族直接能隙材料原来固有的少数载流子寿命和扩散长度远比硅小，GaAs 的少数载流子寿命通常约为 10^{-8} s，而 Si 的少数载流子寿命约为 10^{-3} s，所以 GaAs 中的辐射缺陷对其电池的光伏参数的影响相对较小。

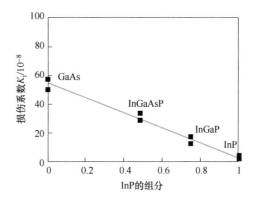

图 8-18　与 GaAs 和 InP 相关的多元化合物中少数载流子扩散长度的损伤系数 K_i 与 InP 组成的变化关系

为了直接反映辐射对电池性能的影响，可用下列经验关系式描述：

$$\frac{P_{max}}{P_0} = 1 - C\ln\left(1 + \frac{D_0}{D_x}\right) \tag{8-34}$$

式中，P_0 和 P_{max} 分别为辐射前、后电池的最大功率输出；D_0 为单位质量所吸收的辐射能量（MeV/g）；C 与 D_x 为比例常数。

对于电子辐射，D_0 与辐射剂量 Φ_e 的关系为

$$D_0 = \Phi_e S_e \tag{8-35}$$

式中，S_e 为非离化能量损失（MeV·cm²/g）。对于质子辐射，式（8-35）略有不同。可以根据测试数据，定量预期太空太阳能电池的终期寿命。

辐射效应造成移位缺陷主要影响少子寿命。在太阳能电池中，p 型材料的寿命是对辐射敏感的主要参数。这是 20 世纪 60 年代将太阳能电池结构从 p 型在 n 型衬底上面转为 n 型在 p 型衬底上面的基础。辐射下，太阳能电池的少子寿命或扩散长度可能是过剩或非平衡少子的函数，这种现象被称为注入水平依赖。这通常与高能质子造成的损害有关。

太空太阳能电池必须考虑空间环境的独特性。太空光谱没有经过大气层的过滤，因此不同于地球上。空间太阳能电池的设计和测试根据 AM0 光谱，即在外太空中，太阳正射的情

况，其光强度约为 $135mW/cm^2$，约等同于温度为 5800K 的黑体辐射产生的光源。

空间太阳能电池会遭遇变化范围非常大的温度和辐照强度。空间太阳能电池的温度基本上取决于辐照的强度和时间。在典型的低地球轨道，例如国际空间站轨道，跟踪太阳时硅太阳能电池的工作温度是 55℃，在最长阴影区时是 -80℃；在木星的轨道上平均辐照温度是 -125℃；在常规水星轨道，温度为 140℃。同样地，在木星轨道的平均辐照强度只有地球半径处的 3%，然而在水星轨道的平均强度大约是地球上的两倍。地球绕日轨道是椭圆的，所以环地球轨道太阳能强度随季节变化。轨道的特性也是热变化的一个主要来源。大多数航天器都在不同的轨道经历过不同的阴影区。这可能会导致非常大并且迅速的温度变化。空间太阳能电池的温度也受行星反射的太阳光即反照率影响。地球的平均反照率是 0.34，但范围可以从 0.03（经过森林）到 0.8（经过云彩）。在通常情况下，地球轨道上的太阳能电池的温度范围为 20~85℃。

太阳能电池温度的提高会导致短路电流略有增加，但开路电压明显减小。因此，总的效果是随温度增加太阳能电池功率减少。通常小于 0.1%/℃，但不同的电池类型相差很大。再加上与阴影区有关的温度快速变化，将导致电池输出功率的波动。

太阳能电池性能随温度的衰减可以用温度系数表示。有几种不同的温度系数用来描述太阳能电池的热性能。这些系数为器件在希望的工作温度下与参考温度（一般是 28℃）下测试出的参数（即短路电流、开路电压、峰值电流、峰值电压或转化效率）的差值除以两个温度的差值。大部分太阳能电池在 -100~100℃ 范围内的响应是线性的，但对非晶硅电池或窄带隙电池（如 InGaAs），响应只在较小范围内是线性的。另一种常用的温度系数定义是归一化温度系数。以效率举例，其表达式为

$$\beta = \frac{1}{\eta} \frac{d\eta}{dT} \tag{8-36}$$

表 8-2 给出了硅、锗和砷化镓的归一化效率温度系数的理论值。表 8-3 给出了各种类型的空间电池典型温度系数。一般来说，随着带隙的增加，温度系数幅度下降，但除非晶硅可以是正系数外，其他都是负的。

表 8-2　归一化效率温度系数的理论值

电池类型	温度/℃	$\eta(28℃)(\%)$	$\beta/10^{-3}℃^{-1}$
Si	27	24.7	-3.27
Ge	27	10.6	-9.53
GaAs	27	27.7	-2.4

表 8-3　各种类型的空间太阳能电池的温度系数测量值

电池类型	温度/℃	$\eta(28℃)(\%)$	$\beta/10^{-3}℃^{-1}$
Si	28~60	14.8	-4.60
Ge	20~80	9.0	-10.1
GaAs/Ge	20~120	17.4	-1.60
双结 GaAs/Ge	35~100	19.4	-2.85

（续）

电池类型	温度/℃	$\eta(28℃)(\%)$	$\beta/10^{-3}℃^{-1}$
InP	$0\sim150$	19.5	-1.59
a-Si	$0\sim40$	6.6	-1.11
CuInSe$_2$	$-40\sim80$	8.7	-6.52

严格适当的空间太阳能电池阵列热应力测试在太空任务中是很重要的。空间太阳能电池阵列设计，必须能禁得住太空环境中严峻的考验，并且在任务期间能保持电池阵列结构的稳固，希望至少能保持 10 年。

热循环测试时，需将受测的电池模块放置在一个标准的热循环测试系统腔体中。采用自动化控制温度的均匀性、热转换，减少循环周期并减少总测试时间，能提供有用的参考数据用于设计更有效率的太阳能电池及太空飞行器。这种更快、更好的热循环测试系统循环的周期为 10min，所以在 1 周内可以完成 1000 个热循环。此种新型系统在顶部有一热隔间，底部有一冷隔间，热隔间通入氮气，气体的压力可以减缓水分的凝结、氧化、腐蚀，并促进热的传导。利用石英-卤素灯当作热源，测试的太阳能电池会被此热源快速地均匀加热，而底部的隔间通入液态氮，这样的设计不会使上下互相影响，并且维持一定的温度。此测试系统可以提供温度周期性变化的环境，更适合大尺寸太阳能电池的测试，其热循环周期为 $10\sim 12$min，1 年可以执行 50000 次热循环。此系统如图 8-19 所示。

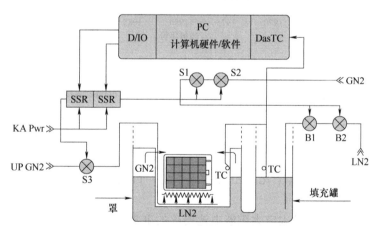

D/IO：数字输入/输出，用于外部过程的数字逻辑控制
DasTC：热耦合数据获取系统、读取罩和填充的信号
SSR：固态继电器，当 DC 逻辑触发后使 115V 交流信号通过
KA Pwr：若无"失败"信号，则存在功率
LN2：用于冷却的液氮
GN2：用于激活 LN2 的气态氮
UP GN2：超纯气态氮，用于净化腔内氮气环境
B1 & B2：液态氮箱阀，气体控制

图 8-19　新型热循环测试系统

在未来的太空任务中，会更接近太阳或是水星，故太阳能电池的热循环考虑会越来越重要，不可或缺，也期待更新、更快、更准确的热循环系统的研究开发，使太空任务得以顺利进行。

8.5.2 空间太阳能电池的特性

在过去 30 年里，太阳能电池一直是宇宙飞船（太空飞行器、人造卫星的统称）唯一的电能供应来源。由于太阳能电池在它的能量转换效率、系统重量以及费用各方面不断改进，其他能源始终无法取代它。空间太阳能电池的材料早期主要是使用 Si，但最近几乎都已使用 GaAs 或 InP 之类的化合物半导体作为电池的材料，其特性与发展趋势概述如下。

1）高效率化。图 8-20 为通信卫星用的太阳能电池电力与电池效率的发展趋势图。通信卫星的大电力化，已使太阳能电池从最初 Vanguard 1 号的 200~300mW 变成 Skylab 的数十千瓦。故高效率化有其必要性，特别是卫星的轻量化，可使卫星发射费用大大降低。

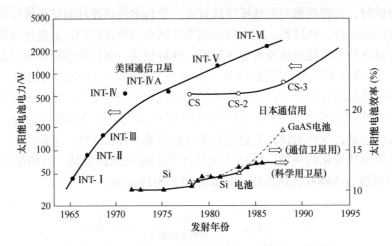

图 8-20 通信卫星用太阳能电池电力及效率的发展趋势

2）抗辐射特性。在太空中 Van Allen 辐射带等处，其辐射环境是很严酷的，半导体可能因为高能质子或电子的轰击作用而产生晶格缺陷，使太阳能电池的功率输出降低。因此太空太阳能电池特别要求抗辐射特性。此外，为防止低能质子的损伤，表面也需覆盖玻璃进行保护。

3）低成本化。不只高效率化，还要低成本化，目前太阳能电池阵列的成本为 500~1000 美元/Wp。

4）轻量化。轻量化也是太空太阳能电池要求的重要特性之一。

5）可靠性。太空发射任务对可靠性的要求是不言自明的。具有太空质量要求的太阳能电池阵列都需要经过一系列机械、热循环、电性等严苛的可靠性测试。

6）具有宽的工作温度范围。在太空环境中，温度通常在±100℃之间变化。在一些特定的发射中，还要求更高的工作温度。例如，美国国家航空航天局（NASA）发射的火星地表探测器（MGR），考虑到在火星大气中制动时因阻力生热，要求太阳能电池器件能耐受 180℃的高温，在一些星际发射任务中，也要有宽的温度变化范围。太阳能电池阵列的工作温度要求如下：在火星上为 9.5℃，木星为 130℃，土星为 168℃，天王星为 199℃，海王星为 214℃，冥王星为 221℃。至于接近太阳的探星发射，因为受到更强阳光的照射，会要求更高的工作温度。

7）高的 AM0 能量转换效率。太空质量的太阳能电池应具有较高的转换效率，以便在质量和体积受限制的条件下，能获得所要求的额定功率输出。特别是在一些特定的发射中，如在微小卫星（质量为 50~100kg）上的太阳能电池器件，一般都直接安装在卫星体上，其重量和面积均受到严格的限制，更需要较高的单位面积或单位质量的功率比输出。

8.5.3　空间太阳能电池的设计

空间太阳能电池的操作，必须能适应宽的太阳光强度和温度。为了能在太空环境中顺利运作，空间太阳能电池必须要有高的可靠度，因为太空任务能否成功，与电池的功率输出有密不可分的关系。

而太阳能电池在太空中的应用是很难被取代的，虽然整个太空任务的成本相当高，可是太阳能电池在整个任务当中的成本比例就显得微不足道。以下有几点特性是必须要注意的：

1）由于太阳能电池在太空中都是被固定住的，所以电池的面积与效率是很重要的。

2）太空环境中会有辐射的损伤，所以如何抗辐射也是相当重要的。

3）太阳能电池阵列必须要轻量。

4）太阳能电池的温度有可能因为辐射而使电池温度升高，故要尽可能使红外线波段的光波再辐射出去。

太空太阳能电池的设计关系到整个太空任务是否成功。若是靠近地球的任务，将只需要中等的功率输出，每一个卫星只需要几千瓦即可。若是有航天员操纵的任务，将需要更高的功率，而太空站需要近 120kW 的功率输出，若能增加太阳能电池板，可将功率输出提高到 200kW。另外有一些星座区域，需要几百千瓦的输出，并且尽可能提高到几百万瓦。有些任务中，太阳能电池除了要有很高的功率输出外，还需要强化其抗辐射能力。

许多宽能隙的太阳能电池已经被研究发展出来，$GaInP_2$ 就是其中一种很好的材料，另外，GaAs 与 Si 两种材料也被广泛地应用在太空用太阳能电池当中。而 Si 常被使用在较远的任务上，因为 Si 在低温的环境当中可以更有效率地运作。考虑到要解决电池轻量化问题，Ⅲ-Ⅴ族的单结及多结将比 Si 电池更能胜任。不过由于 Si 电池的成本较低且较具稳定的效率，因此 Si 电池在未来还是会用在太空太阳能电池上。

太空用的高效率太阳能电池大致上可分为单晶硅太阳能电池及化合物太阳能电池两大类，现略述如下。

1）单晶硅太阳能电池。单晶硅太阳能电池早已广泛地应用在太空太阳能电池上，不管在过去还是未来，硅太阳能电池都被使用在需要低成本、低功率的太空任务上。硅太阳能电池基本上都是使用 $10\ \Omega \cdot cm$ 或 $2\ \Omega \cdot cm$ 的 p 型晶圆，并且背面镀有背反射层（BSR），而其正面及背面都有可焊的接点。硅太阳能电池的平均转换效率可以达到 13.2% 以上。

2）化合物太阳能电池。化合物半导体太阳能电池的优点是光电转换效率高。以 GaAs/Ge 所形成的单结太阳能电池，将 GaAs 太阳能电池利用金属有机化学气相沉积系统（MOCVD）生长于 140~150μm 厚的 Ge 材料基板上，而此单结的 GaAs/Ge 太阳能电池，表面镀上抗反射层，正面与背面都有可焊的接点，在 AM0 的太阳光照射环境之下，其平均转换效率可以达到 18.5% 以上。至于 $GaInP_2$/GaAs/Ge 三结太阳能电池将所有的结镀上多层抗反射膜，并且正面及背面的接点与分流二极管整合在一起，避免受到反向偏压下降的影响，此三结太阳能电池在 AM0 的太阳光照射环境之下，转换效率可以达到 27%，若在 8 个太阳的集光照射下，其转换效率还可高达30%。

思 考 题

1. 聚光太阳能电池中聚光系数的选择如何影响系统的整体效率？请结合实际案例进行分析。

2. 叠层太阳能电池的光学串联如何提升其效率？四端叠层和两端叠层结构各有哪些优缺点？

3. 在设计热载流子太阳能电池时，如何优化光生载流子的热弛豫过程以提高效率？

4. 柔性太阳能电池在不同应用场景（如可穿戴设备、建筑一体化）中的设计思路有哪些不同？其主要技术挑战是什么？

5. 空间太阳能电池需要面对哪些环境挑战？如何通过设计和材料选择来提高其在太空中的耐用性和性能？

参 考 文 献

［1］ SADHUKHAN P, ROY A, SENGUPTA P, et al. The emergence of concentrator photovoltaics for perovskite solar cells ［J］. Applied physics reviews, 2021, 8（4）: 041324.

［2］ YU Z, LEILAEIOUN M, HOLMAN Z. Selecting tandem partners for silicon solar cells ［J］. Nature energy, 2016, 1: 16137.

［3］ ALBERI K, BERRY J J, CORDELL J J, et al. A roadmap for tandem photovoltaics ［J］. Joule, 2024, 8（3）: 658-692.

［4］ NELSON J. The Physics of Solar Cells ［M］. London: Imperial College Press, 2003.

［5］ ZHANG Y, CONIBEER G, LIU S, et al. Review of the mechanisms for the phonon bottleneck effect in Ⅲ-Ⅴ semiconductors and their application for efficient hot carrier solar cells ［J］. Progress in photovoltaics, 2022, 30（6）: 581-596.

［6］ KAHMANN S, LOI M A. Hot carrier solar cells and the potential of perovskites for breaking the Shockley-Queisser limit ［J］. Journal of materials chemistry C, 2019, 7, 2471-2486.

［7］ LI M, FU J, XU Q, et al. Slow hot-carrier cooling in halide perovskites: Prospects for hot carrier solar cells ［J］. Advanced materials, 2019, 31（47）: 1802486.

［8］ ZARDETTO V, BROWN T M, REALE A, et al. Substrates for flexible electronics: A practical investigation on the electrical, film flexibility, optical, temperature, and solvent resistance properties ［J］. Journal of Polymer Science, 2011, 49: 638-648.

［9］ PAGLIARO M, PALMISANO G, CIRIMINNA R. 柔性太阳能电池 ［M］. 高扬, 译. 上海: 上海交通大学出版社, 2010.

［10］ 赛义夫. 太阳能工程 ［M］. 徐任学, 等译. 北京: 科学出版社, 1984.

第**9**章

光伏发电系统及应用

■ 本章学习要点

1. 理解光伏发电技术的可持续发展背景和意义。
2. 探讨光伏发电在能源行业中的定位和影响。
3. 评估不同政策对光伏发电市场发展和技术创新的影响。
4. 掌握光伏发电系统的基本构成和工作原理。
5. 了解光伏发电技术在不同领域的实际应用情况。
6. 分析光伏发电在全球能源转型中的潜力和前景。

9.1 光伏发电可持续发展前沿

9.1.1 光伏发电可持续发展规划

能源是人类社会发展的动力，是一个国家经济和社会发展的命脉，而自然环境则是地球生物赖以生存与延续的物质基础。随着能源开采量和消费量的持续增加，大量化石能源被开发和使用，导致资源紧张、环境污染、气候异常、冰川消融、海平面上升等突出问题，严重威胁着地球上的生命。正确认识能源与环境的关系，妥善处理好经济发展与环境保护之间的平衡，已经成为各国政府的共识。而开发利用安全、清洁的可再生能源，是解决能源和环境双重危机，实现人类长久可持续发展的历史必然选择。

根据国际能源署（IEA）的数据，2023 年化石燃料仍占全球能源结构的 81%（其中石油占 32%，煤炭占 26%，天然气占 23%），可再生能源占一次能源消费总量的比例达到 14.6%，其中太阳能和风能等可再生能源占 2023 年发电量的 8%。虽然太阳能在目前的可再生能源和可持续能源中所占的比例很小，但近年来发展迅速，光伏（PV）发电技术可以将太阳光直接转化为直流电，太阳能电池可以用于离网和并网电力系统，太阳能电池和组件的尺寸和数量可以根据系统的电力需求轻松选择。因此，光伏技术的使用比其他可再生和可持续能源更方便。

太阳辐射到地球的能量高达 17.3 万 TW，每秒钟照射到地球上的能量相当于 500 万 t 标准煤。当今世界各国都加大了开发利用太阳能资源的力度。欧洲、美国、澳大利亚、日本等地区和国家纷纷加大投入，积极探索实现太阳能规模化利用的有效途径。德国等欧盟国家更是把太阳能作为替代化石燃料的主要能源来大力扶植发展。我国也有十分丰富的太阳能资源，陆地表面每年接受的太阳能就相当于 1700 亿 t 标准煤，我国的年太阳辐射总量分布呈"由东南往西北递增"的总体特征，西藏、青海、新疆、内蒙古南部、山西、陕西北部、河北、山东、辽宁、吉林西部、云南中部和西南部、广东东南部、福建东南部、海南东部和西部以及台湾西南部等广大地区的太阳辐射总量都很可观。因此，我国也把开发利用太阳能作为发展可再生能源的重要组成部分纳入国家中长期科技发展规划纲要。

此外，全球光伏产业规模正迅速扩大，2023 年全球太阳能发电装机容量为 141896.90 万 kW，同比增长 32.2%，2013—2023 年平均增长 25.9%。其中，我国光伏发电装机容量为 60992.08 万 kW，同比增长 55.2%，占全球的比重为 43.0%，2013 年开始一直高居世界第一位，2013—2023 年平均增长 42.4%。2023 年，全球光伏发电量总计为 16415.77 亿 kW·h，同比增长 24.2%，其中 2013—2023 年平均增长 28.0%。其中，我国光伏发电量为 5841.50 亿 kW·h，同比增长 36.7%，占全球的比重为 35.6%，2016 年开始一直高居世界第一位，2013—2023 年平均增长 52.9%。

欧盟 1997 年明确指出，2020 年和 2050 年可再生能源比例要分别达到 20% 和 50% 的目标，2010 年更是探讨了 2050 年实现 100% 可再生能源的可能性，2023 年欧盟理事会修订《可再生能源指令》，宣布到 2030 年将欧盟可再生能源在整体能源结构中的占比提升到 42.5%，并额外增加 2.5% 的指示性补充，以实现最终 45% 的目标。随后出台《净零工业法案》，并将太阳能光伏作为八项"战略性净零技术"之一。美国 2009 年出台《清洁能源与安全法》，提出到 2050 年削减 83% 温室气体排放量，2022 年颁布《通胀消减法案》，计划到 2030 年将碳排放量较 2005 年减少 40%。日本政府推出绿色能源新政，提出到 2050 年要依靠提高能源效率和发展可再生能源减排温室气体 80% 以上。我国在 2020 年明确提出力争实现2030 年"碳达峰"和 2060 年"碳中和"的双碳战略目标，并相继出台了《"十四五"可再生能源发展规划》《2024—2025 年节能降碳行动方案》《中华人民共和国能源法》等政策和法规，促进经济社会绿色低碳转型和可持续发展，优化能源结构，明确国家支持优先开发利用可再生能源，加快建设以沙漠、戈壁、荒漠为重点的大型光伏基地，提高非化石能源消费比重。

9.1.2　光伏发电可持续发展布局

当前，在联合国和国际社会的呼吁与敦促下，全球已有上百个国家做出了"碳中和"的目标承诺，推动绿色产业布局，构建全球低碳经济新格局。从美国贝尔实验室 1954 年发明晶硅太阳能电池到如今，太阳能已成为全球可再生能源的重要来源。随着太阳能技术迭代和产业生态演进，我国光伏行业逐步走向成熟，在全球光伏产业链中占据主导地位，成为备受关注的战略性新兴产业。

纵观我国光伏行业的发展，可以划分为三个阶段：2011 年之前，处于来料加工、"三头在外"阶段；2011—2020 年，政府大力补贴，光伏产能快速扩张阶段；2020 年以来，政府补贴减弱，进入以技术和市场导向为主的平价发展阶段。过去 20 年，我国光伏行业在曲折中转型前进，光伏产品全球市场占有率逐年提升，对外依存度逐年下降，建立了全球竞争优势，成为中国对外贸易的一张靓丽产业名片。

近年来，光伏制造业取得了快速发展。2023年我国多晶硅产量达到143万t，同比增长66.9%；硅片产量达到622GW，同比增长67.5%；晶硅电池片产量达到545GW，同比增长64.9%；组件产量达到499GW，同比增长69.3%。2023年我国光伏组件出口量为79.24亿片，出口金额为54.09亿美元，全球排名第一，为全球应对气候变化做出了重要贡献，为20多个国家实现光伏平价上网提供了支撑。

国家能源局和科学技术部联合编制的《"十四五"能源领域科技创新规划》提出了能源创新的总体目标，为我国光伏发电可持续发展提供战略指导，该规划着重于太阳能发电技术、储能技术、多能互补及分布式能源技术、智能电网技术等四大关键技术领域，旨在缓解太阳能电池在间歇性和波动性方面的不足，从而促进太阳能发电技术的发展和大规模应用。具体而言，对四大技术部署的重大科技创新任务具体内容包括：

1）太阳能发电技术方面。太阳能电池技术及系统设备将沿着高能效、低成本、长寿命、智能化的技术方向发展。着力支持光伏系统及平衡部件技术创新和水平提升；着力支持高效率钙钛矿电池制备与产业化生产技术，研发大面积、高效率、高稳定性、环境友好的钙钛矿电池，开展晶体硅/钙钛矿、钙钛矿/钙钛矿等高效叠层电池制备及产业化技术研究；着力支持高效低成本太阳能电池技术研究，开展隧穿氧化层钝化接触（TOPCon）、异质结（HJT）、背电极接触（IBC）等新型晶硅电池低成本、高质量、产业化制造技术研究，开展高效太阳能电池与建筑材料结合研究；着力支持光伏组件回收处理与再利用技术研究；着力支持太阳能热发电与综合利用技术研究，探索太阳能热化学转化与其他可再生能源互补技术，研发中温太阳能驱动热化学燃料转化反应技术，开发光热发电与其他新能源多能互补集成系统。

2）储能技术方面。着力研究大容量和大功率储能技术，提高效率，实现储能技术在规模、寿命和成本上的跨越，在可再生能源大规模接入、传统电力系统调峰提效和区域供能方面，完成具有完全自主知识产权、对国际储能技术与产业发展具有指导意义的系统解决方案和示范工程，形成一套完整的技术攻关、试验示范，以及工程应用的储能技术研发体系。

3）多能互补及分布式能源技术方面。探索多种可再生能源的互补利用及其与常规能源形式的综合高效利用；开展可再生能源高比例消纳和外送的系列关键技术研究，建立不同气候、用能需求的可再生能源供能系统示范。以可再生能源为主的能源系统的省区级/地市级研究和示范将是未来的发展方向。

4）智能电网技术方面。大力发展大容量远距离输电和智能微网技术，助力我国大规模集中式可再生能源发电和分布式能源开发利用，开发多种电压等级、交直流多种形式的接入技术和设备，促进可再生能源的友好接入，提高可再生能源的消纳能力，全面保障电网在大量接入可再生能源后的安全稳定运行；大力发展智能配用电技术，提高智能化水平，包括电动汽车充换电技术、智能用电技术等，打造清洁、高效、智能化能源电力系统。

当前，我国已经形成了硅材料、硅片、电池、组件为核心的晶体硅电池产业化技术体系，掌握了效率20%以上的背钝化电池（PERC）、选择性发射极电池（SE）、全背结电池、金属穿孔卷绕（MWT）电池等高效晶体硅电池制备及工艺技术，规模化生产的p型单晶PERC电池平均转换效率达到23.1%，实验室最高效率超过了24.1%。批量生产常规多晶硅电池效率达到 19.5%，多晶硅电池实验室最高效率超过 23%，创造了多晶硅电池效率的世界纪录。通过并购和国际合作，我国硅基、碲化镉（CdTe）、铜铟镓硒（CIGS）等薄膜电池的研究和技术水平快速提升。逆变器等组部件技术水平逐渐与国际接轨，但其系统集成智能化技术水平仍有待提升。面向光伏发电规模化利用，光伏系统关键技术取得多项重大突破，掌握了 100MW 级并网光伏电站设计集成技术、兆瓦级光伏与建筑结合系统设计集成技术、10~100MW 级水/光/柴/储多能互补微电网设计集成技术并开展了示范。

9.1.3　光伏发电可持续发展政策

政策环境一直是光伏行业发展的关键推动力。在碳达峰、碳中和的顶层设计指引下，国家各部门积极贯彻党中央、国务院的决策部署，开展了一系列工作，通过指导装机规模、持续加强行业规范引导、加强行业统筹谋划、制定行业标准、提供财政补贴与政策优惠、推动产业技术进步等举措，优化产业发展，加快光伏的全球化部署等。

1. 光伏发电的萌芽时期（1997—2008 年）

1997 年，提出"中国光明工程"，利用太阳能作为全国扶贫工作之一。该工程旨在利用太阳能资源，改善偏远地区的电力供应和贫困状况。此举开启了中国光伏产业的大门。2002 年，发布"送电到乡工程"，揭开分布式光伏发电的序幕。该工程旨在为偏远地区提供可靠的电力供应，通过建设分布式光伏系统，实现了"送电到乡"的目标。此举促进了我国光伏产业的发展。2005 年，通过《中华人民共和国可再生能源法》，该法自 2006 年 1 月 1 日起施行。该法规定了光伏发电等可再生能源的开发、利用和管理的相关事项，为光伏产业提供了法律保障。2006 年，国务院发布了《国家中长期科学和技术发展规划纲要（2006—2020 年）》，将太阳能发电确定为我国科学和技术发展的优先主题。

2007 年，国家发展改革委发布《可再生能源电价附加收入调配暂行办法》，提出了"配额交易"的概念。同年发布《能源发展"十一五"规划》，规定"十一五"期间，重点发展资源潜力大、技术基本成熟的风力发电、生物质发电、生物质成型燃料、太阳能利用等可再生能源，以规模化建设带动产业发展"。同年又发布《可再生能源中长期发展规划》，将太阳能发电列为重点发展领域，并提出到 2010 年太阳能发电总容量达到 30 万 kW，到 2020 年达到 180 万 kW 目标。

2008 年，国家发展改革委发布《可再生能源发展"十一五"规划》，将利用太阳能的指导方针定为"通过营造稳定的市场，积极发展太阳能光伏发电；进行必要的太阳能热发电技术研发和试点示范"。

2. 光伏发电的起步时期（2009—2012 年）

1）实施太阳能屋顶计划。2009 年 3 月，财政部与住房和城乡建设部联合颁布了《关于加快推进太阳能光电建筑应用的实施意见》，强调在可再生能源专项资金中，中央财政可以安排部分资金用于支持太阳能光伏应用在城乡建筑领域的示范与推广，注重发挥国家财政资金政策杠杆的引导作用，形成政府引导、市场推进的机制和模式，加快光电商业化发展，是促进光伏屋顶计划与光伏建筑一体化（BIPV）应用的补贴计划，也是我国光伏市场的重要转折点。同年 9 月下达第一批项目，中央财政的预算安排为 12.7 亿元人民币，正式启动国内太阳能屋顶计划。

2）启动金太阳示范工程。2009 年 7 月，财政部、科技部和国家能源局联合发布《关于实施金太阳示范工程的通知》，对并网光伏发电项目，原则上按光伏发电系统及其配套输配电工程总投资的 50% 给予补助；偏远无电地区的独立光伏发电系统按 70% 补助；太阳能光伏产业基础能力建设与光伏发电关键技术的产业化项目，予以适当的补助或者贴息。同时，光伏发电成本也得到了大幅度的降低。这些政策的出台，为光伏发电的推广应用奠定了基础。

在国家的大力支持下，国内的光伏发电项目快速走向市场化，装机容量保持每年 100% 以上的增长。与此同时，光伏项目的类别也发生了根本性的变化，并网项目成为主流，占比由 2006 年的 5.1% 增加至 2010 年底的 80%，代表着光伏项目在社会中发挥的作用与地位发生变化。

3. 光伏发电的快速发展时期（2013 年至今）

2013 年，我国光伏发电装机容量达到了 90 万 kW，成为全球最大的光伏发电市场。同时，光伏发电成本也继续下降，让光伏发电变得更加经济实惠。2013 年 7 月，国务院发布《关于促进光伏产业健康发展的若干意见》，这是具有里程碑意义的文件。2013 年 8 月，国家能源局发布《关于发挥价格杠杆作用促进光伏产业健康发展的通知》，明确光伏补贴从金太阳事前补贴正式转为度电补贴，分布式补贴 0.42 元/kW·h，地面电站采用三类标杆电价，分别为一类地区 0.9 元/kW·h、二类地区 0.95 元/kW·h、三类地区 1.0 元/kW·h，光伏项目审批由核准制向备案制过渡。跟随中央政府的政策，各部委、各省市县的落实政策也纷纷出台地方补贴政策，2013 年 9 月起，可再生能源附加征收标准提高到 1.5 分/kW·h，每年可筹集资金约 370 亿元。

2014—2017 年，国内光伏发展走上快车道，截至 2014 年底，光伏发电累计装机容量 2805 万 kW，同比增长 60%，其中，光伏电站 2338 万 kW，分布式 467 万 kW，年发电量约 250 亿 kW·h，同比增长超过 200%。2014 年新增装机容量 1060 万 kW，约占全球新增装机的 1/5，占我国太阳能电池组件产量的 1/3。

2016 年底，国家能源局发布《太阳能发展"十三五"规划》。规划提出，到 2020 年底，我国太阳能发电装机将要达到 110GW 以上，其中分布式光伏占 60GW。2016 年，国家发展改革委、国务院扶贫办、国家能源局等 5 部门联合发出《关于实施光伏发电扶贫工作的意见》，光伏扶贫成为光伏重要的一部分。2016 年光伏领跑者计划开始实施，领跑者计划将通过建设拥有先进技术的光伏发电示范基地、新技术应用示范工程等方式实施，2017 年后，光伏领跑者分为应用领跑基地和技术领跑基地两大类。

2019 年，光伏产业进入"新基建"时代，成为产业发展的新动力。随着国家对新型基础设施建设的重视，光伏产业在新能源领域的基础设施建设中的作用日益凸显，成为推动产业发展的重要力量。

2021 年 10 月 21 日，国家发展改革委、国家能源局等 9 部门联合印发《"十四五"可再生能源发展规划》。规划提出，2035 年，我国将基本实现社会主义现代化，碳排放达峰后稳中有降，在 2030 年非化石能源消费占比达到 25% 左右和风电、太阳能发电总装机容量达到 12 亿 kW 以上的基础上，上述指标均进一步提高。

2023 年以来，国家共出台了近 200 项与能源相关的政策，国家能源局等多部门都陆续印发了支持、规范能源行业的发展政策。其中，国家能源局作为负责起草能源发展和有关监督管理的法律法规送审稿和规章的部门共发布25项能源相关的政策，涉及光伏行业发展的专项政策包括《关于支持光伏发电产业发展规范用地管理有关工作的通知》《关于做好可再生能源绿色电力证书全覆盖工作促进可再生能源电力消费的通知》《关于促进退役风电、光伏设备循环利用的指导意见》《关于开展分布式光伏接入电网承载力及提升措施评估试点工作的通知》，这些文件的出台带来了更明朗的用地分类管理规定，也提出了更为详细的管理要求，为接下来光伏发电项目的用地管理提供了切实可依的政策基础。为解决分布式光伏接网受限等问题，国家能源局开展为期1年的分布式光伏接入电网承载力及提升措施评估试点工作，逐步探索积累经验，为全面推广相关政策措施奠定基础。

为贯彻落实党中央、国务院关于促进光伏产业健康发展有关工作部署，进一步加强光伏行业规范管理，推动产业加快转型升级和结构调整，推动我国光伏产业高质量发展，2024年11月，工业和信息化部发布了《光伏制造行业规范条件（2024年本）》和《光伏制造行业规范公告管理暂行办法（2024年本）》，以"优化布局、调整结构、控制总量、鼓励创新、支持应用"为基本原则，从生产布局与项目设立、工艺技术、资源综合利用及能耗、智能制造和绿色制造、环境保护、质量管理和知识产权、安全生产和社会责任等七个方面提出有关要求，旨在发挥"规范企业"名单示范引领作用，带动光伏制造行业提质增效。通过提高技术指标要求、加强质量管控、提升项目资本金比例、加强知识产权保护、强化绿色制造等关键举措，积极规范行业秩序，倒逼落后产能加快退出，减少行业"内卷"，促进产业链供应链转型升级，为光伏产业持续健康发展提供有力保障。

9.2 光伏发电系统的组成与工作原理

9.2.1 光伏发电系统的组成

太阳能电池是利用光生伏特效应原理制成的。光伏发电系统是将太阳辐射能转换成电能的系统。它由太阳能电池方阵、控制器、蓄电池组、直流/交流逆变器等部分组成，其系统组成如图9-1所示。

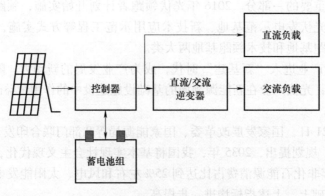

图9-1 光伏发电系统示意图

太阳能电池是光电转换的最小单元，尺寸一般为 $4 \sim 200 cm^2$。太阳能电池单体的工作电压约为 0.5V，工作电流密度为 $20 \sim 25 mA/cm^2$，远低于实际应用所需要的电压，一般不能单独作为电源使用。为了满足实际应用的需要，将太阳能电池单体进行串、并联并封装，就成为太阳能电池组件。封装要求组件具有好的防腐、防风、防雹、防雨等能力，保证太阳能电池组件的可靠性。其潜在的质量问题是边缘的密封以及组件背面的接线盒。这种组件的前面是玻璃板，背面是一层合金薄片。合金薄片的主要功能是防潮、防污。太阳能电池也是被镶嵌在一层聚合物中。在这种太阳能电池组件中，电池与接线盒之间可直接用导线连接。

图 9-2 所示为太阳能电池单体、组件及其方阵的布局示意图。太阳能电池组件包含一定数量的太阳能电池。一个组件上，太阳能电池的标准数量是 36 片（10cm×10cm），这意味着一个太阳能电池组件大约能产生 17V 的电压，正好能为一个额定电压为 12V 的蓄电池进行有效充电。其功率一般为几瓦至几十瓦（目前世界上最大的晶体硅太阳能电池组件已经做到 200Wp），是可以单独作为电源使用的最小单元。

图 9-2　太阳能电池阵列

当应用领域需要较高的电压和电流而单个组件不能满足要求时，可把多个太阳能电池组件再经过串、并联并装在支架上，就构成了太阳能电池方阵，以获得所需要的电压和电流，满足负载所要求的输出功率。

9.2.2　光伏发电系统的工作原理

光伏发电系统主要由光伏组件、蓄电池、电源控制器、逆变器及其他配件组成（并网不需要蓄电池）。有储能作用的蓄电池可保证系统功率稳定，在光伏系统夜间不发电或阴雨天发电不足等情况下供给负载用电。光伏组件将光能转换成直流电，直流电在逆变器的作用下转变成交流电，最终实现用电、上网功能。

蓄电池是通过充电将电能转换为化学能储存起来，使用时再将化学能转换为电能释放出来的化学电源装置。它是用两个分离的电极浸在电解质中而成。由还原物质构成的电极为负极，由氧化态物质构成的电极为正极。当外电路接通两极时，氧化还原反应就在电极上进行，电极上的活性物质就分别被氧化、还原了，从而释放出电能，这一过程称为放电过程。放电之后，若有反方向电流流入电池，就可以使两极活性物质恢复到原来的化学状态。这种可重复使用的电池，称为二次电池或蓄电池。如果电池反应的可逆变性差，那么放电之后就不能再用充电方法使其恢复到初始状态，这种电池称为原电池。

蓄电池是光伏发电系统的储能装置，由它将太阳能电池方阵从太阳辐射能转换来的直流电转换为化学能储存起来，以供应用。光伏电站中与太阳能电池方阵配用的蓄电池组通常是在半浮充电状态下长期工作，考虑到蓄电池的使用寿命和连续阴雨天，蓄电池的设计容量一般是电负荷日耗电量的 5～10 倍，因此，多数时间是处于浅放电状态。太阳能光伏发电系统对蓄电池的基本要求是：①自放电率低；②使用寿命长；③深放电能力强；④充电效率高；⑤少维护或免维护；⑥工作温度范围宽；⑦价格低廉。目前我国与光伏发电系统配套使用的蓄电池主要是铅酸蓄电池，特别是阀控式密封铅酸蓄电池。

光伏发电系统不需要电源控制器就可以使用，这常见于小型 PV 系统，尽管如此，当计划建造一个长期运营的独立 PV 系统时，就要避免过度充电和深度放电。前面章节也指出，对于光伏发电系统中蓄电池寿命的投入占其成本的很大部分，而蓄电池寿命的长短也很大程度上取决于其工作机制。

电源控制器是连接太阳能电源、蓄电池和负载的。它能够阻止电池过度充电和深度放电。随着光伏发电系统、风力发电系统和光伏/风力互补发电系统容量的不断增加，设计者和用户对系统运行状态及运行方式的合理性的要求越来越高，系统的安全性也更加突出和重要。因此，近年来设计者又赋予控制器更多的保护和监测功能，控制器在控制原理和使用的元器件方面已有了很大发展和提高，先进的系统控制器已经使用微处理器，实现了软件编程和智能控制。光伏发电系统中充放电控制器的功能主要有以下几个方面：

1）输入高压（HVD）断开和恢复连接功能，对于 48V 接通/断开式控制器，高压断开和恢复连接的电压设定值如下：HVD 为 56.5V，恢复连接电压为 52V。

2）欠电压（LVG）告警和恢复功能：当蓄电池电压降到欠电压告警点 44V 时，控制器应自动发出声光告警信号；恢复点为 49V。

3）低压（LVD）断开和恢复功能：通过继电器或电子开关连接负载，可在某给定低压点自动切断负载，防止蓄电池过放电。当电压升到安全运行范围时，负载将自动重新接入或要求手动再接入。

4）保护功能：防止任何负载短路和充电控制器内部短路；防止夜间蓄电池通过太阳能电池组件反向放电的保护；防止负载、太阳能电池组件或蓄电池极性反接的电路保护；防止感应雷的线路防雷等。

5）温度补偿功能（仅适用于蓄电池充满电压）：当蓄电池温度低于 25℃时，蓄电池的充满电压应适当提高；相反，高于该温度蓄电池的充满电压的门限应适当降低。通常蓄电池的温度补偿系数为 $-5\sim-3mV/(℃\cdot cell)$。

当系统更加复杂时，还须考虑其他方面的问题：合适的能源管理策略、进一步优化电力的使用和延长关键系统组件的寿命。例如，切断低优先级的负载供应、接通水泵给水库灌水、开启备用电池避免意外情况的发生。这些能源管理有必要为可以预见的应用进行特别设计。

整流器的功能是将 50Hz 的交流电整流成为直流电。而逆变器与整流器恰好相反，它的功能是将直流电转换为交流电。这种对应于整流的逆向过程，被称之为"逆变"。逆变器是电力电子技术的一个重要应用方面。太阳能电池在阳光照射下产生直流电，然而以直流电形式供电的系统有很大的局限性。例如，荧光灯、电视机、电冰箱、电风扇等均不能直接用直流电源供电，绝大多数动力机械也是如此。此外，当供电系统需要升高电压或降低电压时，交流系统只需加一个变压器即可，而在直流电系统中，升降压技术与装置则要复杂得多。因此，除特殊用户外，在光伏发电系统中都需要配备逆变器。逆变器还具备有自动调压或手动调压功能，可改善光伏发电系统的供电质量。同时，光伏发电最终将实现并网运行，这就必须采用交流系统。综上所述，逆变器已成为光伏发电系统中不可缺少的重要配套设备。

采用交流电力输出的光伏发电系统，由太阳能电池阵列、充放电控制器、蓄电池和逆变器四部分组成（并网发电系统一般可省去蓄电池），光伏发电系统对逆变器的技术要求如下：

1）具有较高的逆变效率。可最大限度地利用太阳能电池，提高系统效率，降低太阳能电池的发电成本。

2）具有较高的可靠性。目前光伏发电系统主要用于边远地区，许多电站无人值守和维护，这就要求逆变器具有合理的电路结构、严格的元器件筛选，并要求逆变器具备各种保护功能，如输入直流极性接反保护，交流输出短路保护，过热、过载保护等。

3）对直流输入电压有较宽的适应范围。由于太阳能电池的端电压随负载和日照强度而变化，虽然蓄电池对太阳能电池的电压具有钳位作用，但因蓄电池的电压随蓄电池剩余容量和内阻的变化而波动，特别是当蓄电池老化时，其端电压的变化范围很大。如对一个 12V 的蓄电池，其端电压为 10~16V，这就要求逆变器必须在较大的直流输入电压范围内正常工作，保证交流输出电压的稳定。

4）在中、大容量的光伏发电系统中，逆变器的输出应为失真度较小的正弦波。这是由于在中、大容量系统中，若采用方波供电，则输出将含有较多的谐波分量，高次谐波将产生附加损耗，许多光伏发电系统的负载为通信或仪表设备，这些设备对供电品质有较高的要求。另外，当中、大容量的光伏发电系统并网运行时，为避免对公共电网的电力污染，也要求逆变器输出失真度满足要求的正弦波形。

9.3　光伏发电系统设计

光伏发电系统的设计分为如下几个步骤：

1）当地气象、地理和当地水平面辐射数据的收集。

2）太阳能电池方阵面所接收的太阳辐射计算。

3）独立系统需要收集负载数据。

4）并网发电系统需要收集建设地点及其电网的数据。

5）计算或确定太阳能电池的用量。

6）确定系统的其他硬件配置和工程要求。

7）发电系统的工程设计和部件设计。

8）项目概算书。

9）项目的发电量预测和财务分析。

如果是编制可行性研究报告，还需要增加项目的背景材料、目的、意义，还要进行系统的投入产出预测和经济、环境效益评估等。下面仅就不同光伏发电系统的技术设计进行描述。

9.3.1 独立光伏发电系统设计

1. 独立光伏系统的设计步骤

独立光伏发电系统包括太阳能户用电源、村落集中电站、通信电源系统以及大部分光伏应用产品。设计步骤如下：

1）从当地气象站取得水平面10年平均月总辐射量、直接辐射量和散射辐射量的数据，当地经、纬度和海拔的数据。

2）采用辐射量计算专用软件，从水平面的辐射数据计算出太阳能电池倾斜方阵面上实际接收到的辐射量（$kW \cdot h/m^2$）的统计平均年值、月值和日值。

3）统计负载的种类、功率、电压、电流和每日工作时间，并根据负载需求计算负载日平均总耗电量（$kW \cdot h$）。

4）根据负载的电压要求或负载的功率要求确定系统的直流侧电压。

5）根据当地气象特点、负载的种类和负载对于供电保证率的要求，确定蓄电池的类型和存储天数。

6）根据系统直流侧电压、负载的平均日耗电量、蓄电池的储存天数和电池放电深度确定蓄电池的容量［电压（V）和容量（$A \cdot h$）］。

7）根据太阳能电池方阵面接收到的平均日辐射量和负载日耗电量，计算太阳能电池的电流需求（A）。

8）根据系统电压和太阳能电池组件的工作电压确定太阳能电池的串联数，根据太阳能电池的电流需求和组件工作电流确定太阳能电池组件的并联数，并计算出太阳能电池的总功率需求。

9）根据系统的特点和容量确定系统的硬件配置，绘制系统单线电原理图。

10）根据系统的硬件配置，确定各个系统部件的选型和技术参数。

11）根据设计结果做出项目概算。

12）用专用软件模拟系统运行，得出全年能量平衡图。

2. 独立光伏系统的设计实例

项目地点：北京市郊区。

项目内容：家用别墅独立光伏系统。

纬度：39.8°。

经度：116.5°。

海拔：32m。

地面状态：平原。

连续最长阴雨天和雨季所在月份：8月。

全年最高气温及其所在月份：25.0℃，7月。

全年最低气温及其所在月份：-4.3℃，1月。

1）倾斜方阵面辐射量的计算。首先从气象站取得水平面上的各月太阳总辐射数据，然后利用辐射量计算软件计算倾斜太阳能电池方阵面上的辐射量，得到倾斜面辐射量比水平面辐射量全年增加 13.4%（表9-1）。

表 9-1 北京地区倾斜方阵面辐射量

当地经纬度和太阳能电池方位	
地点	北京
纬度/(°) N	39.9
安装方式	固定安装
方阵倾角/(°)	45.0
方位角/(°)	0.0

太阳辐射和气候条件			
月份	水平面上的月辐射量/ [kW·h/(m²·d)]	月平均气温/℃	方阵面上的月辐射量/ [kW·h/(m²·d)]
一月	2.08	-4.3	3.74
二月	2.89	-1.9	4.25
三月	3.72	5.1	4.36
四月	5.00	13.6	5.02
五月	5.44	20.0	4.85
六月	5.47	24.2	4.65
七月	4.22	25.9	3.69
八月	4.22	24.6	3.98
九月	3.92	19.6	4.27
十月	3.19	12.7	4.22
十一月	2.22	4.3	3.62
十二月	1.81	-2.2	3.35
水平面上的年辐射量/ [kW·h/(m²·d)]	年平均气温/℃	方阵面上的年辐射量/ [kW·h/(m²·d)]	
1.34	11.8	1.52	

2）测算负载耗电见表9-2。

表 9-2　测算负载耗电

名称	数量	负载/W	合计负载/W	平均每日 工作时间/h	功耗/W·h
照明	8	11	88	5.00	440
电视接收机	1	25	25	5.00	125
彩色电视	1	95	95	5.00	475
水泵	1	750	750	1.00	750
电冰箱	1	100	100	10.00	1000
洗衣机	1	300	300	1.00	300
微波炉	1	1000	1000	0.50	500
计算机	2	100	200	6.00	1200
打印机	1	250	250	0.50	125
传真机	1	150	150	1.00	150
合计			2958		5065

3）系统直流电压的确定。根据负载功率确定系统的直流电压（蓄电池的电压），对于上述系统选用48V电压。确定的原则是，在条件允许的情况下，尽量提高系统电压，以减少线路损失。①直流电压的选择要符合我国直流电压的标准等级，为12V、24V、48V等；②直流电压的上限最好不要超过300V，以便于选择元器件和充电电源。

4）确定蓄电池的存储天数和电池放电深度。这里确定电池储存天数为3天，蓄电池电池放电深度为50%。

5）太阳能电池功率计算。①太阳能电池选用秦皇岛华美光伏电源系统有限公司的组件，型号为S-70D，开路电压为21.5V，短路电流为4.55A，峰值电压为17V，峰值电流为4.14A，峰值功率为70Wp。②全年峰值日照时数为1520h［1520kW·h/（m^2·a）］，平均峰值日照时数为4.16h。③根据系统48V电压要求，每块标准组件为12V电瓶充电，则太阳能电池的串联数为4块。④每日负载耗电量为105.5A·h。⑤所需太阳能电池的总充电电流为105.5A·h×1.02/（4.16h×0.9×0.8）=35.93A。蓄电池的充电效率为0.9，逆变器效率为0.8。1.02是20年内太阳能电池衰降、方阵组合损失、尘埃遮挡等综合系数。⑥根据总充电电流要求，确定太阳能电池的并联数为35.93A÷4.14A/块=8.7块。取9块太阳能电池板。按每块太阳能电池板提供70Wp，太阳能电池的总功率为（9×4）×70Wp=2520Wp。

6）蓄电池的容量计算。蓄电池选用江苏双登全密封阀控式工业用铅酸蓄电池（引进美国GNB公司全套设备）。蓄电池的容量=日负载耗电量×蓄电池储存天数电池放电深度，选用前面的数据，计算电池容量为 633A·h，取 600A·h，因此选用 GFM-600 型蓄电池（10h 放电率的额定容量为 600A·h）。

3. 太阳能电池方阵前后间距的计算

当光伏电站功率较大时，需要前后排布太阳能电池方阵，或太阳能电池方阵附近有高大建筑物或树木。这种情况下，需要计算建筑物或前排方阵的阴影，以确定方阵间的距离或太阳能电池方阵与建筑物的距离。一般确定原则是：冬至当天早 9:00 至下午 3:00 太阳能电池方阵不应被遮挡。

计算太阳能电池方阵间距 D，可以从下面 4 个公式求得：

$$D = L \times \cos\beta \tag{9-1}$$

$$L = H / \tan\alpha \tag{9-2}$$

$$\alpha = \arcsin(\sin\varphi\sin\delta + \cos\varphi\cos\delta\cos\omega) \tag{9-3}$$

$$\beta = \arcsin(\cos\delta\sin\omega / \cos\alpha) \tag{9-4}$$

式中，L 为太阳射线在地面上投影的长度；β 为太阳方位角，是太阳射线在地面上投影与正南方向的夹角，太阳在正南时为零，在东侧为正，在西侧为负；H 为太阳能电池方阵的垂直高度；α 为太阳高度角，是太阳射线与地平线的夹角（0°～90°）；δ 为太阳赤纬角，是太阳射线与赤道平面的夹角，太阳照射到北半球时为正，照射到南半球时为负，春秋分时为零，δ 值由式（9-5）确定，式中 N 为从 1 月 1 日算起的天数；φ 为当地纬度（0°～90°）；ω 为时角规定正午时角为 0，上午时角为负值，下午时角为正值。

$$\delta = 23.45\sin\left[360 \times \frac{284 + N}{365}\right] \tag{9-5}$$

首先计算冬至上午 9:00 太阳高度角和太阳方位角，冬至时的赤纬角 δ 是 23.45°，上午 9:00 的时角 ω 是 45°，于是

$$\alpha = \arcsin(0.648\cos\varphi - 0.399\sin\varphi) \tag{9-6}$$

$$\beta = \arcsin(0.917 \times 0.707 / \cos\alpha) \tag{9-7}$$

随后即可求出太阳光在方阵后面的投影长度 L，再将 L 折算到前后两排方阵之间的垂直距离 D。

4. 不同类型负载的特点

设计光伏发电系统和进行设备选型之前，要求充分了解负载的特性。负荷最为重要的特性包括：直流/交流、冲击性/非冲击性、重要/一般；不同类型的交流负载具有不同的特性。对于电阻性负载，如白炽灯泡、电子节能灯、电加热器等，电流与电压同相，无冲击电流。而对于如电动机、电冰箱、水泵等这类电感性负载，电压超前于电流，电流有冲击性，形成浪涌电流。浪涌电流是指电源接通瞬间或是在电路出现异常情况下产生的远大于稳态电流的峰值电流或过载电流。电感性负载开关电源在启动时会产生较大的瞬时浪涌电流，可能会对电网造成一定的冲击，甚至可能导致电网保护装置误动作，如电动机的浪涌电流是额定电流的 5～8 倍，浪涌电流持续时间为 50～150ms，电冰箱的浪涌电流是额定电流的 5～10 倍，浪涌电流持续时间为 100～200ms，彩电的消磁线圈和显示器的浪涌电流是额定电流的 2～5 倍，浪涌电流持续时间为 20～100ms。对于这些设备，通常需要在电路中设计适当的保护措施，如浪涌保护器，以减少浪涌电流对电网的影响。

5. 光伏发电系统的设备配置和选型

1）控制器：根据系统功率、电压、方阵路数、蓄电池组数和用户特殊要求来确定控制器的类型。通常，太阳能户用电源一般采用单路脉宽调制控制器，大功率光伏电站一般采用多路控制器，通信电源和工业领域系统一般采用带有通信功能的智能控制器。上述独立电源系统实例中的太阳能电池用量为2520Wp，负载约为3000W，控制器选48V多路控制，输入/输出的最大允许电流为100A。

2）逆变器：根据系统的直流电压确定逆变器的直流输入，根据负载类型确定逆变器的功率和相数，根据负载的冲击性决定逆变器的功率余量。一般来说，独立光伏村庄供电系统的负载种类是不可能完全预知的，因此选用逆变器的时候一定要留有充分的余量，以保证系统的耐冲击性和可靠性。上述独立发电系统中负载为3000W，考虑到有计算机、电视机等冲击性负载，选用48V/5kV·A正弦波逆变器。

3）备用电源：独立光伏发电系统的备用电源一般是柴油发电机组，备用电源的功能主要有两个：①当阴雨天过长或负荷过重造成蓄电池亏电时，通过整流充电设备为蓄电池补充充电；②当光伏发电系统发生故障，如逆变器故障导致无法送电时，由备用电源直接向负载供电。一般来说，只有20kW以上的大型光伏电站和不允许断电的通信系统才考虑配有备用柴油发电机，柴油发电机的容量应当与负载相匹配。

4）数据采集系统：数据采集系统用于采集、记录、存储、显示系统所在地的太阳能辐射、环境温度和系统运行数据，同时具有数据传输的功能。一般数据采集系统也只在大型光伏试验电站和无人值守的通信台站配备。

9.3.2　并网光伏发电系统设计

与建筑结合的并网光伏发电系统（BIPV）的建筑形式，有如下几种安装方式：

1）采用普通太阳能电池组件，安装在倾斜屋顶原来的建筑材料之上。

2）采用特殊的太阳能电池组件，作为建筑材料安装在倾斜屋顶上。

3）采用普通太阳能电池组件，安装在平屋顶原来的建筑材料之上。

4）采用特殊的太阳能电池组件，作为建筑材料安装在平屋顶上。

5）采用普通或特殊太阳能电池组件，作为幕墙安装在南立面上。

6）采用特殊的太阳能电池组件，作为建筑幕墙安装在南立面上。

7）采用特殊的太阳能电池组件，作为天窗材料安装在天窗上。

8）采用普通或特殊太阳能电池组件，作为遮阳板安装在建筑上。

1. BIPV的专用太阳能电池组件

太阳能电池与建筑相结合不同于单独作为发电装置使用，作为建筑的一部分，除了发电，还要考虑其他的功能。

1）使室内与室外隔离。

2）防雨，抗风，遮阳。

3）隔热，隔噪声。

4）美观，能够作为建筑材料供建筑设计师选择；太阳能电池还可以与各种不同的玻璃结合制作成特殊的玻璃幕墙或天窗，如隔热玻璃组件、隔音玻璃组件、防紫外线玻璃组件、夹层安全玻璃组件、防盗或防弹玻璃组件、防火组件等。

2. BIPV 对太阳能电池提出的特殊要求

1）颜色的要求。当太阳能电池作为南立面的幕墙或天窗时，就会对太阳能电池的颜色提出要求。对于单晶硅电池，可以用腐蚀绒面的办法将其表面变成黑色，安装在屋顶或南立面显得庄重，而且基本不反光，没有光污染的问题。对于多晶硅太阳能电池，不能采用腐蚀绒面的办法，但可以在蒸镀减反射膜的时候加入一些微量元素，来改变太阳能电池表面的颜色，可以变成黄色、粉红色、淡绿色等多种颜色。对于非晶硅太阳能电池，其本色已经同茶色玻璃的颜色一样，很适合作玻璃幕墙和天窗玻璃。

2）透光的要求。当太阳能电池用作天窗、遮阳板和幕墙时，对于它的透光性就有了一定的要求。一般来讲，晶体硅太阳能电池本身是不透光的，当需要透光时，只能将组件用双层玻璃封装，通过调整电池片之间的空隙来调整透光量。由于电池片本身不透光，作为玻璃幕墙或天窗时，其投影呈现不均匀的斑状。当然晶硅太阳能电池也可以做成透光型，即在晶体硅太阳能电池上打上很多细小的孔，但是制作工艺复杂，成本昂贵，目前还没有达到商业化的程度。

非晶硅太阳能电池可以制作成茶色玻璃一样的效果，透光效果好，投影也十分均匀柔和。如果是将太阳能电池用作玻璃幕墙和天窗，选非晶硅太阳能电池更为适合。

3）尺寸和形状的要求。因为太阳能电池要与建筑结合，在一些特殊应用场合会对太阳能电池组件的形状提出要求，不再只是常规的方形。如圆形屋顶要求太阳能电池呈圆带状，带有斜边的建筑要求太阳能电池组件也要有斜边，拱形屋顶要求太阳能电池组件能够有一定的弯曲度等。

并网光伏发电可以采用发电、用电分开计价的接线方式，也可以采用"净电表"计价的接线方式。德国和欧洲大部分国家都采用双价制，电力公司高价收购太阳能发电的电量（平均 0.55 欧元/kW·h），用户用电则仅支付常规的低廉电价（0.06~0.1 欧元/kW·h），这种政策称之为"上网电价"政策。这样的情况下，光伏发电系统应当在用户电表之前并入电网。美国和日本采用初投资补贴，运行时对光伏发电不再支付高电价，但是允许用光伏发电的电量抵消用户从电网的用电量，电力公司按照用户电表的净值收费，称之为"净电表"计量制度。此时，光伏发电系统应当在用户电表之后接入电网。

9.3.3 混合光伏发电系统设计

交流（AC）总线的独立混合发电系统适合于边远地区多种发电装置联合供电的、用户居住分散的较大型村落电站，更适合于 24h 连续供电。

AC 总线需要有一个由以蓄电池为基础的直流总线建立起来的可再生能源发电系统，直流总线通过双向逆变器，建立起三相交流微电网，即交流总线。其他发电装置可以就近安装在各个负载群附近，以并网方式与交流总线连接，扩容非常方便，连接新的负载也方便，整体运行效率远高于直流（DC）总线，如图 9-3 所示。

AC 总线由与蓄电池连接的双向逆变器建立，当白天日照很强或风力很大时，AC 总线上的负荷不足以消耗 AC 总线上发电设备的电力，多余的电力将通过双向逆变器为蓄电池充电；当负载需求大于 AC 总线上发电设备的出力时，如夜间太阳能电池不发电时，蓄电池将通过双向逆变器向 AC 总线供电。

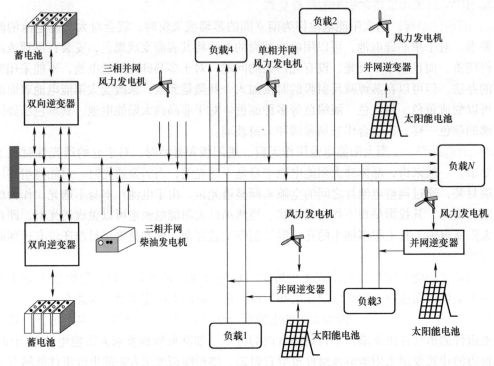

图 9-3　AC 总线混合发电系统

9.4　光伏发电系统应用

　　光伏能源在整个能源系统中的比重一直在稳步上升。根据国际可再生能源署的《世界能源转型展望》，到 2030 年，光伏能源将占能源系统的 10% 以上，累计装机容量将超过 5000GW，到 2050 年，光伏能源将占总电力供应的 35% 以上，累计装机容量为 14000GW。然而，电网中光伏发电比例的增加受到其区域间歇性的挑战。为了克服这一问题，开发具有光伏和其他可再生能源的多能源互补系统。此外，包括光伏和各种储能单元［包括物理（水电）、电化学（电池）和化学（氢）解决方案］在内的扩展光伏系统正在兴起（图 9-4）。

9.4.1　光伏建筑一体化系统

　　光伏建筑一体化，就是常说的 BIPV（Building Integrated Photovoltaic），也称为太阳能光伏建筑一体化、光电建筑一体化。意思是把光伏发电系统安装在现有的建筑物上，或者把光伏发电系统与新的建筑物同时设计、施工、安装，既能满足光伏发电的功能，又与建筑完美结合，甚至提升建筑物的美感，例如屋顶、公共交通的车站棚等。光伏建筑一体化一般分为独立安装型和建材安装型两种类型。

　　1）独立安装型。独立安装型是指普通太阳能电池板施工时通过特殊的装配件把太阳能电池板同周围建筑结构体相连。其优点是普通太阳能电池板在普通流水线上大批量生产，成本低，价格便宜，既能安装在建筑结构体上，又能单独安装；缺点是无法直接代替建筑材料使用，光伏组件与建材重叠使用造成浪费，施工成本高。

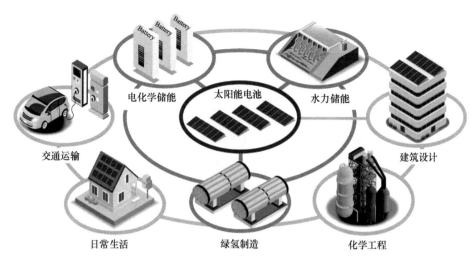

图 9-4 面向绿色能源世界的未来综合能源系统

2) 建材安装型。建材安装型是在建材生产时把太阳能电池片直接封装在特殊建材内, 如屋面瓦单元、幕墙单元、外墙单元等, 外表面设计有防雨结构, 施工时按模块方式拼装, 集发电功能与建材功能于一体, 施工成本低。相比较而言, 建材安装型的技术要求相对更高, 因为它不仅用来发电, 而且承担建材所需要的防水、保温、强度等要求。但是, 由于必须适应不同的建筑尺寸, 很难在同一条流水线上大规模生产, 有时甚至需要投入大量的人力进行手工操作生产。建材安装型又分为屋顶一体化、墙面一体化、建筑构件一体化等。屋顶一体化方式, 是指将太阳能电池板做成屋面板或瓦的形式覆盖平屋顶或坡屋顶整个屋面, 也可以覆盖部分屋面, 后者与建筑整体具有更高的灵活性。太阳能电池板与屋顶整合一体化, 一是可以最大限度地接受太阳光的照射, 二是可以兼作屋顶的遮阳板或者做成通风隔热屋面, 减少屋顶夏天的热负荷。考虑到两种方式的特点, 对应用普及来说, 应优先考虑独立安装型。我们以家庭屋顶安装太阳能电池系统为例 (图 9-5), 讲述光伏建筑一体化的应用。家庭屋顶安装分布式光伏发电特指在用户场地附近建设, 运行方式以用户侧自发自用、多余电量上网, 且在配电系统平衡调节为特征的光伏发电设施。一般而言, 一个分布式光伏发电项目的容量在数千瓦以内。与集中式电站不同, 光伏电站的大小对发电效率影响很小, 因此对其经济性的影响也很小, 小型光伏系统的投资收益率并不比大型的低。分布式光伏发电系统能够在一定程度上缓解局地的用电紧张状况。但是, 分布式光伏发电的能量密度相对较低, 每平方米分布式光伏发电系统的功率仅约 100W, 再加上适合安装光伏组件的建筑屋顶面积有限, 不能从根本上解决用电紧张问题。大型地面电站发电是升压接入输电网, 仅作为发电电站而运行; 而分布式光伏发电是接入配电网, 发电、用电并存, 且要求尽可能地就地消纳。未来家屋顶安装分布式光伏发电系统的潜在成长空间巨大。

屋顶并网发电全套系统包括太阳能电池组件、储能电池、逆变器和计量表。计量表用于记录发电量和上网电度。太阳能电池组件在日照充足时产生的直流电首先被储存在储能电池中。随后, 这些电能通过逆变器转换为交流电, 以供家用电器使用。为了确保系统正常运行, 储能电池的放电容量必须超过逆变器的功率需求。如果储能电池的放电容量不足以满足逆变器的功率需求, 家用电器将无法获得电力供应。储能电池的放电容量超出逆变器需求越

太阳能电池板

公用电网

逆变器

断路器

储能电池

图 9-5 家庭屋顶安装太阳能电池系统

多，系统的供电时间就越长。

并网式光伏电站光伏板和逆变器按 1∶1 比例配置最合理。逆变器功率要大于光伏板的配置，光伏板大于逆变器功率会造成发电量的流失。并网逆变器的功率大小和负载没有任何关系，家用电优先用光伏电站的电，负载功率大于逆变器的功率，系统会自动抽取市电补充多余功率；负载功率小于逆变器的功率，发电功率优先用光伏电站发的电，多余部分继续输入国家电网。

9.4.2 光伏发电交通系统

1. 太阳能路灯

采用太阳能电池、蓄电池、发光二极管和自动控制器等构成的节能型太阳能路灯技术已经成熟，应用也很普遍了。但在东南沿海及阴雨天比较多的地区，最好要有比较大的蓄电池设计余量，或是设置交流电网的辅助供电设施，以保证路灯在阴雨天也有足够的亮度。此外，在某一路段建立集中的小型光伏发电站，然后将电力输送到路灯上，也是一种方便管理的办法。

高效太阳能路灯照明系统（stand-alone PV lighting system with MPPT and high pressure sodium lamp）使用高压气体放电灯（高压钠灯），再合理选择系统各部分容量使之优化匹配，即可在控制成本的前提下，组成高效光伏照明系统。为了配合高压气体放电灯的稳定工作，一个直流升压电路和一个高频逆变电路得到实现。配合镇流、启辉电路，250W 高压气体放电灯在高频电源下稳定工作，为照明提供稳定、高效的电光源，从而满足道路交通照明的要求。该光伏照明系统还实现了太阳能最大功率点跟踪（maximum power point tracking, MPPT）技术。这样在充电过程中，不同的光照和温度条件下，充电电路能自动调整使太阳能电池始终工作在最大功率输出状态。

该系统最大的特点是采用250W高压钠灯作为电光源。高压钠灯是第三代绿色照明节能光源，它具有发光效率高、耗电少、寿命长以及透雾能力强等优点，是光伏照明系统实现功能性照明的理想光源。系统包括一块300W太阳能电池、三节12V/100A·h全封闭免维护铅酸蓄电池和一个太阳能路灯照明控制器，控制器中包括充电控制和高压钠灯供电电路。下面将分别介绍系统各组成部分的特性和配合：

1）太阳能电池。太阳能电池是太阳能照明系统的输入，为整个系统提供照明和控制所需电能。在白天光照条件下，太阳能电池将所接收的光能转换为电能，经充电电路对蓄电池充电；天黑后，太阳能电池停止工作，输出端呈开路状态。

2）蓄电池。作为太阳能照明系统的储能环节，白天蓄电池将太阳能电池输出的电能转换为化学能储存起来，到夜间再转换回电能输出到照明负载。智能控制器的电源由蓄电池供给。

3）照明灯具。250W高压钠灯，需配合镇流器、启辉器工作。

系统各部分容量的选取配合，需要综合考虑成本、效率和可靠性。太阳能电池容量选取影响着整个系统的成本。相比较而言，蓄电池价格较为低廉，因此可以选取相对较大容量的蓄电池，尽可能充分利用太阳能电池所发出的功率。另外，在与照明负载配合时，应该考虑到连续阴天的情况，对系统容量留出一定裕度。

太阳能路灯照明控制器在实现功能性照明的同时，主要解决系统效率和系统可靠性等问题。其中，提高系统效率包括如下手段：①应用太阳能最大功率点跟踪（MPPT）技术；②采用高效的蓄电池充电策略；③提高照明效率。

光伏照明系统工作在充电状态时，一方面希望能保持太阳能电池输出功率最大，一方面又要考虑到蓄电池在不同电量时的电流接受能力。因此，根据蓄电池的不同状态，充电电路采取两种不同的策略进行充电控制，充电电路的控制框图如图9-6所示。

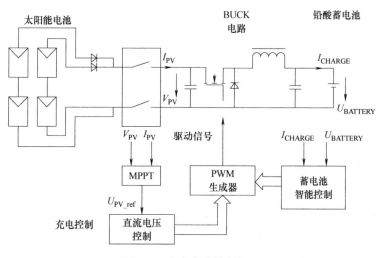

图9-6　充电电路控制框图

（1）最大功率点跟踪（MPPT）　根据前面系统各组成部分容量选取的内容可知，蓄电池的电流接受能力大于太阳能电池经充电电路后的输出能力。因此，可以只考虑如何实现太阳能电池的最大功率输出，由控制器实现太阳能电池最大功率点的一阶跟踪。结合本书前面介绍的在一定温度时不同光照强度下太阳能电池的输出特性曲线，可以看到，每条曲线都存在着一个最大功率输出点，并且这个最大功率点在当前的光照条件下是唯一的。在实际应用系统中采用的一阶 MPPT 正是利用了最大功率点的 $\mathrm{d}P/\mathrm{d}U$ 为零的特性。先对太阳能电池的输出电压和电流进行连续的采样，并将每次采样的一组电压电流数据相乘折合成功率值，然后减掉上一次采样得到的功率值，即为功率差分值。当功率对电压的偏微分满足式（9-8）时，即可近似认为达到最大功率点，这样就构成了最大功率点跟踪的一阶差分算法。

$$\frac{\partial P}{\partial U} = \frac{\partial (UI)}{\partial U} = U\,\frac{\partial I}{\partial U} + I\,\frac{\partial U}{\partial U} = 0 \tag{9-8}$$

当蓄电池快充阶段结束后，因为太阳能电池的输出能力已超出蓄电池的接受能力，控制器停止对太阳能电池的 MPPT 控制，转为对蓄电池的分段式充电控制。

（2）蓄电池分段式充电策略　蓄电池的使用，归根结底是如何利用蓄电池的充放电特性。有效、科学地使用蓄电池，对提高蓄电池的使用效率、延长蓄电池的使用寿命，起着非常关键的作用。该控制器中的充电电路采取了快充、过充和浮充三个不同阶段的充电方法：

1）快充阶段。充电电路的输出等效于电流源。电流源的输出电流根据蓄电池的充电状态确定，即蓄电池最大可接受电流。充电过程中，电路检测蓄电池端电压。当蓄电池端电压上升到转换门限值后，充电电路转到过充阶段。

2）过充阶段。充电电路对蓄电池提供一个较高电压，同时检测充电电流。当充电电流降到低于转换门限值时，认为蓄电池电量已充满，充电电路转到浮充阶段。

3）浮充阶段。充电电路给蓄电池提供一个精确的、具有温度补偿功能的浮充电压。

（3）浮充电压温度补偿　蓄电池在充满电后，保持电量的最好方法就是加一个恒定电压到蓄电池上进行浮充。在该控制器中，采用了充电控制芯片 UC3906 组成充电电路，有效地满足了以上要求。它同时检测充电电压、充电电流和蓄电池温度，根据蓄电池状态可以提供三种充电状态，还包括充电状态下的过流、过充保护和浮充状态下的温度补偿等功能。可以使蓄电池的寿命得到最大限度的延长。

2. 太阳能汽车

在汽车顶部安装太阳能电池，将所发出的电储存在蓄电池中作为汽车动力是人们一直追求的目标。国内外有不少单位致力于研究制造各式各样的太阳能电池汽车，并且每年都有世界性的太阳能电池汽车比赛。但是，太阳能的能量密度较低，太阳能电池的光电转换效率又不很高，所以要完全依靠太阳能电池为动力来运行汽车有一定困难，但作为电动汽车的辅助动力一定是可以的。一般大客车的顶部可安装 1000W 左右的太阳能电池，小客车的顶部也可安装 300~600W 的太阳能电池。虽然一辆汽车的发电量不是很大，但由于汽车的数量很大，所以总的发电量很可观。我国现有的汽车保有量估计在 5000 万辆以上，如果一辆汽车的太阳能电池发电功率以 300W 计算，5000 万辆汽车的发电功率可以达到 1500 万 kW，相当于十余个中大型发电厂。随着适应于汽车应用的柔性太阳能电池技术的进步和电动环保汽车的发展，这方面的应用前景将会越来越光明。

3. 高速公路太阳能电池声屏障

高速公路两边有比较大的剩余空间，安装太阳能电池声屏障既可达到隔音效果、防止汽车噪声扩散，又可进行绿色发电，作为公路或隧道照明系统的电源，非常值得在合适的地域推广。

4. 太阳能电池游船动力电源

发展以光伏电源为动力的游船和游艇，不但可以为游船和游艇提供清洁环保的动力能源，同时可防止汽柴油发动机对湖水和河水的污染，因此非常值得推广，现在以太阳能电池为动力的游船和游艇正在世界各地发展起来。我国名胜风景区游船和游艇很多，安装太阳能电池动力装置很有必要。此外太阳能电池也可作为救生艇的动力电源。

5. 太阳能飞机

完全以太阳能电池为动力的"阳光动力 2 号"飞机在 2016 年完成了环球飞行。该飞机重 2.3t，机翼长 72m，安装了光电转换效率高达 22%的超薄太阳能电池片 1.7 万块。近几年各种大小的无人飞机发展很快，应用范围又很广，将来太阳能电池被应用于小型专用无人飞机上作为动力的可能性很大。

9.4.3 光伏发电通信系统

光伏发电不需要消耗任何燃料而且安全可靠，所以适宜用作边远无电地区和无人值守地点通信系统的电源，已经有相当长的应用历史，技术比较成熟，并且已有很多成熟产品。归纳起来有以下几个方面的应用。

1）微波中继站电源。
2）铁路车站信号与通信系统电源。
3）移动通信电源。
4）港口和航道的灯塔电源及航标灯电源。
5）气象站通信电源。
6）公路交通信号灯。
7）边防站电源。

9.4.4 光伏发电水泵系统

光伏水泵是以太阳能直接转换成电能而驱动电动机带动水泵的装置。一般地，光伏水泵系统由太阳能电池阵列、控制电源、电动机和水泵构成。其中太阳能电池阵列将太阳能转变为电能，输送给控制器，控制器将此电能转换成适当的形式输送给电动机；电动机是将电能转变为机械能的装置，一般采用异步电动机、直流电动机、永磁同步电动机等；泵是一种流体机械，它把电动机输出的机械能转变为泵内工作体的运动，传给被抽吸的流体，使流体的能量增加，以达到提升、输送、增压的目的。由于光伏水泵的主要用途是用来抽水，且以太阳能为能源，故称为光伏水泵。

系统工作时由太阳能光伏电源提供电能，而太阳能光伏电源受随机的日照强度及气候的影响，则光伏水泵的输出功率也随日照的变化而变化。地球上大部分地区的太阳日照情况基本上是按照图 9-7 所示曲线变化的，上面曲线为理论曲线，下面曲线为实测曲线。一般，中午时日照强度最大，早晨和傍晚时的日照较弱。正是由于这样的日照条件，使得光伏水泵的运行条件与常规水泵的运行条件不同。

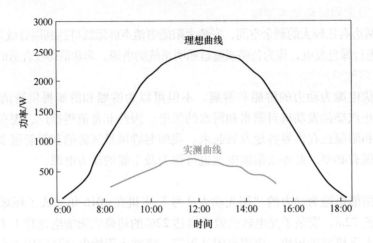

图 9-7　太阳日照在一天中分布情况

具有 MPPT 控制策略的光伏水泵系统（stand-alone photovoltaic pumping system with MPPT）的主要目标是在不同的光照和温度条件下，最大限度地提高系统的输出功率，并解决太阳能电池阵列与异步电动机水泵这两个具有非线性性质电源和负载之间的配合问题，采用了一种简化的 MPPT 控制策略使整个系统工作在高输出功率点附近。

从电路角度来看，该光伏水泵系统的基本结构可以分为四部分：太阳能电池阵列、最大功率点跟踪器、电力电子逆变器和电动机水泵，如图 9-8 所示。其中，太阳能电池阵列是由众多的太阳能电池串并联构成，其作用是直接将太阳能转换为直流形式的电能。该系统中采用的是单晶硅太阳能电池，其伏安特性必须加以调节和控制才能被优化使用；最大功率点跟踪器是整个系统的核心，它的作用就是使整个系统始终工作在最佳工作点上，在不同太阳光照条件下，使太阳能尽量多地转化为电能，使电源和负载之间能达到和谐、高效和稳定的工作状态；电力电子逆变器是最大功率点跟踪器的功率执行单元，它根据最大功率点跟踪器的控制信号，发出不同频率的 PWM 电压波形，带动电动机水泵工作，同时又具有相应的保护功能；电动机水泵是该系统的最终执行单元，完成稳定、可靠的出水。该系统中的电动机水泵是根据用户对扬程和出水量的要求，兼顾太阳能电池阵列的电压和功率等级的要求而设计的。其中，异步电动机是根据变频调速条件而设计的高效异步电动机。具有 MPPT 功能的光伏水泵系统控制器是此系统中的重要环节，通常它是指最大功率点跟踪器和电力电子逆变器的总和。

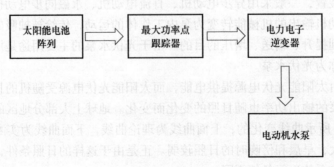

图 9-8　光伏水泵系统结构图

太阳能发电很适用于小规模水泵系统，其原因有两个：第一，太阳能电池方阵可以直接与水泵的电动机相连，中间不需要功率调节，也不需要蓄电池储能，因此系统十分简单、轻便、很少需要维修；第二，很多应用场合都是当太阳光微弱时，用水的需求也减少，这使系统设计变得更为经济。通过储存已抽取上来的水，可以有效地实现能量的储存。

这种小型太阳能水泵的最大用途是为欠发达地区提供灌溉。灌溉可以大幅提供单位面积农作物产量，从而增加收益。微型光伏发电灌溉系统（约250Wp）对个体农户的小面积耕种非常适用。当农民无法筹集必要的资金时，建议在开发性援助计划中纳入这种系统。这样做有两个目的：其一是在这些地区增加粮食产量；其二是在近期内为太阳能电池提供一个庞大的市场以加速其发展。

9.4.5　光伏发电电解水制氢系统

氢气有很多种制造方法，其中利用光伏发电和风力发电等可再生能源来电解水制造氢气和氧气的方法具有设备简单、成本低、容量可大可小、使用地域广等很多优点，有很大的应用前景，是值得提倡的储能减排好办法。氢气和氧气的应用范围很大，氢气可以直接燃烧或利用燃料电池发电等方法成为动力来源，特别是氢气燃烧时只产生水蒸气而不产生二氧化碳，因此采用氢气作为汽车等的动力能源，对减少汽车造成的大气污染、消除雾霾等问题意义非常大。从长远看，氢气还可代替焦炭来炼钢，使用氢气作为还原剂来还原铁矿石（Fe_2O_3）的炼钢方法可大幅度降低钢铁工业的二氧化碳排放。从上可知，利用光伏发电来电解水制造氢气和氧气是很好的储能方法。下面对电解水制造氢气和氧气的原理和方法做简单介绍。

高纯水基本上是不导电的，但是当水中有氢氧化钠（NaOH）或氢氧化钾（KOH）等离子溶液存在时，水就会导电。如果在这些离子水溶液中放入电极，并在电极之间加以低压直流电，就会有电流产生，并且能使水电解成为氢气和氧气。这是因为，在电场力作用下，溶液中的钠离子（Na^+）会向阴极（负极）移动并俘获电子后成为钠（Na）原子。由于钠（或钾）是非常活泼的金属，它生成后又会与水反应产生氢气并产生钠离子（Na^+）和氢氧根离子（OH^-）。而溶液中的OH^-离子会向阳极（正极）移动同时放出电子变成氧气。上述过程可用下列化学反应式表示：

$$在阴极\ 2Na+2H_2O=2Na^++2(OH)^-+H_2\uparrow$$
$$在阳极\ 4(OH)^-=2H_2O+O_2\uparrow$$

这种反应的净结果是实际溶液中的NaOH并没有减少，而水却被电解成为H_2和O_2了。因此反应式可以简化为

$$2H_2O=2H_2\uparrow+O_2\uparrow$$

上述电解过程的原理可以用图9-9来表示，其中的电极可采用耐腐蚀的金属或石墨制作。实际的电解槽结构要比图9-9复杂一些，一般在阴极和阳极之间需要有只允许离子通过而不允许气体通过的隔离膜，还要有分别收集氢气和氧气的装置。根据实际需要的不同，电解槽的具体结构可以有很大差异。

电解水制造氢气和氧气的效率与水溶液中的离子浓度、电压和电流的大小、电极的性质和电极之间的距离等诸多因素有关。由于KOH的离子电导率比NaOH更高，所以从降低能耗和提高电解效率的观点考虑，使用KOH作为电解液体更好，一般其浓度可取重量百分比

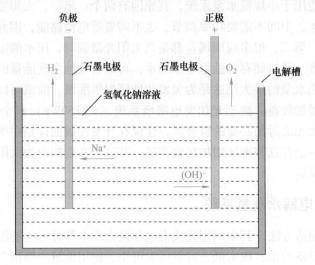

图 9-9　电解水制造氢和氧的原理示意图

20%左右。电解水制氢和氧的阈值电压很低，如果电极之间的距离比较小，则加以 3V 左右的直流电压就可进行电解。电解水制氢和氧的规模可以很大，也可以很小。特别是海水也可以作为电解液用作制造氢气的原料，而且可能更方便、更便宜。

　　太阳能电池产生的是低压直流电，非常适于用来电解水，而且只要有一定电压，不论在光强与光弱时，电解过程都能进行，只是产生氢气和氧气的速度有差别，所以是利用和储存太阳能的优良途径。采用 300W 的太阳能电池组件和一个热水瓶大小的小型电解槽，在晴朗天气阳光下，在 8h 内可得到 $0.7m^2$（常压）左右的氢气，可以满足一个三口人家烧饭烧菜的需要。如果这一技术能够推广，可为解决广大农村、海岛、边防哨所的燃气问题开创一条新道路，目前推广应用的主要问题是氢气的安全储存和使用问题。

　　根据实验测定，在一般情况下，用 $4kW \cdot h$ 电就可以电解产生 $1m^3$ 的氢气（标准气压下）和 $0.5m^3$ 的氧气，而 $1m^3$ 的氢气可以使燃料电池助动车行驶 100km 左右。

　　根据多年的实际测量，在我国南方地区每 1W 太阳能电池每年可发电 $1kW \cdot h$ 左右，因此 1kW 太阳能电池每年可发电 $1000kW \cdot h$ 左右，如果用来电解水，可以产生 $250m^3$ 的氢气和 $125m^3$ 的氧气。现在太阳能电池价格很便宜，很适宜推广应用。如果在海岛等有海水的地区，直接利用光伏发电电解海水制氢，则可能更方便，而且成本更低。

　　光伏发电制氢，通过大规模储运环节，或再与 CO_2（石化副产或火电厂碳捕集取得）合成甲烷、甲醇，实现较长时间尺度、较大容量的电能存储，并结合燃料电池发电、工业用氢等综合利用方式，促进大规模新能源消纳，是推动能源系统清洁低碳转型的重要手段。氢能产业已成为多个国家能源科技创新和产业支持的焦点，发达国家纷纷将氢能作为重要战略性技术，推动氢能成为未来能源系统的重要组成部分。

　　光伏发电制氢和电制燃气及其传输应用技术需要整个产业链的贯通，加强氢能制备、储运、综合应用等各个环节的技术研发尤为重要。主流制氢技术方面，碱性电解水制氢技术相对成熟，投资成本相对较低，但后期运营维护较为复杂，安全性有待提高；质子交换膜电解水制氢采用的质子交换膜很薄、电子较小，可在高效率前提下承受较大的电流，因此设备体积和占地面积都远小于碱性电解水设备，但成本相对较高；高温固体氧化物电解水制氢效率最高，但技术尚不成熟；总体而言，目前大规模可再生能源制氢主要面临能量损失、电解池寿命、系统热管理等三类问题。在氢能储运方面，储氢材料的便捷性和耐压性仍有待进一步提升，化学储氢机理和高效催化剂合成需开展深入研究。氢能应用方面，组件成本和寿命是燃料电池应用的主要制约因素，同时需要进一步拓展氢与 CO_2 合成甲烷等多行业应用模式，推动能源资源高效利用及优化配置，促进电、气、交通等多行业耦合发展。

可再生能源电制氢和电制燃气及其传输应用技术方面，需要解决的核心关键技术主要有以下三方面。

1）波动性可再生能源制氢及其电网互动运行技术。研究电解水制氢建模及参数优化技术，掌握功率波动下的电解制氢系统动态特性及其变化规律，研究计及氢电时变时滞特性的电解水制氢系统与电网互动稳定机理；突破宽功率、长寿命、低能耗千瓦级电解槽制备技术；研究大规模电解制氢系统优化及调控技术，实现可再生能源电制氢系统的宽范围稳定运行、灵活调控及能效提升，促进以风、光为主的可再生能源消纳，探索新型综合能源大规模传输及配置模式，助力我国能源转型和系统安全高效运行。

2）多应用场景下的氢利用系统集成及应用技术。研发不同应用场景下的制氢-储氢-用氢联合优化能效提升与能量管理技术；研究面向高比例新能源接入场景下的电解水制氢技术经济性配置及商业模式；掌握适应宽功率波动的氢电混合储能协同控制技术；研究规模化氢利用系统入网检测标准及检测技术，提升电氢耦合系统安全监测及风险防护水平。

3）融合 CO_2 捕集的可再生能源电制燃气相关技术。分析甲烷化装置的电化学反应机理及热力学动态特性，构建融合 CO_2 捕集及可再生能源电制氢合成甲烷的综合能源系统模型，开展多尺度过程耦合机理分析、协同规划及运行控制策略优化研究；研发电转燃气系统余热回收、梯级利用技术，提升综合能源利用效率；研究考虑电制燃气装置接入的气体输运网络压力响应特性，掌握电网与气网耦合效应与协同机制；借助可再生能源电制燃气及传输利用，提升系统灵活调节水平和多元资源配置能力，优化能源供需结构。

光伏发电制氢和电制燃气及其传输应用技术方面，未来发展的总体目标是提升效率、降低成本和提高安全性。安全、高效、低成本氢能生产储运转化和应用技术的突破发展，将促进实现可再生能源发电、天然气管网和二氧化碳来源三者融合发展，共同成为我国终端能源体系的关键组成部分。在电源侧大规模可再生能源电解制氢，将有效平抑可再生能源的长周期波动性和间歇性，促进可再生能源消纳，缓解风能、太阳能等可再生能源大规模、高比例接入电网带来的巨大调峰压力；在能源输送环节，基于高压气态储氢、液态储氢和固态氢化物等多储存形式和管道、轮船、汽车多运输方式，结合电制燃气技术发展，逐步实现输氢、输天然气、输电等多元化能源配置系统，实现清洁能源的高效传输；在用户侧实施燃料电池车加氢和基于氢燃料电池的热电气综合系统，促进电网削峰填谷，实现电网与热网、气网、交通网等多类型能源网络互联，推进能源综合高效利用和"清洁替代"。

9.4.6　渔农光互补发电系统

太阳能虽然获取方便，但因辐射能量密度低，光伏发电通常需要大面积土地作为太阳能电池板的搭建场地。为了节约土地使用成本，长期以来，我国主要在新疆、内蒙古西部等地区的戈壁滩、沙漠等以沙漠、荒漠为主的土地上建设光伏电站，或者利用居民或工厂屋顶建设小规模分布式光伏。建设于西部地区的光伏发电通常要输送至中部或东部用电量较大的地区进行消纳，输送成本较高，而小规模分布式光伏发电量有限，这些问题阻碍了光伏的高效利用和发展。

为解决上述问题，近年来，将太阳能光伏发电、现代农业及扶贫项目等相结合构成的农渔光互补引起了广泛的关注。农渔光互补模式主要通过在农作物种植区域或水产养殖区域上方安装具有透光效果的太阳能电池板来实现。农渔光互补模式具有如下优点：首先，具有透光效果的太阳能电池板既可以满足不同种类农产品对光照的需求，不妨碍绿色无污染果蔬等农产品的种植，还可以发展水产养殖业。其次，农渔光互补的太阳能电池板可以充分利用空间，节约土地使用。最后，农渔光互补模式可以发展生态旅游业，促进农民增收，使农民体验科技进步对农业的好处，起到"1+1>2"的效果。

农渔光互补电站作为一种绿色生态农业发展新模式，为现代农业提供了一种低碳工业化转型的解决方案。农渔光互补通过光伏发电，不仅解决了农业生产中的供电问题，产出的剩余电量还可以输送至上游电网，因此农渔光互补符合能源的高效利用和可持续发展农业道路。从长远来看，农渔光互补不仅可以解决光伏发电与农业空间限制的矛盾，对于国内农业的工业化转型也具有重大作用。

农渔光互补电站结构如图9-10所示，农渔光互补电站采用农光互补和渔光互补立体发展新模式，通过低压母线连接多个（一般为20个左右）太阳能电池阵列，太阳能电池阵列经过变电站主变升压后，与输电线路相连接，以送出电能。其中，太阳能电池阵列分成2组，每组太阳能电池阵列先通过直流汇流箱将该组所有太阳能电池板的直流电流汇集，然后通过逆变器将直流变成交流，再由双分裂变压器连接至低压母线，最后经过变压器升压，将电流馈入到电网。太阳能电池阵列下方是农田或鱼塘，可进行农作物种植或水产养殖。

农光互补的基本原理是农作物生长与光伏发电需要的光频率不同，因此光伏和农业种植相结合可以充分利用光伏资源，例如通过日光温室实现发电与种植的结合。由于太阳能电池板可能会影响农作物生长，不同的农作物种植区域具有不同的光照需求，对应不同的光伏装机容量。如种植姜的区域，姜的种植对光照强度要求不高，可使用多晶硅太阳能电池板；光照要求高的茄子、南瓜等瓜果蔬菜，则使用高透光率的太阳能电池板。

太阳能电池板可以阻挡阳光中的紫外线，通过减少昆虫需要的蓝光及紫光，从而在避免使用农药的情况下，降低农作物种植区域的病虫害概率，极大促进了绿色有机农业的发展。由于夏天气温较高，大多数蔬菜瓜果在夏季无法正常生长，甚至无法正常存活。农光互补电站由于在农作物种植区域覆盖了太阳能电池板，可以在一定程度上降低阳光中的紫外线对农产品的损害，因此农光互补电站中农作物种植区域的农产品产量和质量均比普通种植方式高；同时，在气温偏低的冬天，覆盖太阳能电池板的农作物种植区域可以尽可能保存热量，减少昼夜温差，因此太阳能电池板覆盖的区域可以不用在冬季使用其他保温措施，一定程度上节省了人工费用；此外，在农作物种植区域装设太阳能电池板，建立农光互补电站，可以节约土地占用面积，提高空间利用率，顺应绿色有机农业发展方向。

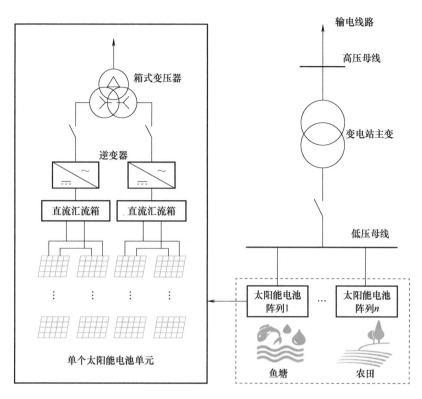

图 9-10 农渔光互补电站结构图

　　同样，合理的遮光也为养殖业提供了良好的生长环境。而渔光互补的光伏项目则适合种植水生花卉和养殖鱼类，以此达到养殖和光伏双重收入。现代水产品养殖与太阳能发电结合的渔光互补电站具有以下优势：首先，太阳能电池板装设在水产品养殖区域上方，因此可以有效利用空间，降低发电成本；其次，渔光互补模式可以节约土地资源，科学利用空间，构造"光伏发电结合水产养殖、科学利用空间资源发展新能源"的"渔光互补"现代立体渔业新模式。此外，将太阳能发电应用到水产设备动力提供上也成为一种新型需求，如增氧机、涌浪机、底排污设备的动力提供，从以前的能源输入型变成了能源输出型。"渔光一体"现代渔业发展模式符合生态系统食物链联系及各种生物优质能量体系的需要，满足水产养殖业发展规则并革新物质及能量的转化方法，最终实现动态调节水产养殖区域光照强度、水温的效果，相较于传统养殖模式，"渔光互补"现代立体渔业新模式养殖的产品品质好、绿色安全且产量高。

9.5　光伏发电系统效益分析

9.5.1　光伏组件对系统发电量的影响

　　为了满足实际应用需求，需要将单体太阳能电池以一定方式串接起来，使组件具有特定的输出电压、电流和功率，以满足用电设备对电源的要求。单体电池间通过互联金属带连接，每个电池的正极均与相邻电池的负极相连，这样可以将任意数目的电池串联起来。

通常根据组件标称的工作电压来确定电池片的串联数，根据标称的输出功率来确定电池片的总数，电池总数应是串联数的整数倍，若大于1，则说明还需要将多个组串并联。为保证组件的最佳发电量，制作光伏组件时，要遵循以下几个原则。

1）同一组件应挑选电性能参数一致的单体电池进行组合和封装。电池串联后的组串电压为各电池电压累加之和，而组串电流则由具有最低工作电流的电池决定；同样，不同组串并联后的电压也与具有最低电压的组串一致，因此只有各个电池的工作电压、电流尽量接近，才能保证太阳能电池连接在一起后组件的功率损失最小。

2）制作光伏组件时，应对电池片进行合理的排布，使其总面积最小。这样不但可以节约封装材料，还能降低无效面积，提高组件的有效转换效率，提高单位面积发电量。

3）使用旁通二极管（by-pass diode）。实际应用中会发生因树木与建筑物遮挡、落叶、尘土、鸟粪等因素在组件上造成阴影的现象，受阴影影响的某个电池的输出电流会显著下降，则串联此电池的整个组串电流也随之下降，造成组件的整体功率损失。为了避免这种因个别电池被遮挡而影响组件整体效率的情形出现，可在串接电池时采用旁通二极管。旁通二极管的两极分别连接到太阳能电池的正极和负极，正常情况下旁通二极管处于关断状态，若因遮挡使通过太阳能电池的电流小于一定设定值，则旁通二极管自动导通，将此太阳能电池短路以避免影响组串效率。组件中的每个电池都配备旁通二极管在技术上完全可行，但成本较高，与发生遮挡的概率相比，在经济性上并不合理，因此实际应用中往往以多个串联电池为一组，每组电池配备一个旁通二极管。以图9-11a所示组件为例，整个组件由50个串联电池组成，分5列纵向排布，纵向的每相邻两列20个电池作为一组，配备一个旁通二极管。当遮挡发生时，只有被遮挡电池所在的组被旁通二极管短路，如图9-11b、c灰色部分的电池失效，其他电池仍能正常工作。但当遮挡面积过大时，发生图9-11d、e的情况，所有电池组均被遮挡，太阳能电池组件完全失效。

以内连接（monolithic）方式制造的薄膜组件因电池间不是通过外连接线串联，无法加入旁通二极管，因此在实际长期使用时可能会有隐患，必须经常清洗与检查，若发现某个电池出现异常，则应立即更换整片组件。

4）边框材料厚度尽量小或采用无边框设计。目前商业化组件（特别是晶体硅组件）多采用铝制边框，边框内灌注密封胶来保护组件不被水气等侵入。铝框的使用使组件边沿处产生台阶，在户外长期使用后，灰尘、泥土等逐渐在此台阶积累，可能对位于底部的电池形成遮挡，造成如图9-11e所示的情况出现，使整个组件失效。降低铝框材料的厚度（即降低台阶的高度）可以在一定程度上缓解这一问题。

目前薄膜组件大多采用无边框设计，但在组件封装时需要采用更抗水气渗透的采密封胶。

同一组件内太阳能电池的性能越接近，则组件整体表现出的功率越接近于全部电池功率之和，电池的功率损失就越小；同理，在光伏系统中组件的参数一致性越好，则系统的整体效能也越高。如图9-12所示的组件"电流-电压"和"功率-电压"特性曲线，每个组件都有最大功率点（max power point，MPP），当系统中的组件MPP重合时，系统整体表现最佳。晶体硅组件经过几十年的研发、生产和使用，其生产工艺、长期使用中的性能变化等情况已被准确掌握，因此组件的出厂一致性与长期一致性比较有保证。

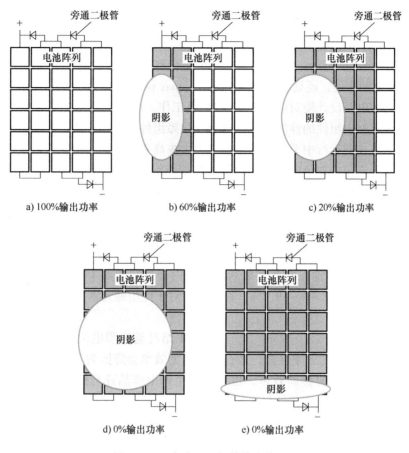

a) 100%输出功率　　　b) 60%输出功率　　　c) 20%输出功率

d) 0%输出功率　　　　　　　e) 0%输出功率

图 9-11　配备旁通二极管的光伏组件

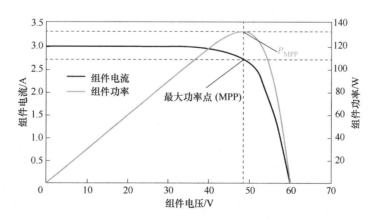

图 9-12　组件"电流-电压"和"功率-电压"特性曲线

薄膜组件相对于晶体硅组件使用历程较短，使用规模较小，其长期一致性尚需检验。尤其是单结硅基薄膜组件，由于其材料本身具有光致衰减效应，户外使用一段时间后效率会下降，出厂时铭牌显示参数通常为实测数据按经验打折后（通常 10%~20%）的数据，并不反映使用中的实际表现。因此在户外使用一段时间后，单一组件的电性能、不同组件的MPP是否一致等情况就成为未知数。即使系统中仅有极少数组件的衰减显著高于预期，但整体发电量也会大受影响。对于大型光伏系统来说，排查出这样的问题组件将非常耗时。现在已有公司开发出微型逆变器（micro inverter），使用时给每个组件都配备此种微型逆变器，不仅起到将直流电转化为交流电的作用，还具有最大效率跟踪（max power point tracking，MPPT）的功能，即通过其内特别的电路设计使对应组件在MPP处工作。而且微型逆变器可检测对应组件的发电量，能及时反映出组件的性能表现，有利于故障组件的排查。从经济性上考虑，使用微型逆变器会在系统长期运行中节省成本，但会大大提高光伏系统的初期建设投资，因此目前的光伏系统多在汇流箱中加装电量检测功能（即智能汇流箱），当接入汇流箱的某个组件串列发电量异常时，系统管理员可以及时得知并对这个串列中的组件进行检查。

如上所述，光伏组件的"电流-电压"特性曲线不是一成不变的，随着实际使用的进程，效率会逐渐降低，从而发电量也会降低。这种下降主要由两种原因造成，首先，不同太阳能电池采用的吸光半导体材料不同，由于这些材料本身内在的性质会引起效率的变化。

① 晶体硅：晶体硅电池在制备完成后的几天内会存在相对1%~3%的效率衰减，即初始20.0%效率会降低为19.4%~19.8%，这个效应对于使用硼元素掺杂的p型晶体硅电池比较明显。

② 硅基薄膜（amorphous silicon，非晶硅）：单结硅基薄膜电池会在室外光照下的数个月时间里发生10%~30%的效率衰减，即初始10%的效率会降低为7%~9%；为了消除这种显著的光致衰减效应，同时提高效率，也有厂商生产由非晶硅与微晶硅组成的多结薄膜电池，这种电池的光致衰减效应预计可大幅降低。

③ 铜铟镓硒与碲化镉：目前的研究并未发现铜铟镓硒与碲化镉电池有明显的效率衰减，但在工业界制备这两种电池后，一般先通过强光照射数小时（light soaking，光浸润）再进行"电流-电压"特性曲线的检测。

其次，组件在长期使用中由于外部原因造成老化而使效率下降，例如水气对组件的渗透、日照中紫外线的照射等。一般可通过使用新型封装材料、改进封装工艺等方法减缓这种老化衰减。目前晶体硅组件厂商可保证10年内组件效率相对衰减不超过10%，并且25年内效率相对衰减不超过20%；其他薄膜厂商一般也有类似的质量保证；对于硅基薄膜，此类质保的前提是组件效率以光致衰减后稳定的效率为基准。

通过近几年的实际应用，研究者发现薄膜组件对弱光和散射光的响应比晶体硅组件更高。如图9-13a所示，将同处于北京附近某地点的1kW晶体硅与1kW铜铟镓硒光伏系统在一天（4月某日）内的发电情况进行对比：清早及黄昏时铜铟镓硒组件的实际发电功率高于晶体硅组件。这说明铜铟镓硒组件在以散射光为主的日照下，其发电量高于同等容量的晶体硅组件。图9-13b所示为多晶硅组件和铜铟镓硒组件在一年内不同月份的发电量对比。由于较好的弱光响应，铜铟镓硒和硅基薄膜组件的单位发电量（每千瓦平均发电量）比晶体硅高出5%~20%。

由此可见，装机容量一致的前提下，在散射光为主的地区（例如江浙）更适于采用薄膜组件。但在目前商业化薄膜组件效率普遍低于晶体硅的情况下，同样的装机容量，晶体硅组件占地面积更小。因此，在为光伏系统选择组件类型时，需要综合考虑日照情况与占地面积的平衡。

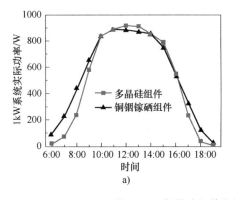 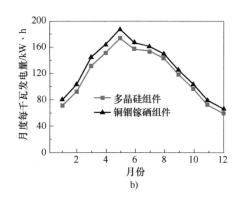

图 9-13 多晶硅组件和铜铟镓硒组件的光响应情况

在实际户外应用中，组件温度不会恒定，在有日照时实际工作温度将高于环境温度，因此在其他条件不受限制的情况下，光伏系统应尽量选用温度系数小的组件，避免组件功率随温度升高而降低过快，导致发电量损失过大。当然，这也说明同样日照情况下，同类型光伏组件在寒冷地区的发电量更高。

9.5.2 光伏组件的安全性

光伏发电系统与传统火电、水电、核电等发电方式相比的一个重要优势就是可以做到远程监控，现场无须值守。在无人为故意破坏的情况下，光伏发电系统本身可通过各种开关设置达到突发事件发生时自动停止供电的目的。而且发电过程中不会产生火焰、不需运动部件（除追踪系统外）、无物质投入和排放、无污染物产生，因此光伏发电总的来说是最安全的发电方式。组件本身对光伏发电系统安全性的影响主要包括两个方面：热斑效应和材料毒性。

1）热斑效应。热斑效应指在一定条件下，处于发电状态的光伏组件串联支路中被遮挡或有缺陷的区域被当作负载，消耗其他区域所产生的能量，导致局部过热。光伏组件生成热斑效应的原因有很多种，当太阳能电池片的功率混档、栅线虚焊或电池片自身存在缺陷，例如气泡、脱层、内部连接失败等问题时，就会出现热斑效应。光伏组件存在严重的隐裂或碎片也会出现热斑效应，光伏组件在运输安装过程中过度的振动、外力撞击或安装时玻璃面受力不均匀等，都可能造成电池片隐裂。电池片隐裂也属于太阳能电池片的一种缺陷。对于组件通路来说，隐裂部位电阻增大，易造成热斑效应。此外，在实际使用过程中，表面粘贴顽固性污渍或杂物、植被异物等遮挡物会在光伏组件表面形成阴影，当某一电池片被遮蔽后，该电池片产生的电流会低于其他正常发电的电池。

组件的工作电流一旦超过了该电池的短路电流，这块电池电压将会被偏置当成负载，从而在组件内部消耗其他电池发的电能，电池片则转变为耗能部件，产生大量热能，导致组件局部温度升高，从而产生热斑效应。若发热温度超过一定的极限，便会导致光伏组件局部烧毁，形成暗斑、焊点熔化、封装材料老化、玻璃爆裂等永久损坏，是影响光伏组件输出功率和使用寿命的重要因素，甚至可能导致安全隐患。图 9-14 所示为产生热斑的太阳能电池组件图片。

2）材料毒性：大部分组件本身不含毒性材料，但特定种类的组件含有潜在的有毒元素。

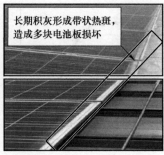

图 9-14　产生热斑的太阳能电池组件

著名的实例是碲化镉组件，尽管碲化镉合金本身毒性极低，但有的使用者担心其在灾害（例如火灾）发生时可能释放出有毒镉元素而拒绝使用。日本已经明确禁止碲化镉组件的使用，欧洲国家也要求碲化镉组件的生产商 First Solar 必须在欧洲本地建立组件回收基地后方可开始销售。

光伏发电系统的结构安全性涉及两方面：首先是组件本身的结构安全，如高层建筑屋顶的风力荷载较地面大很多，普通光伏组件的强度能否承受，受风变形时是否会影响太阳能电池的正常工作等；其次是固定光伏组件的连接方式的安全性，要充分考虑使用期内的多种最不利的情况。

光伏发电系统在野外工作，存在受到雷击的可能，因此防雷问题十分重要。此外，台风和沙尘暴会损坏太阳能电站的设备，历史上已经发生多起这样的事故，设计和安装设备时也必须充分考虑。

对并网光伏发电系统，设计时要注意以下几个方面的问题。

1）电能质量的保证问题。由于日夜交替和天气变化等因素的影响，光伏发电系统的功率输出波动会很大，因此对电网冲击大。逆变器产生的大量谐波等问题也可能造成电力品质下降。所以，特大容量的光伏发电系统需要配备大容量、稳定的常规发电设备和输电网络，以保证电能质量。

2）供电的可靠性问题。光伏发电系统容易受到风暴、沙尘等自然因素的影响，造成电压跌落而脱网，大规模脱网将可能导致供电系统的瘫痪。

3）电力输送问题。我国光电资源分布不均衡，阳光资源丰富的西北地区大多远离电力负荷中心，因此电力输送存在很大问题。目前我国正在建设大容量、远距离电力输送设备，以克服这方面的困难。

思 考 题

1. 光伏发电在可持续能源发展中扮演的角色如何影响全球能源结构？
2. 政府在推动光伏发电方面应该采取哪些政策措施？这些措施如何促进光伏技术的创新和市场发展？
3. 光伏发电系统设计中，太阳能电池阵列布局和倾斜角度选择对系统性能有何影响？请举例说明。
4. 通过分析一个光伏发电应用案例，讨论其在环境保护和经济效益方面的成就和挑战。
5. 预测未来光伏发电技术的发展趋势，并讨论其在全球能源转型中的重要性和应用前景。

参 考 文 献

［1］ NELSON J. The Physics of solar cells ［M］. London：Imperial College Press, 2003.

［2］ LI Z. Prospects of photovoltaic technology ［J］. Engineering, 2023, 21：28-31.

［3］ WANG Y J, WANG R, TANAKA K, et al. Accelerating the energy transition towards photovoltaic and wind in China ［J］. Nature, 2023, 619：761-767.

［4］ 赵争鸣, 刘建政, 孙晓瑛, 等. 太阳能光伏发电及其应用 ［M］. 北京：科学出版社, 2005.

［5］ 王东, 杨冠东, 刘富德. 光伏电池原理及应用 ［M］. 北京：化学工业出版社, 2014.

参 考 文 献

[1] NELSON J. The Physics of solar cells [M]. London: Imperial College Press, 2003.

[2] LI Z. Prospects of photovoltaic technology [J]. Engineering, 2022, 21: 28-31.

[3] KAYE T, WANG R, TANAKA A, et al. Accelerating the energy transition toward photovoltaic and wind in China [J]. Nature, 2022, 619: 761-767.

[4] 刘恩科，朱秉升，罗晋生. 半导体物理学及其应用[M]. 北京: 科学出版社, 2005.

[5] 王森，陶永宏. 太阳能光伏原理与应用[M]. 北京: 化学工业出版社, 2011.